ちくま学芸文庫

江戸の都市計画

鈴木理生

筑摩書房

【目次】江戸の都市計画

江戸の都市計画

はじめに

最近のいちじるしい傾向として、江戸・東京に対する世の中の関心が、あらゆる分野で湧きおこって、いわゆる江戸東京ブームはとどまるところを知らない。

ところが、この世界的大都市の「原形」については、その自然的条件の実態や、人文現象のあり方について、意外にもほとんどふれられていない事柄が多い。

それはたとえば、本書で重点をおいた現在の東京都心部の原形である「江戸前島」ひとつをとっても、確実な史料があることが知られているにもかかわらず、なぜかこれまでに、ほとんどまともに取り上げられていないことなどが、その代表例の一つである。

なぜ「原形」にこだわるのかといえば、都市というものは、そこを舞台とする社会の変化を、忠実に反映して変化し続けるものだからである。

「現在」のわれわれが、二十一世紀の東京に思いをめぐらせるということ自体が、「現在」の状況を「原形」としていることにほかならない。それゆえにそれぞれの時代の「原形」を確かめることは、たんに過去をふり返るということではなく、将来の展望の視座を定める作業だといえる。その意味で十七世紀初頭の「江戸前島」の開発の過程を知ることは、非常に〝現代的〟なのである。

いま東京をめぐる水辺＝ウォーターフロントが、東京の再開発の主要な場所として注目されている。それは現在の東京のいわゆる国際都市化・情報都市化に対応するには、東京の水辺の再開発が唯一の突破口のように思われている結果である。

しかし東京は古代から多くの氏族のもたらした文化が接触した場所であり、また堆積した場所だった。その意味では絶えず〝国際〟都市であり情報都市だった。この場合の〝国際〟とは、氏族や地方勢力や藩などが「クニ」だった時代をふくむ〝国際〟であり、同様に都市の本質は情報の〝いちば〟なのだから、現在の東京をめぐる条件はことさらに特別なものでも、特殊な状態でもない。

ただ時代によって都市を成立させる要素である交通手段や通信手段の変化・発達が、実際の江戸・東京の姿に大きな影響を与えてきたことはいうまでもない。

ちょうど十年前に、わたしは『江戸の川・東京の川』（日本放送出版協会、昭和五十三年刊）を公にした。書名の意味はたとえば同じ自然条件としての隅田川でも、江戸時代の隅田川と現代の隅田川とでは、都市江戸・東京におよぼす役割が、全くちがったものになってしまうということを、訴えるためのものであった。

本書はこの考え方で、範囲を江戸・東京をふくむ関東地方にひろげて、江戸・東京をめぐる川と海の役割の変遷をおってみた。

それは同時に、いま東京にすべてが「一極集中」した弊害が問題になっているが、江戸・東京の水辺の役割の変化を通じて、江戸が鎌倉の、そして小田原の〝地方〟であった時代のありさまと、江戸が〝中央〟になって、見方によれば現在よりも激しい「一極集中」を始めた経過でもある。

人間の性(さが)の中には、どんな時代でもあまり変化しない部分と、時代をそのまま反映させる〝時代の子〟の部分の二面性がある。

いま或る意識または認識の中で、時代の最先端を自認し、または公認されている事柄でも、長い時間の尺度でみた場合、案外大昔の人々がやっていることを、くり返している例が多くある。これは地球規模で関東地方以外の地域をみた場合にも、つまり時間と空間を大きくへだてていても、人間の発想にはあまり変りがないと、結論づけられるような実例も数多い。

ここではそうした実例を、都市の水辺に限って紹介してみた――自然条件に対する人間側からの営(いとな)みのあり方の再確認のために。

I　日本列島のなかの東京

東京の位置

東京の水辺——いいかえると東京の自然環境としての、川と海を物語るためには、まず日本列島全体の中で東京がどのような場所にあるかを、見定めなければならない。

日本列島はアジア大陸の東岸にそって、「く」の字の逆の形で、太平洋に突き出してつらなる。この突き出している部分が、関東地方であり、そのほとんどをしめる列島最大の平野、関東平野の大部分は利根川がつくり出したものである。

この利根川を境として、日本列島の地形は大きく二つの地形に分けられる。

一つはほぼ南北に平行してはしる山脈を背骨とした東北日本であり、一つはほぼ東西にはしる山脈によって形成されている西南日本である。利根川の流れる関東平野は、この二つの方向のちがう軸をもつ陸地を結びつけている場所であり、ほかならぬ東京は、この利根川の河口に成立している。

この二つの〃むき〃のちがう地方を流れる川も、それぞれ特徴的な流れ方をする。東北日本の川は山地の標高が低いことと、二ないし三の山脈が南北に平行して走っているため、一般的にその流れは緩やかであり、また流路も陸地の幅の大きさの割に長いという特徴をもつ。いわば〃ゆったり〃と流れる川が、東北日本の川である。

西南日本の場合は〃日本の屋根〃といわれる三千メートル級の山地を持つ中部地方をはじめ、近畿・中国・四国・九州地方の火山や、地震による陥没地帯などを多く含む複雑な地形で、全体的にその川は東北日本にくらべると急流であり、流路もまた短い。その有様は明治初年に治水工事の顧問として来日した、オランダの土木技師ファン・ドールンが「日本の川は滝のようだ」と驚いたほどのものである。

しかしこれは、日本列島の姿とその川の流れ方の特徴を、大づかみに説明したもので、個々の地方にはいくつかの例外があることはいうまでもない。

雨量と地形

〃北海道には梅雨（つゆ）がない〃というのが、北海道観光の一つの目玉になっている。日本列島は東南アジアのモンスーン地帯に属し、梅雨時（つゆどき）と台風期の二つの雨期をもつ。そしてその降雨量は温帯地方としては世界有数の多さで知られる。一日の雨量が三〇〇ミリを超すという大雨も、あまり珍しいことではない。この雨量は外国の乾燥地帯だったら一年分位、ヨーロッパの場合でいえば三〜四か月分の雨に相当するが、日本の場合だとごく普通の大雨にすぎない。

そしてこのような大雨にたえず見舞われているのが西南日本であり、気圧配置の関係で梅雨前線や秋雨前線、そして台風があまり北上しないで、〝適度〟の雨が降るのが東北日本だといえる。その象徴が〝北海道には梅雨がない〟というフレーズなのである。

このような東北日本と西南日本の雨量の差が、さきの川の流れ方の特徴にそのまま反映する。東北日本の〝適度〟に降った雨は、山地の森林に貯えられたのち、曲流蛇行しながら海に注ぐ。

西南日本の場合は、絶えず降る大雨を流すために、川は「滝のように」海への最短距離を切りひらいて流れ落ちる。川は激しい浸蝕作用をつづけ、さまざまな形の沖積地（洪水のたびに川が運んだ土砂が積み重なってできた土地）をつくり出して、地形をますます複雑にしていくのである。

なおこの雨量について昭和六十三年版『理科年表』より、近代日本が治水技術の手本とあおいだヨーロッパの雨量の状況を表1-Aで紹介する。ヨーロッパでは年間一〇〇〇ミリ以上の雨が降る地点は四か所しかないこと、および雨量の多い順に主要都市の例をあげた。それに対して日本の大雨とは、どんなものであるかを知る、いわば特殊な例を『理科

表1－A　ヨーロッパの年間多雨量地点

チューリヒ	1133.2 mm
ブレスト	1123.0 mm
ラ・コルニァ	1022.4 mm
ナポリ	1011.7 mm
ミュンヘン	944.9 mm
エッセン	891.5 mm
マンチェスター	805.4 mm
ルクセンブルグ	780.0 mm
ロンドン	758.8 mm
ローマ	734.8 mm
ウィーン	621.5 mm
パリ	614.3 mm

昭和63年版『理科年表』より

統計期間：1951～1980

表1－B　日本の大雨順位表

日降水量（mm）						1時間降水量（mm）					
1	尾鷲	806.0	1968年	9月	26日	1	足摺	150.0	1944年	10月	17日
2	剣山	726.0	1976	9	11	2	潮岬	145.0	1972	11	14
3	彦根	596.9	1896	9	7	3	銚子	140.0	1947	8	28
4	宮崎	587.2	1939	10	16	4	尾鷲	139.0	1972	9	14
5	阿久根	555.5	1971	7	23	5	宮古島	138.0	1970	4	19
6	名瀬	547.1	1903	5	29	6	宮崎	134.0	1939	10	16
7	高知	524.5	1976	9	12	7	長崎	127.5	1982	7	23
8	秩父	519.7	1947	9	15	8	苫小牧	126.0	1950	8	1
9	日光	519.2	1948	9	16	9	佐世保	125.1	1967	7	9
10	与那国島	493.1	1967	11	18	10	室戸岬	123.8	1949	7	5

昭和63年版『理科年表』より

年表』から表1-Bのように引用してみた。

ヨーロッパも日本も雨量は年により、相当変動するのだが、この二つの表からおおまかに比較すれば、日本はヨーロッパの三〜四倍の雨量があるといってもよいだろう。

関東地方の原形

このように日本列島の二つの向きのちがう地形の間を、埋める形につないでいる関東地方を、利根川を中心にしてみると、つぎのようなことがいえる。

利根川の原形は、かつては東京湾に流れこんでいた。現在のように関宿（せきやど）（千葉県）付近から、銚子までに流路が変えられたのは、江戸時代のことである。

また渡良瀬川もむかしは太日（ふとひ）川の名で、ほぼ現在の江戸川の流路を経て北から南に流れて東京湾に流れた時期もあった。さらに現在の利根川の支流である鬼怒川や小貝（こがい）川も、東北日本から流れだしてこれもほぼ南北に流れて、やがて鹿島灘に注いだ。

このように関東地方の大河の流れ方をみると、地形的には旧利根川流域から東側は東北日本の延長とみることができる。

これを雨量の面からみると、少なくとも関東地方の海岸に面した地方は、西南日本型の多雨量の地帯である。

このように東北日本と西南日本の接点としての関東地方は、地形的にも気候的にも、大きな川が発達しやすい条件をもっていた。

現在みられる関東地方の地形は、地質学や古生物学の分野からみた場合、約千二百万年前から、その変化がたどれる。この長い間に関東地方の地形は、激しい変化を続けた。その地質時代の変化の有様は、例えば源実朝（みなもとのさねとも）の有名な和歌にある「山は裂け　海はあせなむ……」という形容を、そっくり借りても誇張ではないほどの激変の歴史だった。そして約一万年ほど前から、ほぼ現在の地形に近い姿になった。

これを利根川河口があった東京の地形にそくしてみてみると、図1のように東京湾最奥部に面して二つの特徴的な陸地がある。一つは東京の東部一帯の沖積地（ふつうは「東京下町低地」と呼ぶ）と、一つは東京の西半分をしめる武蔵野台地である。したがって東京の海は、東京下町低地と武蔵野台地に面した部分にわけられるが、ここでは東京下町低地の部分に限って見ていくことにする。

東京下町低地を別な表現でいうと、旧利根川水系の〝谷間〟だといえる。図1で見るように、右岸が武蔵野台地、左岸が下総台地である。この〝谷間〟の幅は、たとえば武蔵野台地の東端にある上野の西郷隆盛の銅像の下の〝岸〟から、市川市国府台の里見公園の〝岸〟までが約十一キロ、皇居東御苑の本丸台地から里見公園までは約十四キロメートルもある。

この巨大な谷間はそのまま南方の東京湾の海底の谷に続き、さらにそれは東京湾の湾口

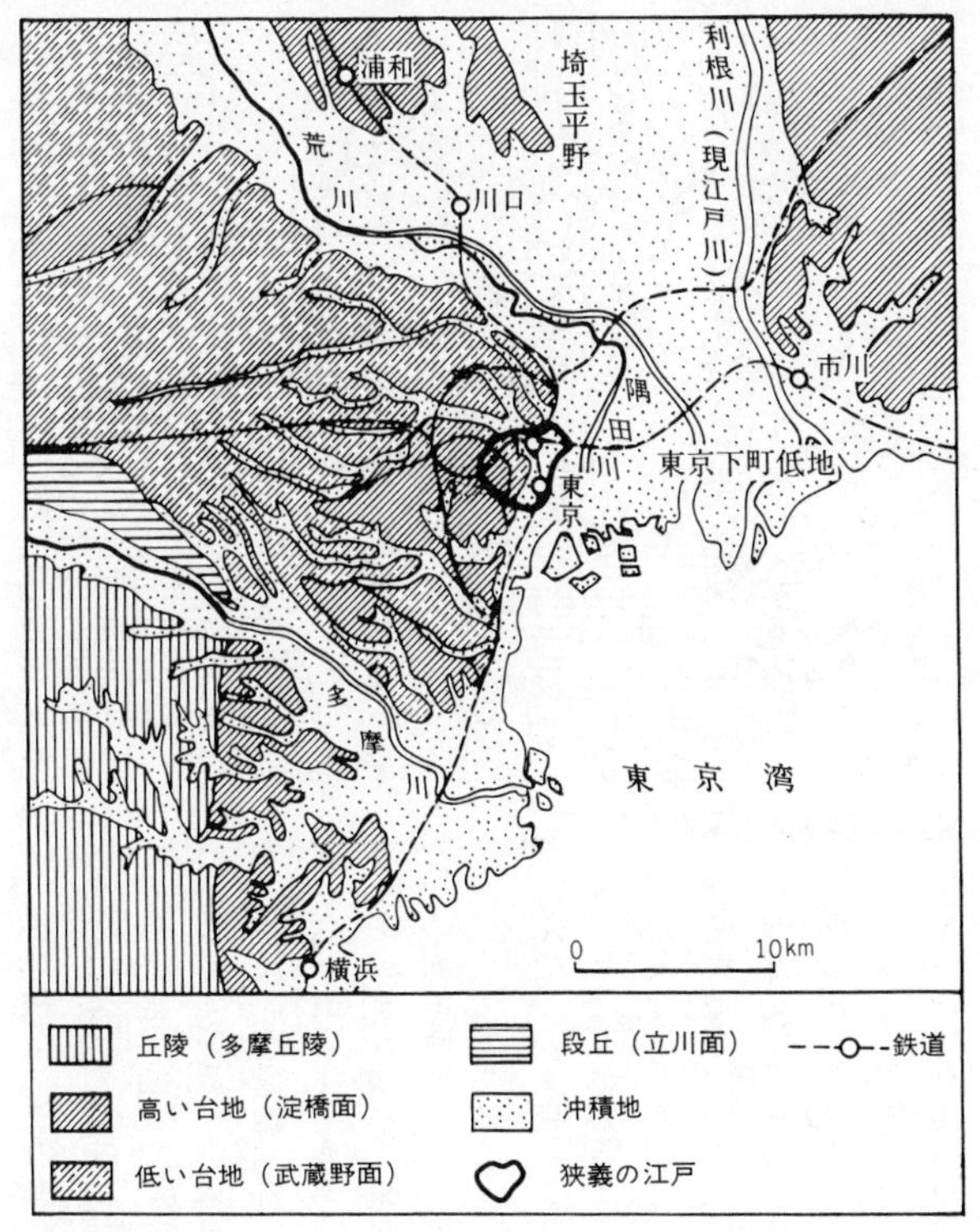
浦和
埼玉平野
利根川（現江戸川）
荒川
川口
市川
隅田川
東京下町低地
東京
多摩川
東京湾
横浜
0
10km
丘陵（多摩丘陵）
段丘（立川面）
鉄道
高い台地（淀橋面）
沖積地
低い台地（武蔵野面）
狭義の江戸

図１　東京の地形

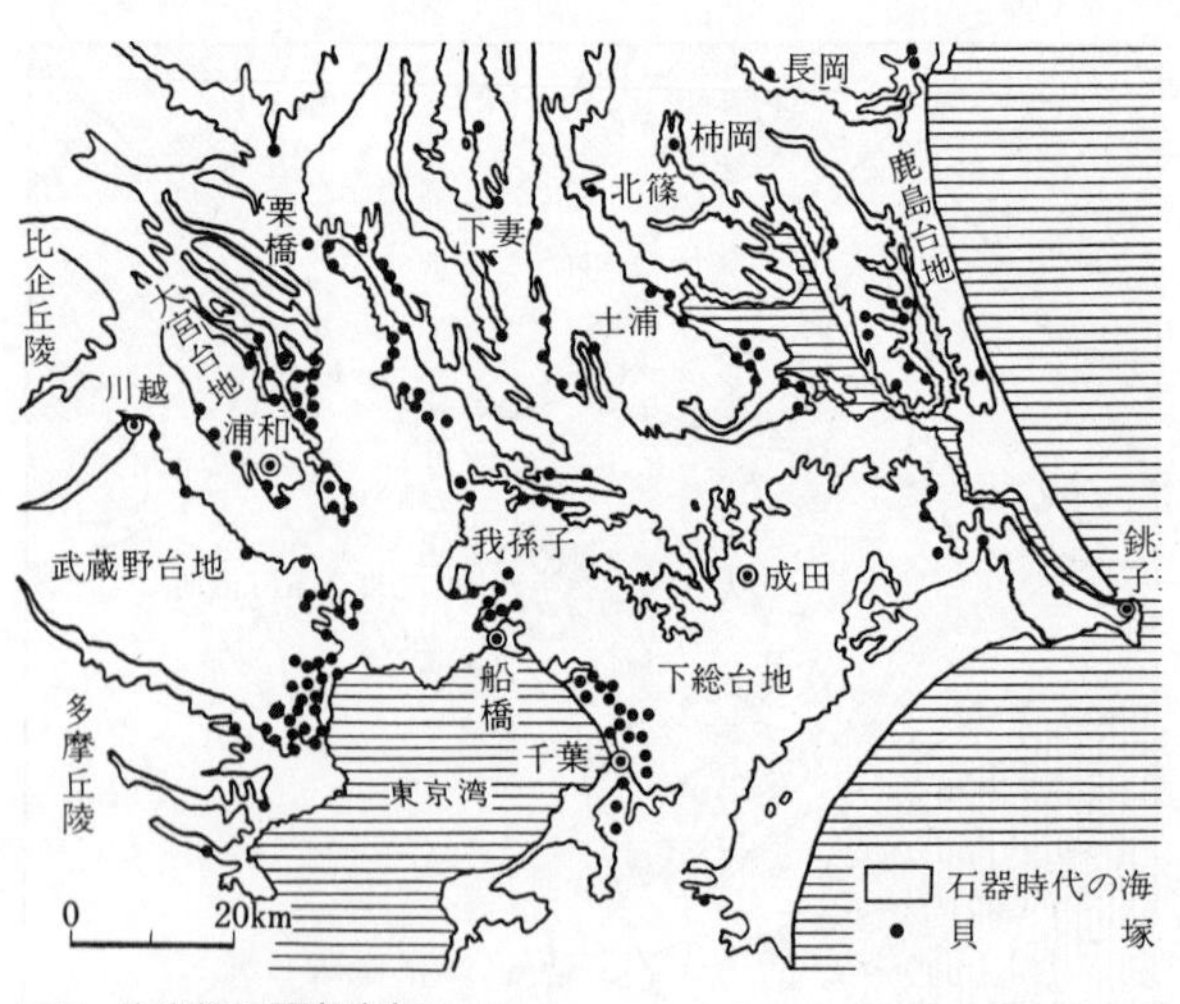

図２　海進期の関東地方

まで続く。この海底の旧利根川水系がつくった谷を、建設省の『東京湾海底地形図』では「古東京川」と名づけている。古東京川の最も深い地点は、富津岬沖付近で、水深は五六・七メートルある。

つまり現在の東京湾は、地質時代のある時期には、旧利根川水系の谷だったわけで、そこに海水が入り込んで、いま見るような湾になった。ところが実際には海はさらに陸地に入り込んでいた。図２「海進期の関東地方」のように、現在の栃木県南部まで海が入り込んでいた時期があった。これを人間生活に関連させてみると、約一万五千年から一万年前の縄文時代初期の地形でもある。

図2の海岸線の黒丸はその時期の貝塚の位置をしめす。貝塚からは気候の温かかった時期の海を証拠づける、温海性貝類の貝殻が、沢山発見されている。

そして海は図2の状態から、段々と現在の海岸線まで後退していった。その過程を多くの資料から推定すると、七世紀から十二世紀ころまで、つまり浅草寺の創建から源頼朝の武蔵上陸ころまでの海岸線は、隅田川の場合でいえば浅草あたりの線にまで後退していた。その後も海は退きつづき、十六世紀末に徳川家康が江戸に来た当時には、大体現在の海岸線に近い所まで後退していた。東京の海岸線はこのように歴史時代に入っても、大きな変化があったのである。したがって旧利根川水系とは奥地に入っていた東京湾が干あがった跡に出来たものといえる。

海上の道

このような関東地方の内陸部の変化から視角をかえて、太平洋との関係で関東地方を見てみよう。

昭和三十七年(一九六二)八月、堀江謙一青年(二十三歳)の乗った全長六メートルの小型ヨット「マーメイド号」は、神戸西宮を出発してから、九四日目にサンフランシスコに着くことに成功し、『太平洋ひとりぼっち』の航海ぶりが大いに賞讃された。

つづいて昭和四十年(一九六五)には鹿島郁夫壮年(三十七歳)が、全長五メートルの

「コラーサ二世号」に乗り、四月三日にロスアンゼルスを出航し、これも単独で太平洋を横断して、七月の初めに横浜めざして日本列島に近づいていた。

この航海の前にコラーサ二世号はイタリアのジェノバとニューヨーク間の単独大西洋横断に成功しており、予定通り横浜につけば一人で両大洋の横断という壮挙になるわけで、報道陣はその接近を手ぐすね引いて待ちかまえていた。

七月七日にはコラーサ二世号は八丈島近海にまできていて、気の早い新聞は八日中にも横浜着と報じた。ところがその予想をくつがえして、七月八日の夕刊では「ゴール目前に黒潮と風」という見出しで、黒潮にさしかかったヨットがほとんど走れなくなった状況を報じている。以下主に新聞の見出しだけで、その後の経過をたどると、九日には「コラーサ　外房沖へ」と犬吠埼（いぬぼうさき）の沖合いまで流され、十日には「犬吠埼沖一〇〇キロ」まで流され続ける。

この状況の中で外洋帆走協会はコラーサ号が太平洋横断に成功したと認める声明を発表しているが、現実は十一日には「犬吠埼東北約七〇キロ」の海上で巡視船に見守られている有様で、十一日夕刊になると風向きが変ったためであろう「快調に横浜を目ざす」進路をとったとある。

しかし十二日づけの記事では「黒潮のり切れず」「仲間の船が引航」という見出しに変わり、十三日には「敗れたが悔なし」、「館山湾で一息つく」となり、その夕刻の六時四十分に一〇一日目に横浜港にゴールインしたことが報じられている。

単独で大洋横断をするということは、人並み以上の気力・体力と、航海術に通じていなければならない。さらに鹿島氏の場合すでに大西洋横断に成功もしているベテランである。この英雄にしてなおかつ西南日本に平行して〝流れる〟黒潮の力の前に敗れたのである。

黒潮は日本列島の南方の赤道付近から北上し、ほぼ西南日本沿岸に平行して〝流れ〟、犬吠埼沖から北東に向きをかえて北太平洋を横断し、北アメリカ大陸に突き当ると、今度は大陸沿いに南下して赤道付近におよび、さらに赤道づたいにもとの場所にもどるという、太平洋の「川」ともいうべき一大環流である。

柳田国男の表現を借りていえば「海上の道」でもあるこの黒潮が、日本文化に多角的な、そして大きな影響を与えてきたことはいうまでもない。

黒潮と関東地方

このような「東京の海」にあまり関係のなさそうな、ヨットや黒潮、はては「海上の道」まで持ち出したのには、それなりの理由がある。

それは日本列島の太平洋沿岸を帆船で航海した時代には、日本列島の曲り角に突き出した房総半島は最大の障碍だった。たんに犬吠埼の先端を迂回しなければならないという、距離的な問題ではなく、犬吠埼の沖は黒潮と東北日本の沿岸ぞいに南下してきた親潮の接触海域でもあって、海はつねに波高い荒海であり、また風向の変化や霧の発生も多い場所であり、現在の近代的な船舶でもしばしば海難事故を起す海域として有名である。

つまり木造帆船でこの海域を航海するということは、例えば小型ヨットと千石船といった帆船の大小によって、その条件に多少のちがいがあるにしても、九十九里浜側から犬吠埼をまわる場合でも、鹿島灘側から九十九里浜側に向かう場合でも、ともに非常な危険がともなった。

その危険性、困難性の実例を一、二あげてみよう。

江戸時代の初期に開発された東廻り海運という日本海沿岸から津軽海峡―三陸沖―鹿島灘―房総沖―東京湾―江戸を結ぶ、帆船による沿岸航海コースの発想は、慶長八年（一六〇三）に徳川幕府が江戸に開かれた以後に形成されたといってよい。

もちろんそれ以前でも犬吠埼の難所を越えて、西南日本と東北日本を結ぶ航海がなかったわけではない。しかしそれは大型船の定期的な航路というわけではなかった。

それまでの日本列島をめぐる主な航路といえば、〝神武〟以来の瀬戸内海航路と、対馬海流に沿った日本海沿岸航路が安定的なもので、やがてこの二つの航路は下関（しものせき）付近で結ばれて一体化する。これが京・大坂にとっての西廻り海運航路であり、北端は津軽半島、終点は大坂という長大なものであった。

この西廻りコースに対して、なぜ東廻りコースが必要になったかといえば、新しく日本列島の政治的中心になった江戸に、東北地方の諸大名が物資を大量かつ継続的に輸送するコースを求めたからだった。

最近ことさらに東京の「一極集中」が問題にされているが、この東廻り海運の開発は江戸―東京の一極集中化の、最初の具体的な例でもあった。

そうはいってもこの東廻りコースには、あまりにも多くの困難と犠牲がともなった。とくに銚子港の内外には廻船の難破した残骸が〝山のように〟あって、遭難者の千人塚などが随所に見られたことが、この地方の記録に多く残されている。

それもこれも太平洋に大きく突きだした関東地方という陸地の沖で渦巻く、黒潮と親潮の影響によるものであった。

東廻り航路

寛文十年(一六七〇)、徳川幕府は各種の土木工事の設計者として、当時最大の実績をもっていた河村瑞軒(かわむらずいけん)(一六一七~九九)を起用し、改めて東廻り廻船コースを確定させることを命じた。

瑞軒の方法は、各藩直営の武士による船の運用を改めて、民間の熟練した船員と構造的にも丈夫な船に切り替えること――いわば〝民間活力〟の導入と、沿岸の要所要所に番所と灯台を設けることなどにより、航路を確定させたこと、および阿武隈(あぶくま)川の利用をはかったことなどだった。

その効果は大きく、幕府は瑞軒に三千両を下賜し、その後、彼の死の直前の元禄十三年三月には、将軍綱吉が瑞軒を謁見するという、当時としては破格な扱いをしている。

話をもどすと、瑞軒による航路整備後の寛文十一年（一六七一）に、東廻り航路の第一船が運用されているが、ここではその四年後の延宝三年（一六七五）の実例を紹介しよう。

この年の閏四月、津軽藩は江戸宛の材木輸送船を出航させた。同藩の「東廻御材木海路之覚」によると、その航路は津軽半島北端の御厩湊（現三厩）—津軽海峡—八戸—仙台領小渕—銚子河口と、いちおうここまでは順調にいったが、銚子河口で荒波のため船は破船同様に痛めつけられた。しかもついに銚子には入港できず、そのまま犬吠埼をまわって南下し、安房小湊で風待ちをしてやっと江戸品川沖にたどり着いている。

この全航程は五六日間、そのうち海上航行日数は二〇日間、残り三六日は寄港地での風待ちに費やされた。

この例でわかるように、いうならばコラーサ二世号の逆コースの場合でも、決して東廻り航路は安定的なものではなかった。したがって東廻り航路の多くは鹿島灘の北端の那珂湊で物資を陸揚げして、のちにふれる「内川廻し」と呼ぶ関東地方の大小の河川交通を利用して、江戸に物資を運んだ。

のちに帆走技術が発達すると銚子湊まで大型船で運び、銚子から川船による「内川廻し」水運を利用した。

さらに風向きによっては、北風に乗って犬吠埼沖から、一気に伊豆下田港まで帆走し、下田で風待ちをして改めて東京湾内に乗り入れるコースも採用されるようになった。

定期的な廻船航海の場合、帰路の安全も保証されなければならない。この最後の下田経由コースの逆コースは、東京湾を出て房総半島先端の野島崎を廻る時と、犬吠埼沖から鹿島灘に入る時の二か所が難所であり、ともに下手をすれば黒潮に乗せられて、遠く北太平洋に流される可能性が強いため、「内川廻し」にくらべて、利用されることが少なかった。

黒船の場合

嘉永六年(一八五三)、「東インド・シナ・日本海域にある合衆国海軍司令長官」ペリーが四隻の黒船をひきいて、東京湾に入った。

泰平の眠りをさます上喜撰(じょうきせん)(蒸汽船)
たった四杯で夜も寝られず

という茶の銘柄と蒸汽船をかけた狂歌が有名だが、この蒸汽船の実体は主な航海は帆走によるいわゆる機帆船だった。しかも石炭の最大積載量は一週間分位だった。

当時の帆走軍艦による太平洋横断は、約十八日というのが標準だったが、機帆船の場合は途中に石炭補給地がないため、ペリー艦隊は一部の帆船を除き、往復ともインド洋経由の航路をとっている。

このことを念頭に図3の日本近海におけるアメリカ艦隊の航跡図をみると、日本の寄港地の中心は下田で、下田と函館間の往復航路も、日本の東廻り航路と全く同じコースをとっていることがわかる（図3は『アメリカ艦隊日本遠征録』、F・L・ホークス編、一八五六年、ワシントン刊より引用）。

これは偶然の一致というより、シーボルトなどによる日本に関する情報がおおいに参考にされたもので、これも前掲の『アメリカ艦隊日本遠征録』中の「日本列島図＝JAPAN ISLANDS」の注記には、シーボルトがドイツに持ち帰った伊能忠敬図などを参考に、ペリーの部下のマウリとベント両中尉が補正を加えたと記入された地図もある。

また時代はペリー来航より約七十年さかのぼるが、「キャプテン・クックの冒険」で有名な『太平洋航海記』（J・クックとJ・キング共著、一七八四年、ロンドン刊）には、クック艦長の三回におよぶ太平洋探険の航跡をしめした海図がある。図4はその一部でクックがハワイで殺された後、後任のクラークが探険をつづけて、日本の東岸を航海し、津軽海峡、三陸沖、房総半島沖をへて硫黄島をみつけた航路が記入されているが、すでに黒潮の影響を避けるような航海ぶりが図上にみられる。なおこの海図の下北半島辺にC. Nabo（南部のことか？）などの地名の記載や、日本本土に三回ほど接岸した状況が記入されてい

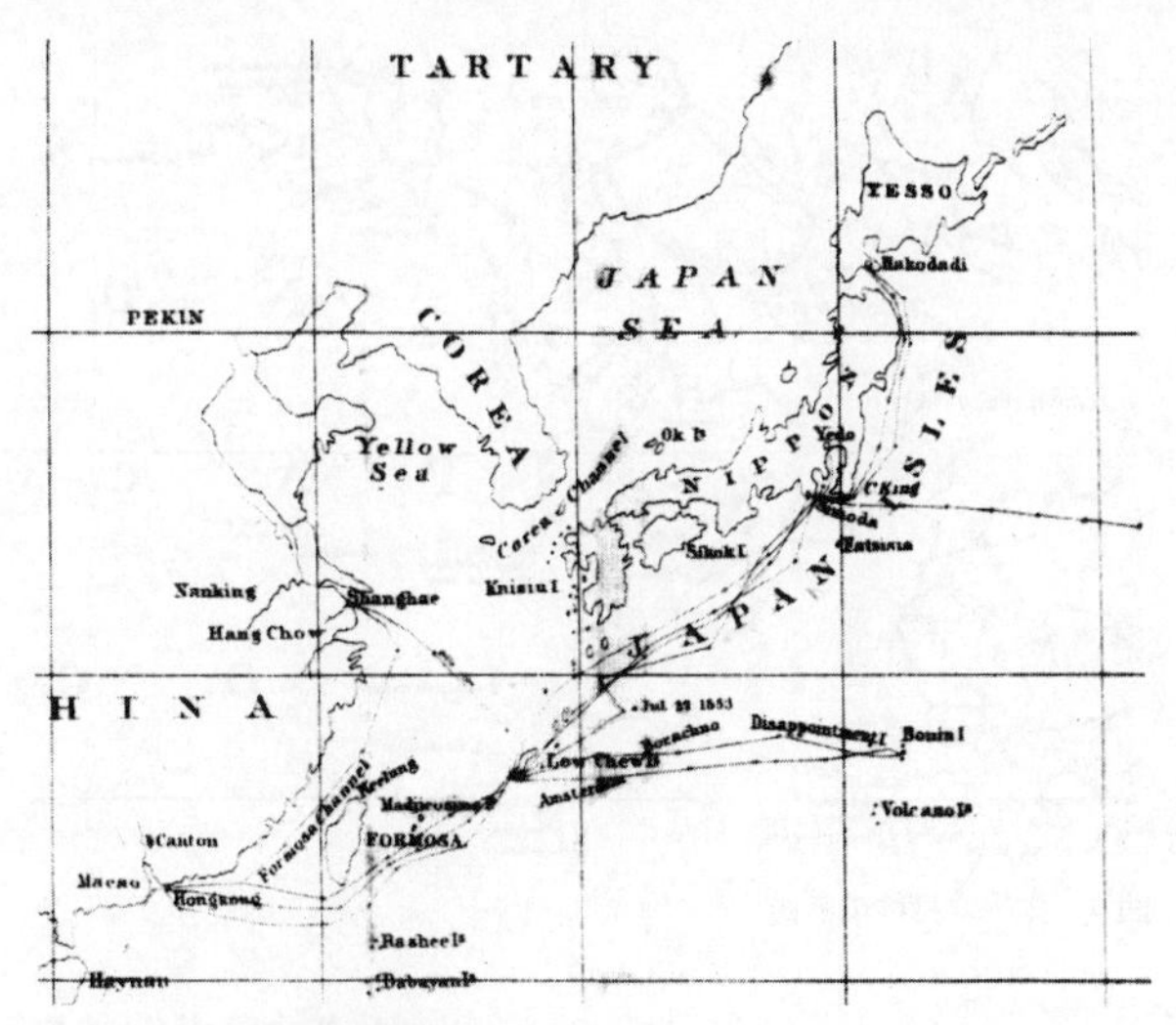

図3　アメリカ艦隊の航跡図
ペリーの来日経路は往復ともインド洋経由。彼の乗ったミシシッピ号の石炭積載量は８日分であり、太平洋航路ではその補給ができなかったためである。

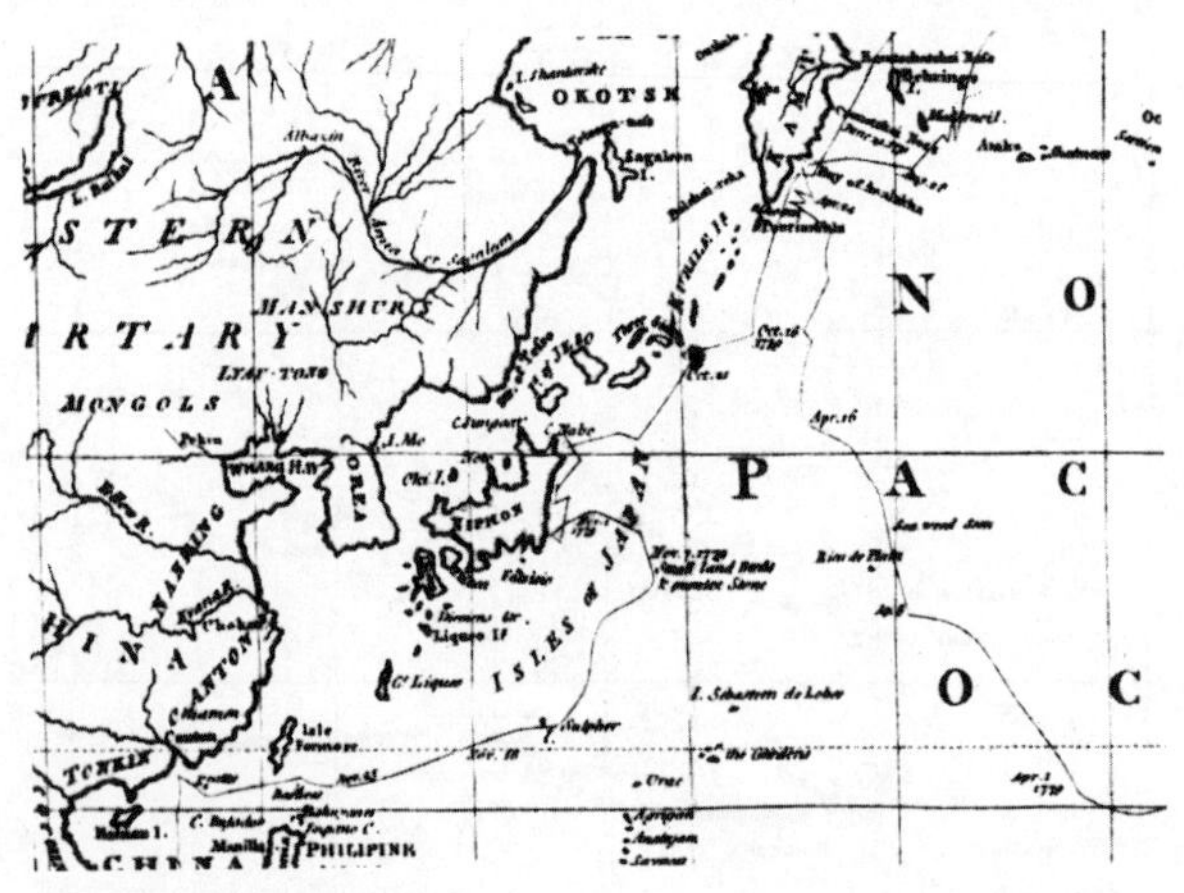

図４　太平洋探険の航跡

るが、原著にも日本側の記録にもそのことは明らかにされていない。

こうした例をあげたのは帆船時代の日本の海運事情、つまり東北日本の沿岸と西南日本の沿岸を結ぶ航路は、事実上は関東地方の〝出っぱり〟部分の房総半島―犬吠埼で二分されていたことを強調したかったためである。

そしてこのような状況を改善するために、江戸時代になると関東地方の大小の河川は、主に幕府によって東京湾――とくにその最奥部の江戸と、鹿島灘を結ぶ内陸運河網の完成をめざして、くりかえし改修を受けるようになる。

つまり江戸―東京の海は、東京湾を突き抜けて、関東平野を経て鹿島灘にも通じるようになっていったのである。

津々浦々

〝日本全国〟を意味する形容に、津々浦々というのがあるが、これはすべての海岸線を指すものである。以下海岸線と河口のみなとについて、これからの記述の補足をしておこう。まず漢字の意味では、津は渡し・渡し場・渡し場の岸をさす。浦は水のほとり・浜・岸のことである。

さらに浜はほとり・水際・岸で、日本の場合、浜の大きいのが浦だという傾向がある。また砂の海岸が浜、岩石の海岸が磯といった変化もある。

湊は漢字では集まる所、水の集まる処の意味で、転じて舟が集まる場所＝みなとの意味をもつ。同じみなとでも港の方は舟着き場を意味し、現代風にいえば埠頭や桟橋などの港湾施設そのものを指していて、集まるという意味はふくまれない。

津の代表的なものは古代から中世にかけての三箇の津＝博多津・伊勢の安濃津・薩摩半島の坊津があり、博多津と坊津は朝鮮半島と中国大陸への渡し場を意味していた。これが江戸時代の三箇の津になると、京都（伏見）・大坂・江戸となり、時代とともに変化している。

浦も舟着き場をもつ岸としての意味があり、泊とともに風待ち用のみなとをしめす場合が多い。湊は海に川の水が集まった——つまり河口のみなとの意味をもつ。したがって人も物も集まる都市の代名詞でもあった。これらは古代から現代まで地名としてかなりよく伝えられている。実例を挙げればきりがないが、それぞれの地名を通じて近代までのその地域の「原形」が浮かびあがってくる。

Ⅱ　東京湾と利根川水系

環東京湾地域の原形

東京湾開発

一九八六年から八七年にかけて、東京湾関連の計画・構想の発表がひとつのピークをしめした。これを湾岸の都県別にいうと、東京都内が一七件、神奈川県が一五件、千葉県が九件、計四一件におよぶ。さらに八六年一年間の東京臨海部の開発構想に限っても一三件をかぞえた。これは前の四一件とはタイトルが異なるものであって、発表者別にみると国の省庁案が五、東京都が二、政党・経済団体などの「民間」によるもの六という内わけで公表されている。

その後も全く新しい構想や、はじめの計画の改訂計画を含めて、ほとんどひっきりなしといった状況で、追加発表の形で公表され続け八八年四月現在では五二件にもおよぶ。

この現象は土地政策の不在により、既成市街地の十分な再開発が困難になったことに対する解決策として、新しい都市空間として東京湾が注目されだしたことのあらわれである。もちろんそれだけではなくその背景には、新しい情報手段に対応する必要性や、内需拡大、外国企業の建設市場開放要求などの、経済的な要因もからんでいることはいうまでもない。これをソフトな表現では、ウォーターフロントの開発という〝ことば〟で一括されている。

こうした現象の原因・動機は何であれ、これらの計画・構想に共通するのは、東京湾臨海部を埋め立てたり、長大な橋をかけるといった、陸地を海に拡大させる発想だけが主流をしめ、海を海のまま利用したり海を陸地に引き込むといった、海を中心にした発想に乏しい点に特徴がある。

つまり土地政策―土地制度の不備はそのままに、新しい陸地だけをふやすという、いわば目前の効率の追求によって、いま東京湾は大きく姿を変えようとしている。

ここでの目的はこのような現実をふまえて、古代から東京湾をめぐって、人々がどのようないとなみを続けてきたかを、いいかえれば東京湾の「原形」を再現することにある。

武蔵の位置

現在の東京は東京湾のもっとも奥の部分にある。しかし古代まではいまの埼玉平野まで海が入っていたことは、前章でみたとおりである。この入海の大部分が古代に武蔵と呼ばれた地域にほかならない。

ここではこの古い時代の東京湾をめぐって、人々がどのような行動——移動をしたのかをみることにする。

大化改新（六四五年）によって、ヤマト政権はその勢力範囲をいくつかの地方に分けた。そして東京のある武蔵国は東山道（とうさんどう）のはてにある国と定めた。そののち大宝律令の制定（七〇一年）をはさみ、宝亀二年（七七一）に武蔵国は東海道に編成がえされている。この場合の「道」とは道路ではなく、「国」という地域をジュズつなぎにした形の、一種の〝行政区画〟だった。

最初の東山道の範囲は京都—近江—美濃—飛騨—信濃を経て関東平野に入り、上毛（かみつけ）、下毛（しもつけ）および武蔵がその南端だった。下毛以北は奥（おく）の国とも〝みちのく〟とも呼ばれた（明治以後、磐城—岩代—陸前—陸中—陸奥、羽前—羽後が東山道と定められている）。

武蔵が東山道の東南端の位置を与えられたわけは、武蔵の東部一帯はまだいたるところにかつての入海の名残りをのこす利根川水系が横たわっていたためであり、そこはまさに〝地の果て〟だったからである。なおつけ加えれば江戸期の主要街道の一つの中山道（なかせんどう）は、ほぼ古代の東山道諸国を結ぶ街道であった。

一方の東海道は京都—近江—伊賀—伊勢—志摩—尾張—三河—遠江—駿河—甲斐—伊豆—相模と、太平洋岸づたいに続き、相模から東京湾を渡って安房—上総—下総—常陸とつらなる。

このことは利根川水系を渡るよりも、東京湾を渡る方が往来しやすかったためだった。

この初期の東海道のコースを雄弁に物語るのが、日本武尊（やまとたけるのみこと）の東征説話である。日本武尊の事績は一〜二世紀にかけた時期のこととされるが、いま伝えられているのはともに八世紀に成立した『古事記』『日本書紀』によってである。

この二つの書により日本武尊の東京湾横断のあらましをみると、彼が相模から安房に向かって海を渡りはじめると、にわかに風波が激しくなり一行の船は沈没の危機にみまわれる。同船していた彼の妃（きさき）の弟橘媛（おとたちばなひめ）は、この海の荒れは「竜神」のたたりだから、それをなだめるために私が犠牲になるといって、荒海に身を投げる。すると海はしずまって日本武尊は安房に渡ることができた、というものである。この渡船場の海域は馳水（はしりみず）の海と呼ばれていて、現在も横須賀市内に走水（はしりみず）神社がある。

この説話にはいろいろな読み方があるが、事実関係だけを挙げると、走水神社のある観音崎から、安房半島側の上総までの最短距離は十キロメートルたらずで、目と鼻の近さといってよい。

ただし今でも鯛釣りのポイントであることからもわかるように、潮流が早く複雑な流れ方をする場所である。

古代人にとって激しい潮流の動きは「竜神」に思えても不思議ではないが、この「竜神」はヤマト政権の東征に反対する現地人たちの抵抗を意味したものとみてもよいだろう。

東征とは東側の敵を征伐することである。この時期の関東一帯には多くの先住者たちが、それぞれの「クニ」をつくり、のちの戦国時代のように〝群雄割拠〟していた場所である。ヤマト政権は、それらの「クニ」を従わせるために日本武尊を司令官とする軍隊を派遣したわけで、東国はすべてが彼の敵地だった。そして東国を〝平定〟させるまでの、彼の活躍ぶりが日本武尊説話だといってよい。

彼の通路だった走水の海を渡る東海道は、さきにみたように律令制度の記録に限っても、一二六年間も正規の官道としての役割を果していた。このルートに割り込む形に武蔵国が東山道から東海道に組みかえられたのだが、その理由はヤマト政権の支配力が強まった結果、内陸部の交通路が確保されたためであり、いいかえると東京湾を一周する形に、東海道という〝行政区画〟が完成したともいえる。

銘文入り鉄剣

昭和五十三年九月にかつての東京湾の入江だった埼玉平野の一角の、稲荷山古墳（行田市内）から出土した鉄剣に銘文があることがわかり、その解読結果が公表されて大きな話題を提供した。

昭和六十三年一月には、現在の東京湾にのぞむ市原市内の稲荷塚古墳から発見されていた鉄剣からも、金銀象嵌（ぞうがん）の銘文の一部が解読されて公表された。厚い銹の下の文字が読めるようになった技術の進歩によって、これまであまり注意されなかった小規模古墳の性格がひろく再検討されはじめた。

鉄剣の銘文に対する関心は、その製作・流通・用途が文字により具体的に解明でき、古代社会の実態が明らかになる点に集中する。

とくに稲荷塚の場合は、房総半島のこの付近には約十人の国造(くにのみやつこ)の存在が、文献上で確認されている。国造は一国または一郡の長官のことであり、他の国の例と比較するとこの地方には異常に多いという特色をもつ。

このことは古代のこの地方には、小勢力が乱立していたといえるし、その小勢力――つまり小規模の古墳に葬られた人々が、日本武尊で代表されるヤマト政権や東国の中心的勢力に対する従属と引きかえに、現在でいえば辞令または勲章として、銘文入りの鉄剣を与えられていたのであろう。

さらにこのクラスの豪族の同時代の古墳の多くは、図2「海進期の関東地方」の貝塚の分布に重なる形に存在する。

もちろん関東地方の縄文前期と、古墳時代との間には千年単位の時間のへだたりがあるが、海進期でも海退期でも古代人の生活環境としての条件は、あまり変らなかったために、貝塚と古墳の遺跡の分布がほぼ重なるという結果になっている。いうならば図2の時代の海が、大幅に後退した五世紀から六世紀の関東の古墳時代でも、東京湾につづく利根川水系をのこす旧東京湾をめぐって、一つの文化圏が形成されていたことが推定される。

そしてこの文化圏では銘文入り鉄剣の解読例はまだ二例にすぎないが、解読例がもっと増えると、この推定が事実になる時期がくることが予想される。

アヅミ族

房総地方の国造数の多い理由の一つは、この地は何回にもおよぶ渡来人たちの、最初の到着地であり、また通過した場所だったためと考えられる。

房総半島の最南端の安房国に注目すると、安房国府は現在の館山市域におかれ、館山湾は『日本書紀』の「淡水門（あわのみなと）」だとされる。

漢字にこだわらずにこの「淡水門」の「アワ」という地名の分布を、律令制度における代表的な地名である「国名」に限ってみても、四国の阿波国、対岸の淡路国、そして東国の安房国と、いずれも海に面した部分の多い国の名にみられる。

一方日本列島の多くの地方には、柳田国男のいう「海上の道」、つまり黒潮づたいに南方から渡来してきたアヅミ族に関する地名が、いたるところに残されている。

海洋民族といわれ漁撈（ぎょろう）生活者といわれるアヅミ族は、紀元前一世紀から紀元二世紀にかけて西南日本に渡来し、一派は黒潮の分流である対馬海流に乗って日本海沿岸に進出した。一派は九州東北部から瀬戸内海をへて紀伊半島をまわり房総半島に至り、さらにその分派は犬吠埼の難所をこえて鹿島灘から松島湾あたりまで進出したことが知られている。
安曇（あづみ）・阿曇（あづみ）・渥美（あつみ）などの地名も彼等の足跡を示すもので、このアヅミ族は律令制度のもとでは、海部（あまべ）と呼ばれるようになった。そしてこの海を意味するアマのついた地名もまた多く分布する。関東地方の古称であるアヅマもこれらアツミ改めアマべにちなむものともいわれ、さきの「アワ」もその一変形といえる。

地図を見るとわかるように、館山湾＝淡水門（あわのみなと）はこうした黒潮に乗って来た人々を、自然に受け入れるような形に突きだしている。淡水門で〝せきとめられた〟人々の流れは、東京湾内から水面の続く限り関東地方の奥に進出していった。淡水門はアヅマの入口であり、アマべの人々の一中心地だった。

もちろんこのような人々の流れは、定期的に継続的にあったわけではなく、むしろ断続的にある集団ごとに移動したものである。そして同じ部族であっても、すでに新天地を開きおえた先住者の領土には、後続グループは通過は許されても住むことはできなかった。生産力が低かった当時としては、先住者の領域に後続グループが共存する余地は少なく、共だおれの危険性が大きかったためである。そのため後続グループはさらに未知の水辺を求めて奥地に進む。このパターンのくり返しが房総地方に異常に多い国造数の一つの理由だったろう。

こうして東京湾から利根川水系の奥深くまで、時期を異にする集団が分けいって土着したのが、日本武尊の東征までのアヅマだった。

神田明神

これを東京の場合でいうと神田明神の例がある。神田明神は十七世紀のはじめに徳川幕府が江戸総鎮守と定めて、大いに保護した神社である。また平将門を祀った江戸っ子の尊崇あつい神社としても知られているが、織田完之著『平将門故蹟考』、築土神社編『築土神社誌』、赤城宗徳著『平将門』『将門記』、小村孝治著『将門を祀る神田明神』などによって総合すると、天平二年（七三〇）に安房国安房郡の漁民が、海神をまつる安房神社の分霊を捧げて東京湾最奥部の現在の千代田区大手町付近、すなわち後に改めてとりあげる江戸前島に移住して、祀ったのが神田明神の起りだとある。このアマベの神様を江戸の総鎮守にした幕府の選択は、いかにも水都「江戸」の特質を反映したものとして興味深い。また将門がここに祀られたのは、天慶三年（九四〇）以後だから、少なくとも神田明神創祀の約二百十年後のことである。

神田明神の本社の安房神社は「淡水門」である館山湾に面した館山市内の中心部にあった安房国の国府や国分寺とははなれて、その南の丘陵をへだてた房総半島の先端部の太平洋岸にある。祭神は天太玉命（あめのふとだまのみこと）で旧官幣大社でもある。その位置と社格は律令制度の安房国が成立する前から、アヅミ族が神社を中心に住みついていたことを思わせる。

塩とアヅミ族

アヅミ族＝アマベ族の東京湾内での拡大移動のしかたと同じような状況は、これも広く各地で知られている。

西南日本の海岸づたいに、つぎつぎに生活適地を求めた集団の〝波〟は、多くの場合大小の河口部に生活をくりひろげる。つぎに渡来してきた集団は、さらにその先の河口部を求めて海岸を進むものと、川そのものをどこまでもさかのぼるグループにわかれる。

木曽川、天竜川、富士川などもその例にもれない。日本海沿岸でも事情は同じである。日本の屋根と呼ばれる長野県の山岳地帯に、海神をまつるアヅミ族が開いたアヅミ郡がある。長野県にはかつて沼沢地だったがいまは盆地になっている安曇平（あづみだいら）・松本平・善光寺平・佐久平・諏訪平などの五つの盆地があるが、そのほとんどが海神を祖とするアヅミ系の人々が開いたものといわれる（岡田米夫『海神国信濃の黎明』「神道史研究」第二三巻第一号、昭和五十年一月刊）。

いずれもその経路は海から川を遡って到達したもので、川のつきる所（分水嶺）に海の古語である〝わたつみ〟にちなむ和田峠や、海からの塩にちなむ塩尻、塩田などの地名も残る。いまでも糸魚川にそって塩街道とも呼ばれる千国街道などがその代表例であって、同じような例は他の地方にも多くみられる。

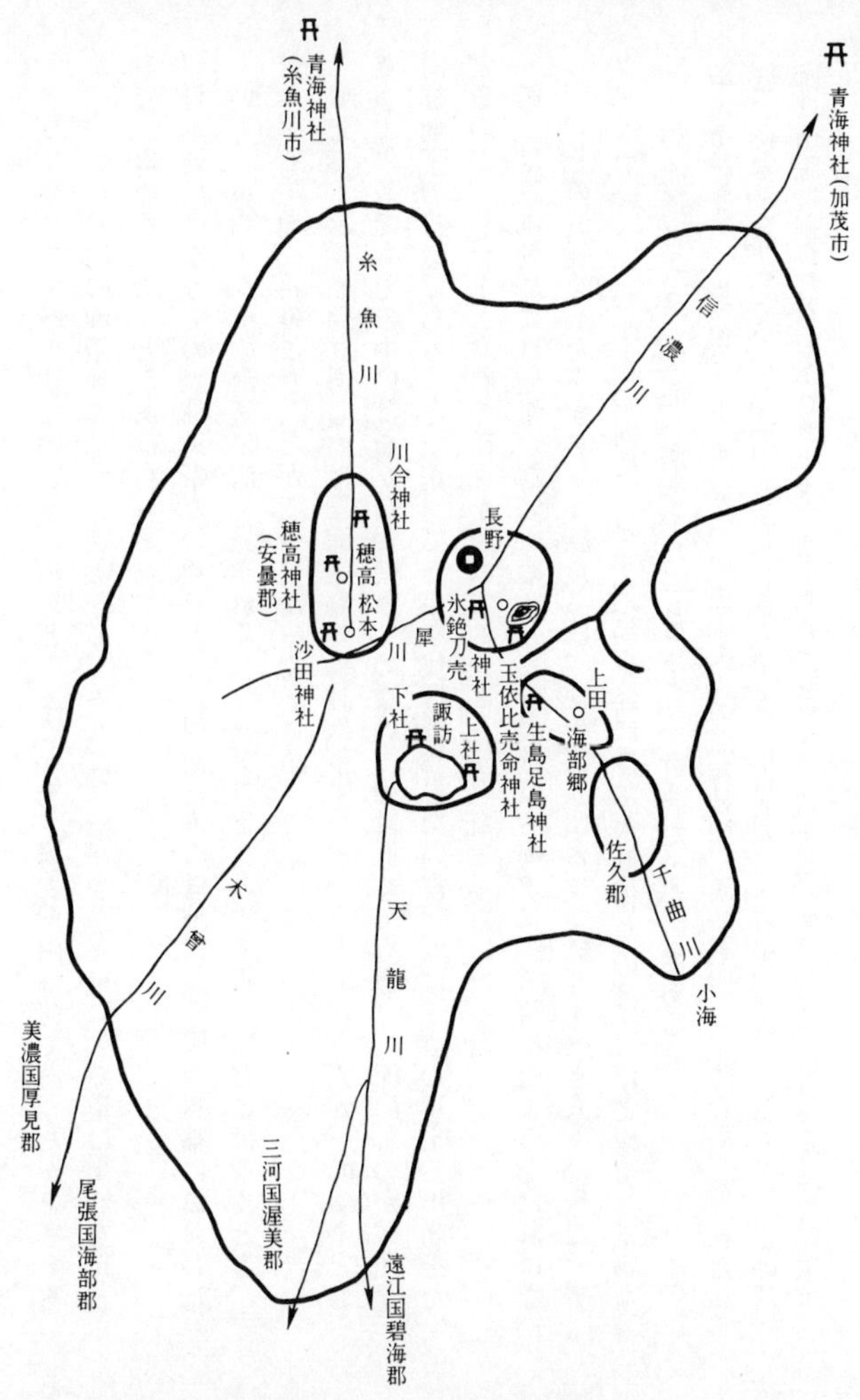

図５　信濃国海神関係神社略図（『海神国信濃の黎明』より）

アヅミ族＝アマベ族がこのように川をどこまでも遡り得た理由は何であったかを考えると、一つは河口の沖積地の部分は別として、古代には海岸から奥地に入る道は川筋をたどるほかはなかったことがあげられる。

日本列島はなうての森林地帯だった。とくに西南日本の低地は温帯照葉樹林におおわれていて、東南アジアの海辺に広く見られる〝マングローブの木の根〟ほどではなくとも、たやすく陸地に踏みこむことができなかった。

いまでも房総や伊豆あるいは三浦半島の森林地帯——というと大げさだが、ちょっとした小山の藪でもその中にはなかなか踏みこめない。山は低くても藪は〝深い〟のが、照葉樹林地帯の特徴である。したがってろくな伐採道具もない古代人は、空の見える川筋をたどるのが、飲料水と食料の確保を兼ねてもっとも安全な〝みち〟だった。

第二は日本列島には岩塩がないため、どんな奥地でも海水による塩にたよらなければならず、その流通をもたらすアヅミ族たちは、他の部族にとって歓迎すべき人々だった。アヅミ＝アマべがわずかの間に、日本列島全体にひろがり得たのは、〝塩と塩気（干物など）〟の流通という「職能」があったことにより、可能だったのである。

中山遺跡風景——昭和五十三年の秋、岡田米夫氏の『海神国信濃の黎明』の論文に刺激された私は、松本平を訪れて、冷たい雨のふりしきる中を松本市北郊にある中山遺跡を見学した。この遺跡は山腹に掘られたいずれも小規模な横穴式古墳群で、石を積みあげた横穴は見学当時の印象でいうと、案外浅いもので羨道(せんどう)も玄室もみられず、いささか失望して振り返ってみると、眼下に松本平がひろびろと広がるかなたに、おりしもそこだけ雨雲が切れて、太陽の光が差している鋭いV字型の稜線が目に入った。

地図で確認するとそのV字の底が松本平から流れだす信濃川と、木曽川の分水嶺つまり塩尻の位置だとわかった。中山遺跡の被葬者がどのような経路で、松本平の住人になったかは、もちろん知るすべもない。

しかしその場に立ってみると、この横穴古墳群の主たちは、自分たちかあるいはその祖先がさかのぼってきた、塩の道木曽川の谷頭(たにがしら)を真正面に見ることができる場所を選んだように思えてならなかった。くり返すが横穴の開口部はすべてが、みごとに塩尻の方向に向いていたことが、強い印象となっていまでも残っている。

ある方向性

はなしを信濃から関東地方、そして東京湾にもどそう。

人々の集団が海岸づたいに、はじめの河口からつぎの河口をめざして移動する場合に、ある方向性が認められる。それを関東地方の中規模以上の河口の場合でみると、小田原は酒匂川右岸（河口の西側）に成立している。平塚も相模川右岸、川崎も多摩川右岸、品川も目黒川右岸、江戸も隅田川右岸に成立している。

もちろんこれらの例は海進・海退の影響や、何回かの大地震による地盤隆起や沈降などもあって、現在のそれぞれの都市の「都心」の位置が、そのままその都市の成立の原点と断定はできない。しかし古代の遺跡や古い由緒をもつ神社や寺院などの分布からみると、そうした共通性が認められる。

これを房総半島側でみると、小河川ばかりなので相模・武蔵側とは多少条件が異なるのだが、館山は湊川左岸（河口の南側）、君津（青堀）も小糸川左岸に飯野古墳群があり、木更津も小櫃（おびつ）川左岸に金鈴塚古墳で代表される地域があり、市原は養老川左岸、船橋も海老川左岸、市川・浦安も江戸川左岸にその起源をもつといってよかろう。

これは東京湾口に渡来した人々が、相模側からは三浦半島ぞいに利根川河口に向い、房総側も東京湾岸にそって利根川河口に向ったことをしのばせる。

ここで考えられることは、古代人が海岸づたいにその領域を拡げていく場合、小さな川は別として、その進路にある程度以上の規模の川があった場合は、「アヅミ族」の項でみたようにまずその川の河口の手前にとどまって、そこで生活をはじめる。つぎに来た人々はその河口を越えてさらに海岸を進み、その先にある河口の手前にとどまる、といった移動のパターンがくり返されたといえる。

さらにそれぞれの河口部で海から離れて、川をさかのぼるグループも発生させたであろう。こうした進路の方向性は、東京湾をめぐる諸都市の実例で、かなりはっきりと認められる。

しかしこのような方向性を否定するような条件もある。それは彼等の移動が、必ずしも海岸づたいだけではなく、東京湾を横断した場合である。

東京湾横断は走水の海峡に限られたものではなく、天候や潮流の都合さえよければ、湾内のいたる所の地点から横断できたことはいうまでもない。歴史時代になってから現在までの横断航路については、利根川水系の延長でもある「古東京川」としての東京湾の、横断航路の存在は湾岸一帯に多く分布する縄文・弥生時代の遺跡から発見された数多くの舟からも察することができる。

そして東京湾を横断した場合でも、その着岸地点から海岸づたいに利根川水系にむかう方向性が認められる。これは前にふれたように、当時のグループごとの「生産力」が貧弱だったため、絶えず未開の地を開拓する必要があり、それには海岸づたいに河口に入り川をさかのぼって、奥地に進むほかはなかったことによる。

つまり海や川の水面がつづく限り、その水面づたいに移動・定着をくりかえすという方向性が、日本列島に住みついた人々の最初の行動パターンだった。

浅草観音

この方向性について、今度は文献・史料の面からみてみよう。江戸―東京の〝歴史〟に最初に登場するのは、現在の荒川河口の右岸（西側）にできた浅草観音である。「現在の荒川」と断ったのは、江戸時代の初期までは今の荒川は関東山地から川越をへて東京湾に流れた入間川のことである。秩父山地から寄居―熊谷と流れて大宮台地の中を通って、埼玉平野で利根川の支流になっていた荒川は、寛永六年（一六二九）に徳川幕府によって入間川につけかえられ、それ以後入間川は荒川と呼ばれるようになり、それと同時に旧荒川の河道は元荒川と呼ばれるようになった。

この入間川河口の金竜山浅草寺の『寺伝』によれば、浅草観音は「推古天皇三十六年（六二八）、土師真中知と檜前浜成・竹成兄弟の三人が宮戸川（浅草寺に面した入間川の部分の古名）で打った網に、一寸八分（約六センチ）の黄金の聖観音がかかり、これを奉安したのがはじまり」とされている。

仏教が日本列島に渡来したのは、ヤマト政権の記録によれば、欽明天皇十三年（五五二）とされている。この〝公式〟の仏教渡来からわずか七六年後に、入間川河口の漁師たちは、黄金づくりの物体が仏像であることを知っていたことになる。

仏教の普及のしかた――どのような系譜の、どのような階級の人々が、どのような経路で仏教をひろめたかに問題が残されるにしろ、ともあれ『寺伝』はそのように書かれている。そして水中から観音像を拾いあげた三人は神として浅草寺境内に祀られ、その祭りの三社祭は現在でも大イベントとして東京人に親しまれている。

『寺伝』をたんなる伝説として片づけることは簡単である。しかし戦災後の本堂再建工事のさい、その土台部から奈良時代（八世紀）の瓦が出土したことはよく知られている。

この時期の武蔵国で瓦を用いた建築といえば、現在のところ天平十三年（七四一）に勅命で建立された武蔵国分寺と、私寺であった浅草寺の二例しか知られていない。さらに浅草寺境内の伝法院には巨大な石棺が保存されていることからも、浅草は八〜九世紀ころには、すでに相当ひらけた場所であったことがわかる。

さきに利根川水系をはさんで〝みちのく〟との境の武蔵国が、東山道から東海道に再編成されたことを述べたが、その編成がえの約半世紀ほどまえから、ヤマト政権は東国武蔵の開発を積極的に始めだした。

『続日本紀』上巻には、霊亀二年（七一六）に、駿河国以東七か国の高麗人一七九九人を武蔵国に移して高麗郡を設けたり、天平宝字二年（七五八）には新羅からの渡来人（僧尼など）を武蔵国に移して新羅郡を設けたという公式記録もある。

高麗郡の場合は「駿河国以東七か国」、つまり房総半島をふくむ東海道諸国に散在していた人々をまとめて武蔵に移住させたものであり、人数はそれぞれのグループの代表的立場にある人々の数であったろう。そして高麗郡も新羅郡も、朝鮮半島から直接渡来した人々を、まとめて移住させたものではなく、二次的、三次的な移動だったことを記録は物語っている。

この二つの郡の位置をみると、これまでにみた方向性のとおり、入間川河口の浅草をへて、入間川右岸ぞいの武蔵野台地に新羅郡（のちの新座郡、いま新座市にその名が残る）ができていて、高麗郡の場合は入間川をさらにさかのぼって、関東山地の内陸部にまで進出するという方向性がみとめられる。

こうした例でもわかるように、古代の浅草は環東京湾地域のかなめの位置にあり、入間川だけでなく利根川流域の開発の拠点としても主要な役割を果した。いうならば浅草も河口の湊の意味をもつ「江戸」だった時期があったのである。

荒川湾岸橋風景――冬の早朝の荒川湾岸橋の眺めが好きで度々出かける。ただし乗用車ではだめで、空港行きのリムジンバスの高さでないと何も見えない。

箱崎から湾岸橋の手前までは、進行右手に品川から川崎・横浜の背後の台地が黒々と続く。『鉄道唱歌』の三番の「窓より近く品川の　台場も見えて波白く　海のあなたにうすがすむ　山は上総か房州か」の展望の丁度まっ只中を走るわけで、上総も武蔵も一衣帯水、三六〇度にまるく拡がる。

寒くて晴れてさえいれば、昇る朝日と共に富士も日光男体山も筑波山も、三浦半島の背梁もしんしんと浮かび上ってくる。江戸川河口から上流をみると、真正面に銀色の日光連山が光ってみえるのは感動的でさえある。どこまでも川をさかのぼって、あの山にたどりつこうという〝方向性〟が、胸の奥から突きあげてくる。文明の粋である自動車道路からの眺めは一瞬だが、その一瞬の中に太古このかたの悠久の風景を見てとる楽しみも、また格別である。

湾岸橋の下の荒川河口の幅は七四〇メートル。いま東京のウォーターフロントの手本のニューヨークのハドソン河の河口は、その倍の幅がある。

一九八六年七月、その河口で米国独立二一〇年と、「自由の女神」百歳目の大修理完成を兼ねた大祝典があったことは記憶に新しい。川幅が倍で、女神の立っているリバティ島と、対岸のガバナーズ島の間が一・五キロだから、面積で四倍は当り前だが、竹芝―日の出―品川埠頭と、第六―第三お台場から豊洲―月島でかこまれた海の広さの四倍あるのが、江戸湊ならぬニューヨーク湊である。

この海面を埋めつくして大小二万余の帆船の大群が浮かんだ。なかでも日本の旧日本丸と同年輩の「淑女」たちをふくむ、一八か国二二隻の大帆船の華麗なパレードは息を呑ませた。しかしその中にはかつての、自称海国日本の船の姿は全くみられなかった。

ニューヨークの湊には気の遠くなるほど多くの帆船と汽船が、いま日本で大流行の景観や修景用の海ではない〝実用の海〟を、ところせましと走りまわる。パレードは、一旦廃止された戦艦アイオワまでが復活参加するという大観艦式でもあった。

船に限っても帆船と原子力船が併存できる多様性が、さらに船・鉄道・自動車・航空機の体系も併存するのが文化であろう。

船を零にした次に鉄道解体を目標にし、続いて東京湾には自動車用横断橋の建設が予定される。こうしてつぎつぎに当面の効率優先の一辺倒で、目先が変わるのがわれわれの文化だとすると、自動車の次の主役が出てくると、その時はドウスルと気になる。だが東京湾の「海の風景」の行く末は長くはない。

Ⅲ　東京の四つの水系

ジグソーパズル

この章は、環東京湾地域の原形が、時代によってどう変化していったかを見る前に、ひとまず現在の東京に関係する四つの水系について、そのそれぞれの特徴を明らかにすることにある。ただしここでは東京といっても行政区画である東京都の範囲にはとらわれないことを、あらかじめお断りしておく。

東京の四つの水系とは、一つは前章で見た東京下町低地をつくった旧利根川水系であり、他の三つは関東山地から張り出した形の武蔵野台地をかこむ水系である。これは図1「東京の地形」で見たように、武蔵野台地から北側に流れて荒川に合流する荒川水系と、関東山地とそのつけ根から武蔵野台地の南側を流れる多摩川水系と、武蔵野台地から直接東京湾に注ぐ東京湾水系である。このそれぞれの水系の規模は表2のとおりであって、利根川水系が桁ちがいに大きい。

このような水系の規模の大小が、そのまま江戸・東京の歴史に反映したかというと、必ずしもそうではなくて、〝海のような大河〟だった入間川河口の浅草が重要な役割を果した時期もあり、表2で省略された東京湾水系に属する目黒川や平川（現在の神田川および日本橋川）のような中小河川が、ある時代の江戸・東京の中心的役割を果した時期もあった。

しかし何といっても最大の利根川水系は、江戸・東京の長い歴史の中では、もっとも深い関係があったため、ここで改めてとりあげよう。

表2 水系の規模（東京の水系の比較）

河川名	流路延長 km	流域面積 km^2
利根川	322	16,840
荒　川	169	2,940
多摩川	123	1,240

二枚のジグソーパズルをおもわせる図がある。図6は昭和十六年当時の『分県地図』の埼玉東部（以下「埼玉平野」と呼ぶ）の市町村界＝行政区画をしめす。

図7は戦後何回かの町村合併を経た、現在（単行本刊行時点。以下同じ）の埼玉平野の市町村界をあらわす。この二枚の図の範囲の大部分が、かつて東京湾が入りこんでいた部分であり、海がしりぞくにしたがって旧利根川水系の大小の河川が、土砂を流しこんで陸地化をすすめながら、洪水のたびに暴れまわっていた地域である。

国・郡界の決め方は古代から、山地では分水嶺（山脈の尾根の部分）、

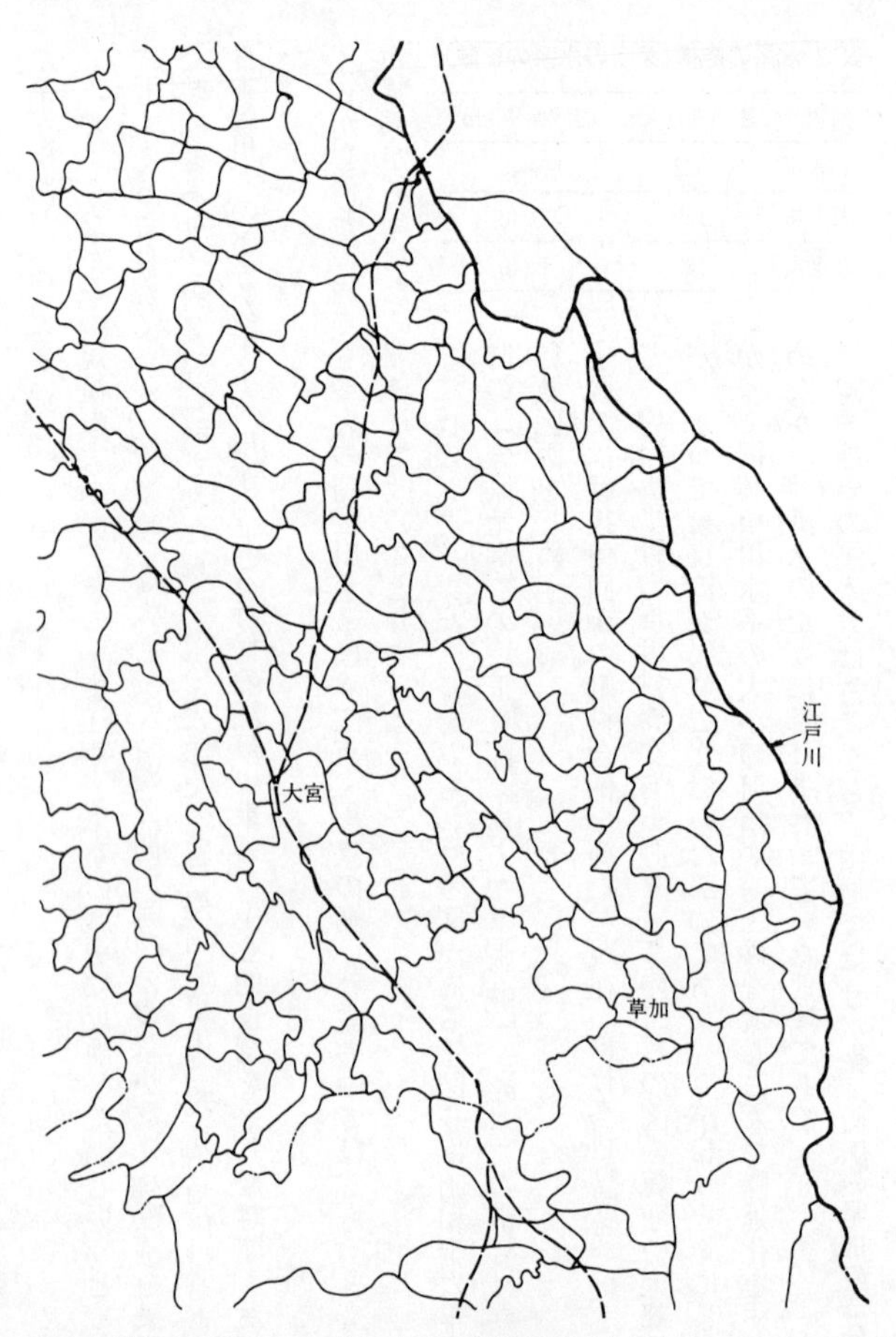

図6　昭和16年（1941年）当時の埼玉平野の市町村界

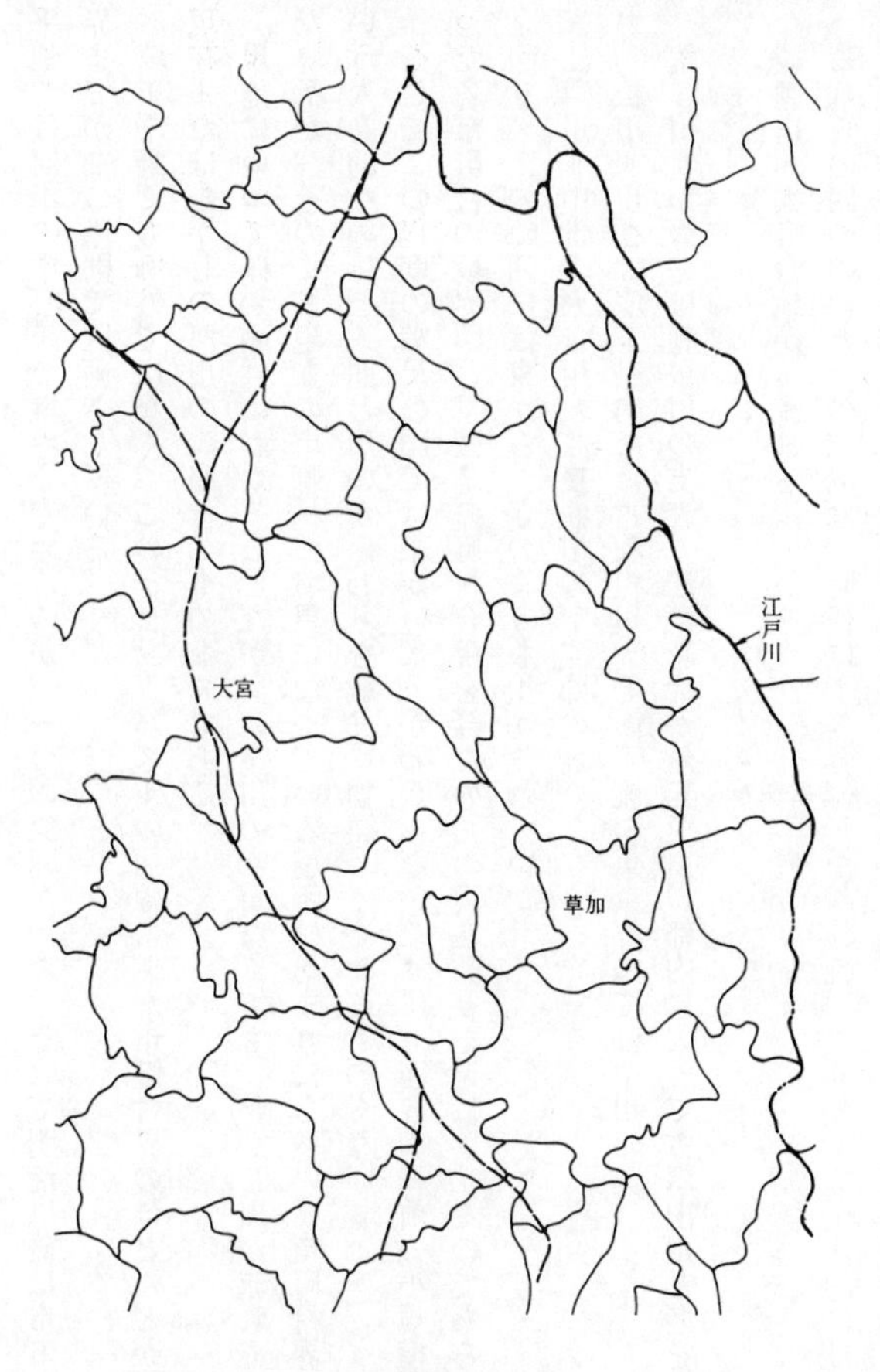

図７　現在（1988 年）の市町村界

平地では河川の中心線で境界を定めるのが、一つの原則だった。そして明治以後は市町村界までがこの原則で区画されている。

埼玉平野でも例外ではなく、このジグソーパズルの曲線に似た市町村界のほとんどが、現在またはむかしの河川の流路そのものなのである。

現地にいって確かめればわかることだが、いま川の水がなくても、むかし川が流れていた場所が、そのまま現在の市町村の境界になっている場所はあまりにも多い。市町村界という人為的な線ほど人間と川のかかわりを雄弁に物語ってくれるものもない。

そこでこの程度の縮尺の図では細かい部分がわからないために、図6の戦前の小規模だった各市町村の境界図と、図7の町村合併を経たのちの現在図とを比較させたのである。

図6・7の範囲には東からつぎのような川が流れていた。

江戸川＝中世の太日(ふとひ)川、渡良瀬川の下流部の名。

利根川＝現在は埼玉県内では古利根(ふるとね)川、その下流の東京都内では中川。

荒　川＝かつては利根川の支流、江戸時代から元荒川、都内に入って古隅田川と名を変える。

綾瀬川＝大宮台地から流れる川。

これらの四つの川とその支流は、時代により合流したり分流したりして、全体的には利根川水系と呼ぶほかはないような変化をつづけた。図6・7ともJR線と江戸川だけを記入し、わざと地名を入れなかったのは、いかに埼玉平野いっぱいに、大小多くの川が暴れまわって流れていたかを、〝鑑賞〟してほしかったからである。

自然堤防と多島海

川は洪水のたびにあふれる。土砂を多くふくんだ洪水の水は、あふれ出した場所でスピードを落とすために、いままで勢いよく運んできた土砂をそこに〝置いて〟、水だけが流れる。それを毎年のようにくり返すと川の両岸に自然に土砂がつみ重なる。これをふつう自然堤防と呼んでいる。堤防というと切れ目なしに何十キロもつづくものが想像されるが、実際は川の流れ方がジグソーパズルの曲線のように、まがりくねったり他の川と合流したりするため、自然堤防は割合に断片的な形にできあがることが多い。

埼玉平野とその南方につづく東京下町低地には、この自然堤防がいたるところに見られる。高さは低いもので十五〜五十センチ位、よく発達したものは一メートルを超えるものも少なくはない。さきほどの市町村界はまた自然堤防がつくりだした曲線でもある。

ヨーロッパなどとちがい、東南アジアのモンスーン地帯に属する日本列島の場合、雨期には川は洪水になるのが当り前であった。そして洪水がつくり出した自然堤防ほど、洪水に強い場所もなかった。もちろん何十年、何百年に一度といった大洪水の時には、冠水したり流失したり埋没する場合もあるが、〝当り前〟の洪水の時には水害にならないのが、この自然堤防の上だった。

この埼玉平野とそれに続く東京下町低地の自然堤防には、ずい分早くから人々が住みついた。当時の人々の感覚でいえば、自然堤防は〝海の延長〟としての一面の湿地の中に、ちょうど海に浮かんだ島のようにみえたことであろう。

もちろん自然堤防と自然堤防の間に、いつも水がみなぎってはいない。だが大雨がくれば水びたしになるという条件は、人々をしてそこを海のつづきだと思わせたとしても、あまり不自然なこととはいえないだろう。

事実、自然堤防にかこまれた湿地は、この地域の地形調査の専門家によれば、標高一七メートル以下の低湿地には、八十以上の湖沼があり、その総面積は二万ヘクタールにもおよんでいたという。

このような湖沼群は図6・7の中央部の三郷・越谷・春日部からその北西部にかけて分布していた。その有様は湖沼を自然堤防がとりまく形であって、ちょうど南太平洋の環礁をもつ島々を思わせる、まさに〝多島海〟的風景であった。

いまそれらの湖沼群は大部分がその姿を消して、もとの有様を想像することもできないが、そこに大規模な建物などが建てられると激しい地盤沈下現象を起して、建物が地表から抜け上る風景がいたるところにみられる。

それはさておき洪水に強い自然堤防も流されたり埋没する事があることはすでにのべた。

流された自然堤防上に人間が住んだ証拠は見つけられないが、埋没された自然堤防には古墳で代表される古代遺跡や遺物が多く残っている。

それは場所にもよるが、現在の地表から一〜五メートルも深い所から発見されている。いずれも偶然の発見なのだが羽生市・行田市・鷲宮町・越谷市内などにその例が知られている。ただしこの埋没現象の理由は、直接的には洪水によるものなのだが、それに加えて関東平野中央部に起きている「関東造盆（地）運動」と呼ばれる地盤沈下の影響もある。

下総国大嶋郷

東京都内で最古の自然堤防上の人間の記録は、奈良の正倉院に残る養老五年（七二一）当時の『下総国葛飾郡大嶋郷戸籍』である。養老五年といえばさきの武蔵国分寺建立の勅令が出る二〇年前のことである。

その内容はヤマト政権の租税徴収の一つの単位として編成された「郷戸」の戸籍の一部であり、この戸籍の研究は数多い。それを結論的にいえば利根川水系の河口部の自然堤防、つまり〝多島海〟的な環境のなかで、八世紀には農耕を主とする人々が住みついていたことを示す史料である。

なおこの史料の表題である大嶋郷の名は、現在は江東区の大島町の地名に引きつがれ、史料中の地名の「島俣里（しまたのさと）」「甲和里（こうわのさと）」「仲村里（なかむらのさと）」などは、古くから多くの学者により現在の地名との比定が行なわれている。「甲和」「仲村」にはまだ諸説があり、「甲和」は小岩(こいわ)（江戸川区説）、小合(こあい)（葛飾区説）があり、「仲村」は葛飾区水元小合町だとする説もある。「島俣」だけは現在の葛飾区柴又付近とするものが多い。

そこでこの戸籍にでてくる三つの地名にちなんで、それぞれ比定された場所の近くの自然堤防の姿を紹介しよう。図8「江戸川区の自然堤防（集落の分布）」（部分）は、明治三十八年（一九〇五）に東京府南葛飾郡役所が刊行した地図「東京府南葛飾郡図」から、人家のある場所だけを書き抜いたものである。

図8の原図では集落と道路と河川の部分を除くと、すべてが水田である。そして集落のある場所が水田の中に浮かんだ〝島〟のような自然堤防にほかならない。

柴又・小岩、そして小合などをはじめ、図中の自然堤防の形は、もちろん八世紀当時の形とはずいぶん変っていると考えられるが、それにしても大筋でみれば、このような〝多島海〟的な有様はずっとつづいてきたのである。

図9「埼玉平野の自然堤防（三郷市域の集落）」は、図8の北につづく三郷市の一部の「原形」をしめす。この図は明治十三年（一八八〇）に参謀本部陸軍部測量局が第一軍管区地方を迅速測量した、いわゆる「迅速図」（二万分の一）と呼ばれる地図から、図8と同じように現在の三郷市域の集落――自然堤防の部分を抜きだしたものである。

いまは江戸川区でも埼玉平野でも水田の大半は姿を消して、図8・9のような「原形」

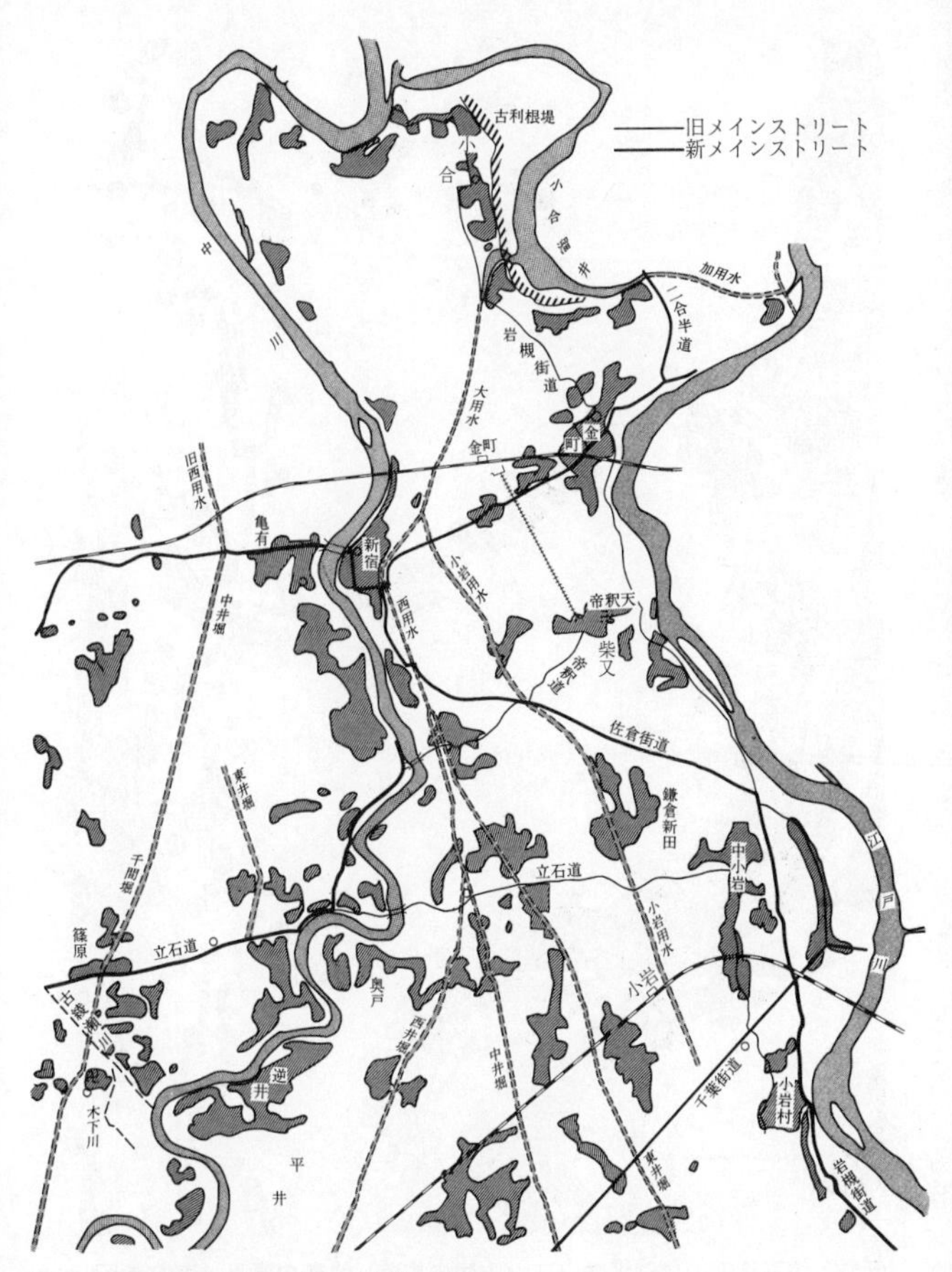

図８　江戸川区の自然堤防（集落の分布）

図９　埼玉平野の自然堤防（三郷市域の集落）丸印の番号は表３参照

はみられなくなった。しかし約一世紀前の「原形」は当時の地図でこのように復元できるし、その〝島々〟の並び方や、ちぎれ方から、大小の川が激しく流路を変えた跡を、はっきりと読みとることもできる。

つまり史料と地図で確認できる範囲でも、養老五年から明治三十八年まで、七世紀半ばから二十世紀までの長い間、東京下町低地と埼玉平野の自然堤防は、人々の生活の舞台として利用されつづけてきた。

〝島と人々〟

この自然堤防の〝島〟の一つ一つに神社と寺院が対になった形で祀られる。大きな〝島〟には幾つもの対があるものもある。もちろん中世以降近世のものが大部分であるが、神社の場合は主として埼玉平野の西側の大宮台地から入間川流域をへて、武蔵野台地にかけて氷川神社の分布が多い。江戸川流域には香取神社が圧倒的に多く、この二つの信仰域にはさまれた元荒川流域には久伊豆神社が集中する。すなわち川筋によって特定の神社が集中するというのは、やはり人々の移動について、それぞれの集団ごとの方向性があったことがわかる。

なおこの三つの神社の分布の中に、八幡社、神明社、天祖社、第六天社、稲荷社を持つ〝島々〟も入りまじる。寺院の場合は寺院名だけでは、すぐに宗旨がわからないのだが、くわしく調べればおそらく神社の場合と同じように、ある傾向が浮かびでてくることと思われる。

この多彩な神々の存在は、人々がくりかえしくりかえし、この〝多島海〟に進出し続けたことを裏書きしている。

時代は隔たるが文政九年(一八二六)に徳川幕府により成立した『新編武蔵風土記稿』で埼玉平野の自然堤防上の村々の戸数をみると、小さな〝島〟では十戸内外、大部分は三十~五十戸位の規模であり、特別大きな〝島〟には二~三百戸の大村もある。これを地名の特徴でみると、「新田」がつく村は江戸中期に開発されたもので、戸数も三十戸以内のものが多いのは、自然堤防の一般的な大きさを反映したものといえる。そしてとくに目立つ地名としては曽根(そね)がある。「中曽根」「大曽根」「瓦曽根」といった例である。「そね」を『広辞苑』でみると、「低く長くつづいた嶺。また海中の暗礁をもいう。うね。おね。おばね」とある。同じく「そ-ね」(确・埆)には「(いそね(石根)の略)石まじりの痩地」ともある。いずれも自然堤防の表現としてもピッタリの説明である。

場所が飛ぶが同じような沖積低地の大阪には近松の「曽根崎心中」で知られる曽根崎があり、名古屋の都心部にも大曽根がある。ともに同じ条件の土地である。

このような〝多島海〟的な性格を物語るものに、それぞれの〝島〟の船の所有状況がある。これを『三郷の歴史』(白石敏夫著、みさと文化社、昭和四十七年刊)で見ると、

洪水に備えた船

洪水に備えた船は、同時に農民にとっては田仕事用であり、運搬用でもあった。船のなかには、村有のものもあった。地主や寺院は数そうから十そうぐらいは常備していた。（中略）船数やその大小は、家格の象徴にもなった。（中略）

船数は公式の記録だと、明治年間には、六百そう前後となっているが、実際は、各戸に一そうどころではなかった。税金がかかるので、お役所に届けない隠し船もだいぶ数にのぼったものと言われている。

とのべて、「明治年間の船数の村別所有数」と、舟を持てない者のために、事あるときに備えた「明治年間の船数の寺院別所有数」の表を掲げている。

この二つの表の引用にあたり、図9「埼玉平野の自然堤防（三郷市域の集落）」に対応できるように組みかえて作成したのが表3－Aおよび表3－Bである。

当時の三郷市域には『三郷の歴史』の史料によると四八の〝島〟があり、そこに五五一艘の船があった。そのほかに三四か寺が一四四艘、合計六九五艘の〝大船団〟をもっていたのである。もっとも四間（七・二メートル）未満の船が大部分だったが、五間（九メートル）の船も一六艘、四間の船も二艘あった。なお寺院所有の船の大きさは引用資料では不明である。

三郷市域のこうした状況は、同市域が特別なのではなく、埼玉平野と東京下町低地全体

表３－Ａ　明治年間の船の村別所有数（艘）

古利根川の自然堤防上の村

番号	村	規模	数	備考
①	彦糸村	4間未満	20	5間＝2
②	彦音村	〃	6	
③	彦成村	〃	15	
④	上彦川戸村	〃	1	
⑤	下彦川戸村	〃	7	
⑥	彦野村	〃	3	
⑦	彦倉村	〃	5	
⑧	番匠免村	〃	14	5間＝4
⑨	彦沢村	〃	6	
⑩	彦江村	〃	8	
⑪	花和田村	〃	3	
⑫	谷口村	〃	10	5間＝1
⑬	境木村	〃	8	
⑭	酒井村	〃	7	
⑮	三九村	〃	7	
⑯	前川村	〃	1	

江戸川の自然堤防上の村

番号	村	規模	数	備考
❶	采女新田村	4間未満	9	
❷	半田村	〃	41	
❸	後谷村	〃	5	
❹	小谷堀村	〃	4	
❺	前間村	〃	3	
❻	丹後村	〃	49	5間＝1
❼	仁蔵村	〃	22	
❽	大広戸村	〃	24	
❾	茂田井村	〃	32	5間＝1
❿	幸房村	〃	17	
⓫	岩ノ木村	〃	4	
⓬	谷中村	〃	9	
⓭	市助村	〃	8	
⓮	八丁堀村	〃	14	
⓯	大膳村	〃	5	
⓰	駒形村	〃	2	
⓱	蓮沼村	〃	5	
⓲	笹塚村	〃	6	

図９の範囲外の三郷市域の村の船数（艘）

村	規模	数	備考
鎌倉村	4間未満	8	
寄巻村	〃	26	
長戸呂村	〃	4	
徳島村	〃	4	
久兵衛村	〃	1	
樋之口村	〃	6	5間＝1
小向村	〃	5	4間＝2
高須村	4間未満	12	
下新田村	〃	3	
一本木村	〃	15	
横堀村	〃	12	
上彦名村	〃	2	
戸ヶ崎村	〃	48	5間＝2
上口村	〃	7	5間＝4

表３－Ｂ　明治年間の船の寺院別所有数（艘）

番号	村	寺院	数
②	彦音村	真蔵寺	3
③	彦成村	円明院	10
③	〃	不動院	3
③	〃	西福寺	5
③	〃	観音堂	3
④	上彦川戸村	慈眼寺	3
⑤	下彦川戸村	玉蔵院	5
⑥	彦野村	大聖寺	5
⑧	番匠免村	西林寺	4
⑪	花和田村	観音寺	3
⑪	〃	西善院	4
❷	半田村	観音寺	4
❷	〃	万勝寺	5
❹	小谷堀村	長養寺	4
❻	丹後村	弁天堂	3
❿	幸房村	興禅寺	4
⓫	岩ノ木村	方便寺	3
⓬	谷中村	草庵寺	5
⓱	蓮沼村	円光院	3
⓱	〃	長源寺	3

図９の範囲外の三郷市域の寺院持船数（艘）

村	寺院	数
鎌倉村	明王院	5
寄巻村	金蔵寺	5
小向村	金剛寺	4
高須村	宝蓮寺	5
横堀村	東福寺	5
上彦名村	地蔵院	4
長沼村	正円寺	5
戸ヶ崎村	常楽寺	4
〃	西福寺	5
〃	観音寺	5
〃	極楽寺	3
〃	観音堂	4
上口村	東光院	5
前谷村	塩勝寺	3

『三郷の歴史』より作成。○印●印の番号は、図９の中の番号に対応する。

に共通的なことであった。

武蔵野台地の水系

ここで残る三つの水系、つまり武蔵野台地の水系の特徴をのべよう。そもそも武蔵野台地はどのようにして出来たかというと、富士・箱根火山群の爆発による火山灰が降り積って出来たものだった。この火山灰は地質学では関東ロームと呼ばれ、俗に赤土(あかつち)ともいわれる東京人にとっては、なじみ深い土である。

この関東ローム層でおおわれた範囲は、図10「関東平野中央部の台地と川」に見るように、武蔵野台地はもちろん大宮台地から利根川水系の全域におよぶものだった。関東ローム層の厚さは平均すると十メートル前後で、火山灰の供給源である富士・箱根火山に近づくにつれて厚さを増している。

この火山灰は図の範囲に〝ベタ一面〟に降ったのだが、結果としては図にみるような形にしか台地はできなかった。その理由は火山灰が積る前からあった大小の川の流れ方に左右されたためである。

図10についてみると、利根川や渡良瀬川クラスの川の場合は、火山から遠かったことと、川自体が火山灰を積らせない流勢があったために、その河原は広く、台地も加須(かぞ)・栗橋付近のように、島状に分断された形である。

大宮台地では、元荒川（本来の荒川）や綾瀬川クラスの流勢の弱い川が、せまい谷の中を〝窮屈〟そうに流れていて、まるで台地に掘られた運河のようにさえ見える。

さらに入間川流域をみると、本流の河原に当る部分には加須・栗橋付近のような島状の台地はみられない。このことは火山灰が降っていた時期には、利根川より入間川の方が流勢＝浸蝕力がさかんだったことを物語る。

武蔵野台地の場合は、そこに始めから大きな川がなかったため、結果としていちばん大きな台地ができあがったものである。つまり関東ローム層におおわれた台地は、もとからあった川の部分を残して、その周囲に降り積ったものだった。

地学の教科書などで一般的な川の浸蝕を説明する場合、まず平坦な土地があり、そこに雨による小さな溝ができ、やがて小さな谷となる。さらにその谷はどんどん深く土地を削って行き、一定の深さになると谷底を掘り拡げて行く。そして周囲の土地を削りつづけ、最後には皿のようになった谷をゆっくりと流れるといった、川の浸蝕と谷の形を人間の一生にたとえて、幼年期・少年期・青年期・老年期の地形に区別する。そして老年期からまた幼年期にもどって……という「輪廻（りんね）」をくり返すと説明される。このように川の浸蝕はまず平坦な土地を想定して、それを川が削っていく状況だとする。ところが武蔵野・大宮台地などの場合は、川の方が先に流れていて、川の周囲に火山灰が降り積ったものだった。

武蔵野台地は東京湾と東京下町低地に面した場所では、標高は約十五メートル、西に行

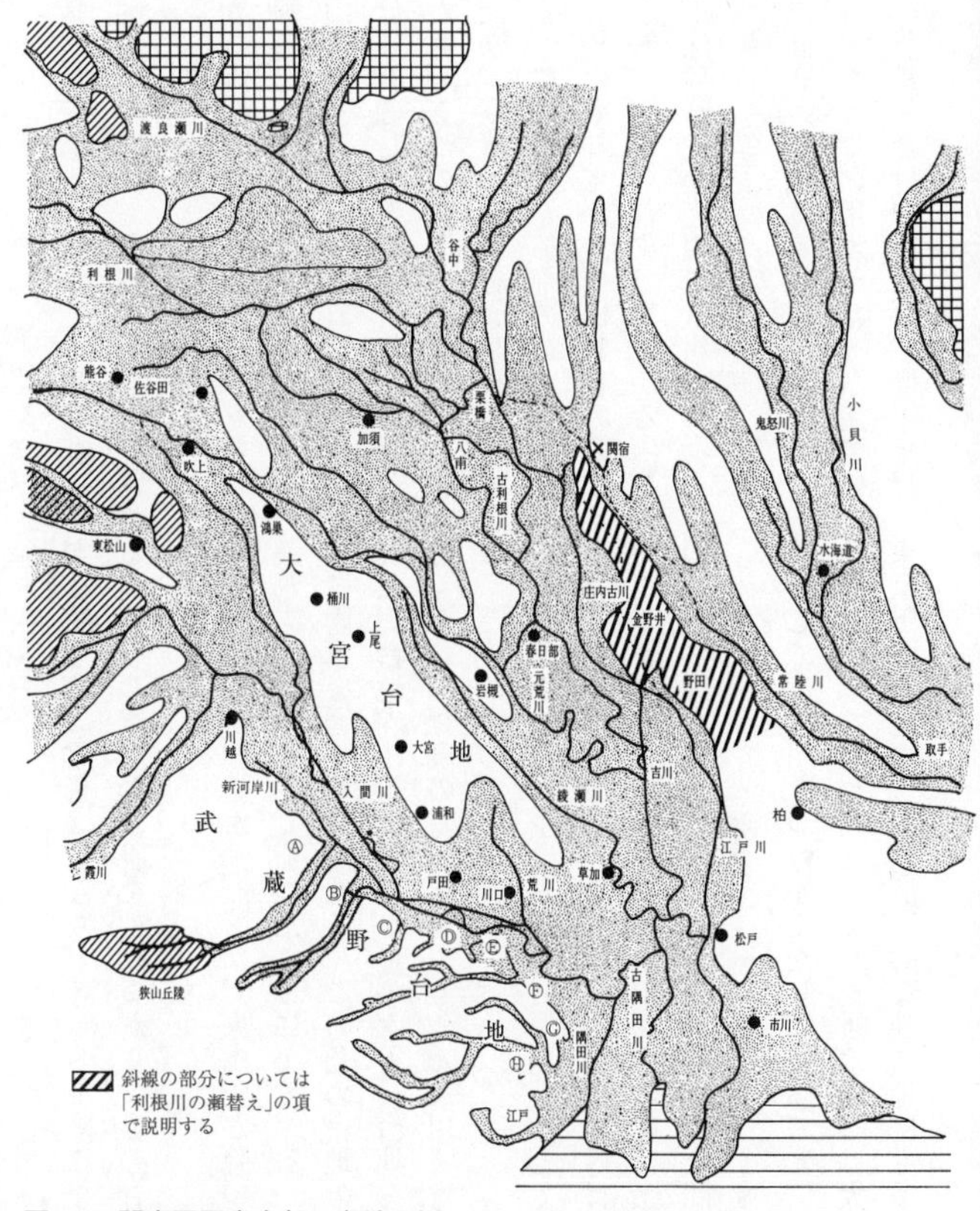

図10　関東平野中央部の台地と川

くにしたがって高度を増して、関東山地に接する部分では標高は約百六十メートル位になる。この台地内の川は〝樹枝状〟と形容されるような複雑な形に谷を刻みながら、その谷の中でさらに曲流蛇行しながら流れる。

このような流れ方をする理由は、もとの川自体の勾配がゆるかった所に、火山灰が降ったために一層勾配が僅かになったため、川の流れ方がひどく悪くなったことによる。

また火山灰である関東ローム層はザルのように雨水を通す地層である。このため台地の表面は水分にとぼしく乾燥地帯である。その反面、台地内の川は上流からの水と、台地をしみ通った水の二つの水源をもちながら流れる。これは程度の差があってもどんな川でも同じなのだが、武蔵野台地と大宮台地の場合は、とくにそのことが著しい。

現在のように開発される前の大宮台地内の川と谷の部分は、手におえない湿地帯として人間の前に横たわっていた。図10にみるような細長いU字溝のような谷は、谷地田(やちだ)と呼ばれ大部分が人の胸から首までもつかるほどの深田だった。ここを普通の水田にするには余分な水——江戸時代の表現では悪水(あくすい)——をどのように排水させるかが、もっとも大きな問題だった。

その解決は江戸時代に実現するのだが、方法としては荒川をつけかえたり、谷筋ごとに用水路を掘った。この用水路は灌漑用ではなく悪水排水路だった。こうした排水路網は大宮台地内の谷地田だけではなく、埼玉平野・東京下町低地の〝多島海〟的な沖積地にも多く掘られていて、農業用水と交通路を兼ねていた。

昔も今も鉄砲水

大宮台地にくらべて台地上の面積が広い武蔵野台地内の川は、むかしから絶えず鉄砲水――普段はわずかな水量だが、大雨が降ると一度に大増水したのち、ほどなくもとの水量にもどる洪水――に見舞われ続けた。

最近はこの武蔵野台地内を流れる、都内のいわゆる中小河川の鉄砲水の原因を、都市化つまり建築物の増加や、道路舗装の普及などで、地表が人工物でおおわれてしまったことや、下水道の普及の結果だとされるようになった。

しかし都内の中小河川をもつ各区史や市史を見ると、現在のような都市化の以前の江戸時代から昭和の初期にかけても、非常に多くの洪水があったことが記録されている。

この自然現象としての洪水常襲地帯を、地名との関係でみると、JR中央線沿線でいえば大久保・荻窪で代表されるクボの地域がある。住居表示が進行して地形の本質をあらわす地名が大幅に消えてしまったが、かつては長久保・狐久保・蛇久保・恋が窪などのバリエーションに富むクボは百近くもあった。

同じ武蔵野台地でも南側の旧荏原郡一帯では、クボをサワと表現する。北沢・野沢・深沢・奥沢・駒沢などといまも残る沢もあるが、これも多くが消えてしまった。

クボ＝サワ＝谷地（ヤチ）＝谷戸（ヤト）＝谷（ヤツ）は、武蔵野台地に限らず広く関東地方の台地内の中小河川の上流や支流の低地の呼び名だった。付近の農民はこの低地を、洪水がなければ〝もうけもの〟だという程度に利用した。いいかえれば収穫がなくても、モトモトだという利用のしかたの土地だった。

はなしが一度に近代に飛ぶが、このような地形の場所が関東大震災前後からの、東京市街地の膨張時代に、最初に埋め立てられて宅地化された。その実例は数多いが地名と関連させて、一つだけ例をあげると最近まで暴れ川で有名だった呑川（のみがわ）の場合がある。

この世田谷―目黒―大田各区を流れる呑川の中流部に、沼地に近い谷戸（ヤト）を埋めて、かつての谷底に現在の東急線の自由が丘駅ができたのは昭和二年（一九二七）八月のことだった。そしていま見られるように、この駅を中心に住宅街が発達した。これが大宮台地の谷地田と同じ性格の地形であることはいうまでもない。

呼び方はともあれ、農耕不適地のヤトが宅地化できれば、地主である農民も開発業者も満足する結果となる。また住宅入居者の方でも、ヤトだった場所ゆえに地価が安いという〝利点〟の恩恵を受ける。しかし開発にともなってその利点を上まわる、鉄砲水による災害も発生しはじめた。

そして戦後はそれまでとは比較にならない大土木力の導入で、農耕者もなくしたがって地価の安い谷地田の部分から、宅地化が始められた。その結果、東京の中小河川の河川としてての本来のあり方は、例えば遊水池機能を果していた河床部分を失うといった形で、大きく破壊されはじめ、いたる所に鉄砲水の直撃を受けるようになった。

もちろん東京都当局はこの現象に手をこまねいていたわけではない。

人工河川の出現

農業優先の治水は、灌漑の場合にみられるように、一つの水源からの水をできるだけ広範囲な地表におよぼす技術である。これを水の流れる速さでいえば、できるだけゆっくり水を流す技術だといえる。

ところが東京にとりこまれた谷地田や、その幹線流路の治水とは、できるだけ早く川の水を海に放流させる技術だといってよい。武蔵野台地内の川は溝のような谷の底で、川が激しい蛇行をしながら流れていたのがその原形である。川の蛇行という現象は、一般的にいえば河口部の沖積地（三角洲＝デルタ）に多くみられる。河流が海に近づくにつれて、川の勾配がほとんど水平に近くなるため、ちょっとした障害物に当っても、流れの向きが変るためにヘビがのたくるような流れ方をする。

ところが武蔵野台地内の川の場合、かなり上流から蛇行しはじめる。この状況はこれまでに再三紹介してきたが、明治十年代の参謀本部の地図をみると、いたるところに見ることができる。

東京の治水当局はこの特徴による災害を防ぐために、大正期から昭和前期にかけて、蛇行部分をカットして、川の直線化をはかって排水力をふやすことを考えた。この方針は戦後も引きつがれ、現在ではそれだけでは足りないために、地表からは見えない人工地下河川である分水路を掘って、鉄砲水に対応しようとしている。図11「神田川流量配分図」は東京の典型的な中小河川である神田川の分水路の状態をしめす。神田川の鉄砲水を処理するために大きくみると三か所（高田馬場・江戸川橋・飯田橋）に分水路をつくったが、それだけではたりずに、江戸川橋や飯田橋付近に分水路の分水路をつくったり、御茶ノ水にさらに分水路を計画したりしている。その一方ではかなり有効な遊水池の役割を果していた飯田濠を埋め立ててもいる。

この異常ともいえる分水路の増設は、それだけ鉄砲水の危険が増えたことを物語る。しかしそれぞれの分水路の出口では、より一層の鉄砲水がくるわけで、分水路建設とは限りなく鉄砲水を下流におよぼして行く作用をもたらす。

神田川に限らず東京の中小河川は、分水路工事や緑道工事によって、普段は非常にわずかな、もはや川とはいえない水量の〝みぞ〟になってしまった。そしてひとたび大雨が降ると、鉄砲水の逆巻く激流が二〜三時間も続くと、再び底まで干あがるような川になった。この現象の基本的な原因は、くり返すが川の勾配がわずかなため、水はけが悪いことにある。そのため蛇行を直線になおしたが、その結果として鉄砲水がひどくなった。それを解

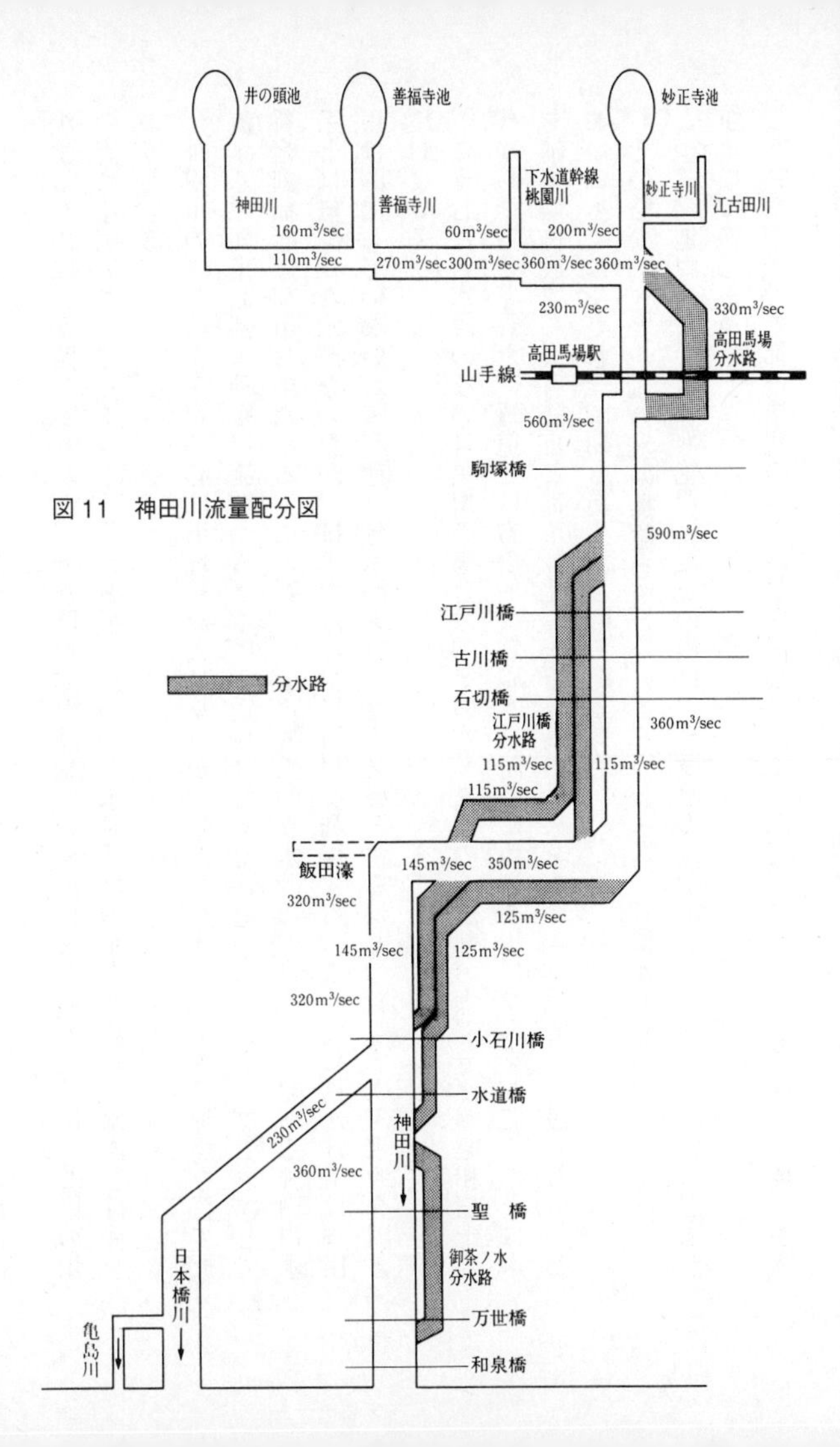

図 11　神田川流量配分図

決するために分水路をつくるが、分水路自体が鉄砲水の原因になるのと同時に、普段の川の流れを涸渇させてしまった。それを補うために下水処理場の水を放流して水流を確保しようとする。

神田川の場合は新宿副都心に出現した大ビル街からの下水を落合の下水処理場を経て放流する。関東北部の利根川流域からはるばる送られてきた水道の水を、ポンプアップして新宿副都心は利用し排水する。この新しい全く人工的な水源は、自然河川である神田川水系とは無関係な水源なのだが、排水だけは自然河川を利用する。このため見かけ上は神田川は涸渇していないが、実態は分水路の分水路を必要とするほど、新しい人工水源を引き受けている。

こうした新水源のない目黒川の場合は、その本・支流の上流部の大部分が、昭和三十年代から緑道化された。緑道とは常襲的な鉄砲水を防ぐために、川にフタをしてその上に木を植えた施設で、災害防止と都市緑化の一石二鳥の効果をもつ「文化的」施設として、おおいにもてはやされた時期もあったものである。

その結果、地表からの水の補給を絶たれたうえ、河床のコンクリート化（下水道化）によって、地中からの水源も絶たれたこの川は、普段はもはや川とは呼べなくなるほど水がなくなってしまった。

ところが最近の都市景観のみなおしを機会に、この旧河川に水を復活させる必要がおきために、旧中野刑務所跡に建設した下水処理場の処理水を、神田川の上流部の妙正寺川流域から二つの水系の下をトンネルで目黒川に放流させる計画が進行中である。

東京ではこの計画——旧目黒川沿岸の修景計画を機に、ウォーターフロントという言葉が流行し始めた。鉄砲水に備えた緑道化という川の否定に始まり、そのツケである河流の涸渇に対する下水処理水の利用計画も、ともに目黒川がハシリであることは興味深い。目黒川は現代都市河川の治水（?）の実験場なのである。

そしてこのような状況は神田川や目黒川だけのことではなく、東京都内の中小河川はもちろん、東京湾岸に面する水系のほとんどに共通する事柄であって、すくなくとも一九七〇年代後半から、開発された都市内の河川は、多かれ少なかれ人工河川化が進み、その弊害をおぎなうために、多くの親水・保水施設と呼ばれる工夫がみられる。いま流行の河川の親水施設とは、自然河川の破壊の度合いの指標だともいえる。

蛇行と地域

図12-Aは江戸—東京の歴史に重要な役割を果してきた平川（ひらかわ）（現神田川）の早稲田付近の明治十六年当時の姿である。これが現在の新宿区の区分図では図12-Bのように、かつての蛇行部分はほとんど見られないように改良されていて、むかしの川の姿は区境をしめす線だけに残る。ところが付近の住民はこうした変化の過程を知らずに、なぜ川の向う側

図 12－A（上図） 明治 16 年当時の平川（現神田川）
図 12－B（下図） 現在の神田川

に飛地があるのだ！と、苦情を当局に投げかける場合も珍しくはない。

こうした例をもう少し大きな川、多摩川でみると、多摩川の両岸に同じ地名がつぎのように分布している。

府中市押立 ↔ 稲城市押立

調布市布田 ↔ 川崎市多摩区上布田・下布田

狛江市 西和泉・元和泉・東和泉 ↔ 川崎市多摩区和泉

世田谷区 宇奈根 ↔ 川崎市高津区宇奈根

世田谷区 瀬田 ↔ 川崎市中原区瀬田

世田谷区 上野毛・野毛 ↔ 川崎市中原区下野毛

世田谷区 等々力 ↔ 川崎市中原区等々力

大田区丸子 ↔ 川崎市中原区上丸子・下丸子

これらの対(つい)になった地名は、ある時期には地続きだったことをしめすもので、蛇行のくり返しによって現在のように両岸にわかれたものである。そしてこれらの地名の範囲に、現在の区分図程度の地図でも、かなりはっきりと、かつての河流の形が認められる。

こうした状況はさきにみたジグソーパズル状の境界をもつ埼玉平野・東京下町低地でも、いたる所でみられる。現在の東京も首都圏の市街地も、いうならばおびただしい川の遺跡の上にひろがっているのである。

Ⅳ　東京湾をめぐる人々

辺境から中心へ

前章の〝多島海〟の大嶋郷の例のように、東京のそれぞれの水系の特徴の上にくり拡げられた人々の活動が、古代から中世にかけて東京湾を中心に、どのように展開していったかを追跡するのが、この章の目的である。

大化改新（六四五）から一三年後に、京都政権はその領土を拡げるために、阿倍比羅夫に命じてエゾ（蝦夷）を攻撃させている。

延暦二十年（八〇一）にはふたたびエゾ攻撃に坂上田村麻呂を起用している。この渡来系の二人の将軍で知られる約二世紀におよぶ東国攻撃は、実際にはほとんど継続して行なわれたといってもよい。この攻撃にともなって京都政権に「俘囚長」という職制が正式におかれたのは、田村麻呂の胆沢（岩手県水沢市西北）占領後一一年たった弘仁三年（八一二）のことである。俘囚長は全国的に設けられ十世紀はじめの『延喜式』には七道、三五か国にわたって俘囚稲（俘囚の食料）を計上した記録もある。

俘囚とは捕虜のことで、この捕虜の〝反乱〟の記録もまた非常に多い。そしてこの〝反乱〟の本場は坂東（ばんどう）（関東地方）で、嘉祥元年（八四八）の上総国俘囚の決起、貞観十七年（八七五）にも下総と下野で、元慶七年（八八三）には上総国市原郡で大規模な〝反乱〟があったことが記録されている。

そうした中で天慶二～三年（九三九～四〇）にクライマックスを迎えた、江戸っ子の尊崇あつい平将門事件があるのだが、これを京都政権の東国経営の大筋からみると、この事件は東国平定の先遣隊の部隊長とその子孫たちの、主導権争いとみることができる。その主導権とは俘囚勢力を自分の陣営に取りこんで、製鉄や牧（まき）（軍馬の生産地）などを確保して、京都政権から独立をはかる動きだった。

そして関東に限ればこの俘囚の〝反乱〟も、俗に〝天慶の乱〟と呼ばれる平将門事件の舞台も、その大半が利根川水系の東側、つまり現在の茨城・千葉県側にあったことは注目してよい。というのは利根川水系はこの時期でも東北日本と西南日本の地形的な境であると同時に、人々の生活圏、政治的勢力の境界だったのである。このことは関東地方の東半分は〝みちのく〟の最南端の地域としての性格を強くもっていたことをしめすものだった。

その後も西南日本側の〝みちのく〟攻撃はつづく。京都政権の遠征軍（大将は源頼義—義家父子）による永承六年（一〇五一）にはじまる「前九年の役」と、永保三年（一〇八三）からの「後三年の役」などの長期戦がそれである。

この攻撃の一つの結果として、東北日本の原住民である安倍氏や清原氏の興亡と、平泉を中心とした藤原基衡—秀衡—泰衡三代の興隆があったが、それも結局は文治五年（一一八九）に源頼朝に滅されてしまう。

このような七世紀から十二世紀までの長期間の西南日本側のたえまのない東国攻撃の最大の理由は、東北日本の豊富な金属資源と、その採鉱冶金技術を獲得するためと、戦力であり輸送力だった良馬を確保するためだった。馬＝牧については省略して、ここではこれからの記述にたびたび出てくる鉄に関して、ひとつの概観をしてみよう。

近代以前の日本の製鉄産地といえば、出雲で代表される中国地方が〝専売特許〟のように扱われているが、関東地方の場合は九世紀の製鉄遺跡である尾崎前山（茨城県八千代町）をはじめ、多くの製鉄遺跡が知られるようになった。尾崎前山はほかならぬ平将門の活躍した場所の一角にあり、この遺跡の発掘を機会に書かれた『平将門の乱』（福田豊彦著、岩波新書、昭和五十六年刊）にくわしい。

製鉄についてはつぎのV章でも扱うので、ここでは尾崎前山に関連させて、関東地方の鉄に関した場所をみると、栃木県の佐野市に古い起源をもつ天明(てんみょう)の鋳物が知られ、同市内には鉄造百観音を祀る台元寺がある。尾崎前山は鬼怒川の、佐野は日光山地からの豊富な砂鉄を利用したもので、佐野の西の足利市も、中世の足利学校で大量の刀剣を製造したことが知られる。

また東京湾岸の金谷(富津市)の金谷神社には、文明元年(一四六九)に海中から引き上げたという鋳鉄製鏡形鉄板(直径一・六メートル、厚さ一一センチ、重量一・五七トン)という製鉄史上の謎といわれる逸品もある。十世紀の法令集である『延喜式』によると、すでに常陸・上総・下野などが鉄製品の産地になっていて、いずれも前記の関東各地の製鉄産地の「原形」があったことがわかる。つまり関東から東北日本には、現在からする想像以上に鉄が産出されていたのである。

——昭和三十年代のなかばの四年間、考古学者の和島誠一氏(死去時は岡山大教授)による全国から出土した鉄製品の鉄の素姓調査——分光スペクトルで鉄に付随した稀元素を調べて、その産地を特定する作業を手伝ったことがあった。その時、実際に古代の自然送風のタタラを復元して砂鉄を熔解したり、各地の製鉄遺跡を廻ったが、東北地方では一関市の北側の砂鉄川(北上川上流)の流域の舞草山(もうくさやま)などに、尾崎前山と同時代のものと推定される製鉄遺跡があったことなどが記憶に残っている。

源頼朝のコース

このような東国の条件を前おきにして、ここでは十二世紀末に京都政権を実質的に無力化させた武家政治体制——鎌倉幕府という新しい中心を創設するまでの頼朝の足跡を、環東京湾地域とのかかわりにおいて見ることにする。この足跡をたどる作業は、鎌倉幕府の正式な記録である『吾妻鏡』をはじめ、沢山の軍記や物語などでよく知られていることが多いが、ここではこれまであまり問題にされていなかった面を中心にとりあげる。そしてとくに強調したいことは、頼朝の道筋の相模湾・東京湾・利根川水系には、歴史に書かれない多くの人々が活躍していたことであり、頼朝はそうした人々の日常生活の場を通り過ぎていったことである。

●三浦半島迂回

治承四年(一一八〇)八月十七日、頼朝は伊豆で平家打倒の旗挙げ(はたあ)をする。しかし石橋山でもろくも破れて、八月二十三日に真鶴岬から小舟で安房にむけ逃亡する。途中、三浦半島先端の衣笠城の三浦義澄をたよったのだが、衣笠城は平家軍の攻撃中だったため上陸できず、三浦半島をまわって八月二十九日に直接安房の猟島(りょう)(現鋸南町竜島(りょう))に上陸して、先着していた三浦義澄・和田義盛・北条時政らに迎えられた(以上『吾妻鏡』、なおこれからも日時・場所・人物などは同書による)。

このコースは古代の日本武尊・弟橘媛以来のコースと大差がない。いわば東海道のもっとも東海道らしいコースといえる。このコースを小舟で命からがら、ほとんど単身の脱出行とはいえ、船頭にとっては手なれた海上の道であり、彼の後援者やブレーンも同じコースで頼朝より先に安房竜島に着いている。相模湾横断も東京湾横断もこの時期には相当に安定した航海ができたことがわかる。

頼朝が伊豆山から竜島まで二十三日から二十九日までの約一週間かかっているのは、天候の状況によるものか、他の理由によるかは不明だが、ともあれこの海域の制海権は、頼朝側に立った勢力によって確保されていたと推定できる。

●武蔵めざして

頼朝が竜島に上陸したのち彼の兵力は急速に増え続ける。九月十七日に太日川（ふとひ）を目前にする下総国府（市川市）についた時には「安房・上総・下総三国の在庁官人（三か国の土豪たち）」が味方になって、一万余の大軍にふくれあがっている。

この鋸南町から市川市までの約十八日間のコースも、おそらくは前章に述べたような「方向性」をなぞるように、海岸づたいに北上したものであろう。「一万余」の実数がどれほどのものであったかは別としても、〝口（くち）コミ〟だけといってよい情報環境の中で、東国はじまって以来の大人数が二十日たらずの間に集まったのである。

そしてここまでは快進撃といってよいスピードだったのだが、名にしおう太日川・隅田川つまり利根川水系をひかえて、頼朝軍は十月二日に渡河を始めるまで、一五日間も市川に足止めされてしまった。この二つの大河を渡るだけならば簡単なのだが、対岸の武蔵には〝坂東八ヵ国の大福長者〟といわれたほどの財力を持っていた実力者の江戸重長がまちかまえていたためであった。

江戸氏登場

江戸という苗字(みょうじ)がはじめて記録にあらわれるのは、これも『吾妻鏡』の治承四年八月二十六日の記述である。平家側の衣笠城攻撃部隊の部将として、秩父平氏一族の畠山重忠・河越重頼と並んで江戸重長などの名がつらなる部分である。彼等は二十七日に衣笠城を落し、義澄の父親の三浦義明を討ち取ってもいて、頼朝軍の当面の強敵だった。

秩父平氏の一族とは利根川水系の西側の入間川水系を中心に勢力を持っていた一族である。この水系の上流部に惣領の秩父畠山氏、中流に二男の河越氏、河口に三男の江戸氏が根拠地をおき、入間川流域を支配していた。

つまり秩父地方の鉱業・鉱産物、川越地方の農業＝食料、河口部江戸で他の流域や地域との交易と、一つの流域の上・中・河口部に一族の分業体制ができあがっており、これが〝坂東八か国の大福長者〟の経済力の背景だったのである。そしてこの一族の分布状況は、古代に渡来系の人々が浅草を起点に、ひとつの方向性をもって奥地に進出していったプロセスの逆方向をおもわせる。これは渡来系の子孫がただちに秩父平氏だということではなく、人間社会と川の関係というものは地域差や氏族差をこえて、普遍性があったわけで、このように一族ないし同じ系譜の人々が、河流に沿って社会的分業をしている例は、入間川流域に限ったことではない。

中世の豪族の苗字のほとんどは、そのすまいのある地名にちなんだものである。

江戸氏の本拠地は現在の神田川・日本橋川の古称である平川の河口に面した場所だと推定されている。もう少し具体的にいうとのちに太田道灌が江戸城を築いた、現在の皇居東御苑の旧本丸のあった台地が、その居館の地とされる。その推定の理由は入間川河口の浅草湊には今に続く浅草観音があることでも明らかなように、江戸氏が入り込む余地がなかったことと、浅草湊のほかにある規模以上の川が海に注ぐ場所——江の戸（河口）がある場所は、旧石神井川と平川の河口にある江戸より外に、具体的な場所がないためでもある。

さらに太田道灌が江戸氏を駆逐して皇居東御苑の場所に江戸城を築いたのは長禄元年（一四五七）だが、その直前ともいえる応永二十七年（一四二〇）の江戸氏一族の分布を証明する文書（「那智神社廊之房江戸之苗字書立」＝米良文書）には、江戸氏の本家の「大殿」を中心に「大殿・芝崎・桜田・国府方（以上千代田区）・金杉・小日向（新宿・文京区）・中野・阿佐谷・渋谷・蒲田・丸子・六郷（大田区）・石浜（台東区）・牛島（墨田区）」などの地名を名乗る支族が分布していたことからも、江戸氏の大殿は皇居東御苑付近にいたと推定されるのである。

「那智神社廊之房江戸之苗字書立」――これは日本列島の太平洋岸に広く分布している熊野信仰を実質的に支えていた熊野の御師(おし)(伝道者)が持っていた権利を確認する書類のことである。この場合でいえば江戸氏一族と御師間の信仰上・経済上の縄張りは廊之坊という御師がもっていることをしめす。苗字を書き立てられた者が熊野詣をする場合には、道中と熊野での世話は廊之坊が責任を持ち、廊之坊が江戸に来た場合はその滞在から伝道までを江戸側が面倒をみるという契約関係をしめすものである。そしてこの権利書に書かれた権利は御師側では相続もでき、また売買も交換もできた。そのため熊野にはこの種の文書が非常に多い。

なぜ各地の有力者と御師の間にこのような関係ができたかというと、御師の移動はそのまま情報の流通であり、また各種の商業も御師を通じて成り立っていたためで、中世の情報・物資の流通上、みのがすことのできない存在であった。

頼朝の敵前渡河

市川にいた頼朝は、一五日間の足ぶみ期間の中で、江戸氏の一族である豊島・足立・葛西氏などの東京下町低地の小豪族のあっせんもあり、一方では甲斐源氏はじめ諸国の源氏の旗挙げもあったため、十月二日に頼朝は敵前渡河を強行してその日のうちに隅田(すだ)宿に入り、さらにそこで二泊している(隅田宿の位置は墨田区墨田説と台東区橋場説の二説があるが、隅田川の激しい変流を考えれば、その両方に妥当性がある）。

ともあれ頼朝が隅田宿に着いたため、十月四日ついに畠山（秩父）・河越・江戸の三人は隅田宿に行って投降した。その後頼朝は隅田宿を出発して「長井渡」（橋場―三ノ輪―王子滝野川松橋または板橋）を経て、武蔵野台地に上り、それからは府中に向けて進軍している。

つまり頼朝は直接江戸氏の本拠のある江戸には上陸せず、入間川を随分さかのぼった滝野川、または板橋（現在の板橋とはちがう）と迂回している。これは投降したとはいえ実力者江戸重長の動向を警戒したためだった。

ここで『吾妻鏡』によって頼朝の利根川水系の渡河の状況をみてみると、『吾妻鏡』では主に上総の豪族の千葉氏の「舟楫（しゅうしゅう）」で三万余騎を市川から隅田宿まで輸送したことになっている。舟楫とは手漕ぎの舟を意味し、中型や大型の帆船ではなく、多分さきに紹介した三郷市域にあった舟程度のものと考えても、独断にはならないだろう。

そうした舟で太日川だけならば、ピストン輸送で三万余騎を渡せるが、その先に隅田川があるわけだから、太日川と隅田川の間の陸地を、どうやって舟を運んだかという疑問がおきる。また太日川河口から隅田川河口に入る迂回コースをとったとも考えられるが、どちらもあまり現実性がないようである。

『吾妻鏡』の記述とは別に十三世紀後半に成立したといわれる『源平盛衰記』第二三巻には、頼朝は渡河にあたり「渡瀬をめぐりてうちのぼらん」と主張したが、彼の幕僚は江戸や葛西に命じて「在家（民家）をこぼちて浮橋をよの常に渡し」「武蔵国豊島の上、滝野河、松橋」に上陸したとある。

これを十五世紀前半に成立した『義経記』（巻第三）でみると、頼朝は江戸重長に命じて、これも浮橋をつくらせたことになっている。その状況は千葉・葛西氏の協力で彼等の領地（今井・栗川・亀無・牛島）から「海人の釣舟を数千艘上(あげ)て（中略）折節西国船の著きたるを数千艘取寄せ、三日がうちに浮橋を組んで（中略）太日(ふとひ)、墨田(すんだ)打越えて、板橋に著き給ひけり」というものであった。

正史である『吾妻鏡』の記事と、はるか後に成立した二つの有名な物語の記述を同列にとりあつかうつもりはないが、以上の三つの記述を総合してみると、頼朝が「渡瀬をめぐりて」行こうと主張したのは、この地域の自然堤防づたいに武蔵に渡ることを意味するものだったと読める。

また浮橋――舟を並べてその上に板をわたして橋とした、いわゆる浮橋説をとる後世の二書は、少なくとも当時の東京湾にはそれぞれ数千艘もの釣舟や西国船が集散していた湊があったことを物語っている。

軍勢三万余も数千艘も「白髪三千丈」式の誇張であって、その実数は正確にはわからないにしろ、そのような表現が二つの物語の成立した時点で、当時の人々にさしたる異和感を持たずに受け入れられたことも、また一つの事実であろう。

結論的には頼朝はできるだけ「渡瀬をめぐり」――これはこれまで紹介した自然堤防の姿を想起されれば、実にピッタリの表現である――自然堤防の途切れた場所に必要最小限の浮橋をつくり、飛石づたいのようにして東京下町低地を渡ったものと考える。ともあれどのようなコースと方法で渡ったかは別にして、現在からみれば想像以上に自然堤防も発達していたし、また東京湾内とそれに通じる川の間には、多数の舟が集散していたことがわかるであろう。

関東の開発

武蔵上陸をはたしてから一二年後の建久三年（一一九二）七月十二日、頼朝は正式に鎌倉に幕府を開いて武家政治を軌道にのせた。この一二年の〝準備期間〟の中で、平家を滅亡させ、さきにのべたように文治五年（一一八九）九月には平泉の藤原氏も亡ぼして、ついに全国の統制に成功している。こうした軍事・政治上の活躍を支えたのは、彼を支持した武家たちの経済力にほかならない。

それを反映してこの時期から全国的に農地の開発が始められているが、とくに関東地方は頼朝の膝元で直轄領も多いため、その開発は幕府の経済的な基盤を確立させるためもあって、精力的に行なわれている。

そうした開発の状況を『吾妻鏡』でみると、最初のものは奥州平定作戦中の文治五年二月に、下総・上総・安房の地頭に対して「公私之益」のために「荒野開墾令」を出している。

幕府の成立後になると、建久五年（一一九四）には武蔵国太田庄（現在の春日部―鷲宮間の渡良瀬川と荒川＝江戸期以後は元荒川にはさまれた地域）の堤防工事を命じている。これが沖積地開発の第一歩であったことはいうまでもない。そしてこれから鎌倉幕府の埼玉平野開発が始められた。

翌々年の建久七年（一一九六）には諸国の総検注（そうけんちゅう）（江戸期の検地に当る）をして、生産力と年貢の確認をしている。そしてその三年後の正治元年（一一九九）四月二十七日には、「東国分」の地頭に対して「水便荒野」の新規開発を命じている。「水便荒野」とは自然堤防の周囲にひろがる一面の〝後背湿地〟のことであり、その開発とは湿地の排水干拓により水田化することだった。

つづいて元久元年（一二〇四）四月一日に、まず武蔵国の「内検」＝検地を実施したのち、そのさらに三年後の承元元年（一二〇七）三月には、武蔵国としては最初の「荒地開発令」が出される。その場所と規模は不明だが、その五年後の建保元年（一二一三）十月には、開発効果を確認するために武蔵国の「新開地検注」をしているから、開発は一応成功したことが推定できる。

その一七年後の寛喜二年（一二三〇）正月には、さきに堤防をつくらせた太田庄にも

「荒地開墾令」が出された。これはそれまでの経過からみて、この時から自然堤防の周囲の低湿地の本格的な水田化が始まったことを意味する。

そしてそれ以後の『吾妻鏡』の記事をひろって行くと、利根川水系を制御して埼玉平野・東京下町低地が、大幅に水田地帯になって行く過程が読みとれる。この新しい水田地帯からの収穫が、鎌倉幕府の経済的基盤になったことはいうまでもない。

十三世紀の玉川上水

低湿地開発が一段落した仁治二年(一二四一)十月二十二日、幕府はこんどは「武蔵野水田開発令」を出した。この日の『吾妻鏡』には、「武蔵野をもつて水田を開かるべきの由、議定しおわんぬ。これに就きて、多磨川の水を懸け上(のぼ)さるべきの間……(後略)」とある。

これを現代風にいえば、水利の全く得られない武蔵野台地の上に、多摩川の水を懸け上げ=堰(せ)きあげて、灌漑用水をつくり水田を開発させるというものである。

この発想はその四一二年後の承応二年(一六五三)に、徳川幕府によって多摩川の水を武蔵野台地に堰きあげて、江戸の水道水源として玉川上水を開発させたのと、同じものであった。

灌漑用水と水道のちがいがあっても、人間の考えることは年代が大きく隔たっていても、同じような条件ではほとんど変りがない事の好見本がここにもみられる。

この十三世紀の鎌倉幕府の直営工事による「玉川上水」には面白い話がある。当時の土木・建築工事には、その着工前に必ず陰陽師の判断が求められた。これは幕府のような公的機関に限らず、広く一般的なことだった。

とくにこの「玉川上水」の場合のような、俗にいう「土いじり」をする場合には、多くのタブーや祟りの有無が重視された。これは二十一世紀を迎えようとする現在でも、まだ地鎮祭が多く見られるほど根強いものである。将軍の名で行なわれる工事の場合、事務的な決定者は執権であり、実際の工事は命令を受けた奉行以下が当るにしても、結局は悪い事は将軍の身にふりかかると思われていた。当時は陰陽道による陰陽師の判断は合理性のあるものとされ、いまでいうサイエンス＝科学そのものであった。

武蔵野水田開発の場合、将軍頼経の年回りなどから現場の方角をみると、鎌倉の真北に当り、「大犯土」つまり大凶という判断が二人の陰陽師からだされた。しかし仁治年内に着工しないとなお条件が悪くなるため、どうしても年内に実施する必要により、「方たがえ」といって将軍の居所を、吉方に移してから工事にかかることにした。

その吉い方向は陰陽師によれば鎌倉から北東の方角とされたため、将軍は仮の移住先を求めたが適当な施設がないので、北北東に当る橘樹郡鶴見郷（現横浜市鶴見）の秋田城介義景の別荘に「移住」し、その滞在中に工事が始められた。

そしてこの「玉川上水」によって開発された水田は、箕輪師政（みのわもろまさ）に与えられたのだが、その具体的な場所は現在の立川市羽衣町付近と推定される。そこには江戸時代に掘られたという府中用水があるが、その原形はすでに十三世紀にはできていたのである。ただし羽衣町付近および府中用水は、武蔵野台地の最上面ではなく、多摩川に面した立川段丘の面にあることを追記しておこう。

朝夷奈切通（あさいなのきりどおし）

鎌倉時代の「玉川上水」がなぜ東京の川と海をめぐる物語に登場したかを、いぶかる向きも多いと思われるが、その「玉川上水」ができた仁治二年前後こそ、当時の南関東の交通事情が一変した大きな画期だった。

中央の鎌倉とその地方である関東地方、とくに埼玉平野・東京下町低地、そして江戸、さらには東京湾沿岸諸国と鎌倉を結ぶ当時の中心的な交通、とくに運輸手段は、舟運にあったことは、後世の江戸時代と同じであった。

大量輸送手段である舟運からみた場合、相模湾に面した鎌倉にとっては、東京湾内および関東平野は、三浦半島をグルリと廻って行かなければならない「裏日本」だったといえる。

精力的な幕府の埼玉平野の荒地開発によって増加した年貢の輸送も、東京湾から三浦半島を迂回するという不便により、ずい分効率が悪いことが開発が進めば進むほど痛感されるようになっていた。

この不便を解消するためには、三浦半島の適当な場所を選んで、東京湾と相模湾を結ぶ運河を掘ればいいわけだが、当時の技術力では不可能だったため、東京湾と鎌倉を結ぶ最短距離の道路の開発が企てられて実現した。それが朝夷奈切通である。

この三浦半島横断道路について、現地にある碑文で紹介すると、

朝夷奈切通

朝夷奈切通

鎌倉七口ノ一ニシテ鎌倉ヨリ六浦ニ通ズル要衝ニ当リ大切通小切通ノ二ツアリ土俗ニ朝夷奈三郎義秀一夜ノ内ニ切抜ケタルヲ以テ其名アリト伝エラレルルモ東鑑仁治元年（皇紀一九〇〇年）十一月鎌倉六浦間道路開鑿ノ議定アリ翌二年四月経営ノ事始アリテ執権北条泰時其所ニ監臨シ諸人群集シ各土石ヲ運ビシ事見ユルニ徴シ此ノ切通ハ即チ其当時ニ於テ開通セシモノト思料セラル

昭和十六年三月建　　鎌倉市青年団

という経過のもとに開通している。具体的な工事の有様を『吾妻鏡』（碑文の「東鑑」）で補足すると「今日縄を曳き丈尺を打ち、御家人等に工区の配分した」ことが書かれていることからみても、測量した上で計画的に工事が始められている。

東京湾側の六浦（むつら）（横浜市金沢区）は金沢入江または金沢海とも呼ばれた入海で、早くから湊として開けた場所である。この入江に注ぐ侍従川（じじゅう）の川上の分水嶺を掘り崩して、鎌倉側の滑川（なめりがわ）の水源部を結んだのが、この朝夷奈切通である。

現在の六浦―金沢入江はほとんど埋め立てられ、むかしの良港のおもかげはないが、六浦から侍従川の水路は、切通の入口の約三百メートルぐらいの近さまで通じていた。この水路の延長としての新道路朝夷奈切通は、それ以後の関東地方および東京湾内の交通事情に決定的な影響を与えた。まさに〝鎌倉新幹線〟が出現したのである。

鎌倉のウォーターフロント

朝夷奈切通の開通以後、六浦の対岸の房総沿岸はもとより、南関東一帯に実に広範囲にそれぞれの地域の開発の「歴史」がはじまる。多くの郷土史・地方史はたいていは現在の行政区画ごとに書かれていて、行政区画を一歩でもはずれるとその視野と思考は中断してしまうのが一般的だが、それらの個々のしかも厖大な蓄積の中から注意して、仁治年間を中心とする事蹟をひろって行くと、壮大な関東地方の開発絵巻がくりひろげられる。まさに中世における環東京湾地域はこの切通の開通で成立したのである。

ふたたび六浦周辺から東京湾沿岸に視点をもどすと、侍従川河口に三艘泊（さんそうどまり）という地名があったが、これは江戸時代の官撰の地誌である『新編武蔵風土記稿』によると「往古唐船三隻来り泊るにより三艘と名付く。一切経、青磁の花瓶、香炉など今に称名寺にあり」といった具合の「国際港」でもあった。

切通の開通により東京湾沿岸は将軍はじめ幕府の重臣たちの保養地化がはじまる。有名な金沢文庫も北条実時（さねとき）の別荘の一部として創建されたものであり、別荘地の範囲はすでにみたように将軍が「方たがえ」をした秋田義景がいた鶴見にまでひろがっている。

武蔵野台地の水田化のための「玉川上水」計画は、この切通の開通によりはじめて現実的な計画となり実現したものにほかならない。

また切通の鎌倉側の口には十二社神社があり、その南には時宗の光触寺（こうそくじ）があり、境内に塩嘗（しおなめ）地蔵が祀られている。東京湾側から塩を運搬してきた人々は、この地蔵に塩を供えるのが習慣になっていたが、その塩が必ずなくなるところから塩なめ地蔵と呼ばれたという。この話の中に当時の物資の流通状況や、関税のあり方の一端が察せられる。

朝夷奈と朝比奈——現在はこの朝夷奈切通の北側にほぼ並行して朝比奈切通しという自動車道があって、昔と変らず東京湾側と鎌倉を結ぶ主要道路の役割を果しているが、本来の朝夷奈切通は六浦側からいうと第一の切通の部分は道幅は五メートルたらず、第二の切通の部分が約七メートルの未舗装の全くの山道である。高低差はあまりないが急坂が続く。

第二の切通しから鎌倉側は谷間がひらけ道幅は広くなるが、現状はぬかるみ道が続く。この切通しは仁治二年の工事の約十年後の建長二年（一二五〇）にも工事があった記録がある。全長約六百メートルの切通を歩くと、現在から見れば山道そのものである道路が、舟路の延長としていかに大きな役割を果し続けてきたかという感慨にとらわれる。

寺社領と鎌倉

幕府が開発させた利根川水系の流域の多くは、やがて鎌倉幕府に関係深い寺社領に切りかえられて行く。その理由は地頭（武士）の所領として支配をまかせておくと、地頭同士または地頭と土豪の間で絶えず取り合いや奪い合いが起り、幕府はその対策にふりまわされるからである。

兵力も所領も全く持たなかった頼朝が、なぜ幕府をつくり得たかといえば、武士たちの果てしもない所領争いを、〝第三者〟の立場で裁判する役割を、広汎な武士層から期待されたためである。幕府はその裁判権の行使と並行して、重要な地域を有力な寺社に寄進する形で委託して、弱肉強食の「武士の論理」とは独立した宗教教団による間接統治も行なわせた。

そのため本来は幕府の直轄領である南関東でも、大幅に寺領の地域がふえるという現象があらわれてきた。

これを頼朝政権とそれに続く北条政権の場合を、武蔵国の範囲に限っても、頼朝は平家の滅んだ寿永二年（一一八三）二月には波羅郡甕尻郷（埼玉県幡羅郡、現妻沼町・行田市辺。近くに埼玉古墳群がある）を鶴岡八幡宮に寄進している。承久の乱があった承久三年（一二二一）八月には、北条義時が足立郡矢古宇郷（足立区内）を鶴岡に寄進し、北条時宗も文永三年（一二六六）五月に橘樹郡稲目・神奈川両郷の伊勢大神宮の役夫工米を免除するなど、国の内外の大事件ごとに寄進の名目で、寺社領の荘園化をすすめている。

そしてさかんに幕府直営の開発が行なわれた利根川水系の場合でも、同じような荘園化がみられる。現在知られている最初の例としては、文和元年（一三五二）十月十一日づけの香取神宮文書にある「長者宣」がある。その内容は関白二条良基が香取神社（現神宮、千葉県佐原市）の神主に下総国猿俣の関所の業務の支配を認めたものである。猿俣とは葛飾区の水元猿町の地名にその名残りがあるように、この付近一帯が「猿が俣」と呼ばれた場所であって、いわば当時の利根川水系と東京湾の接点にあった湊に設けられた関所だった。

その後、香取神社の神主から同社の大禰宜に支配権が移るのだが、その時期の河関＝川の関所は戸崎・彦名（ともに三郷市内）と、大堺（現大瀬）・鶴ヶ曽根（ともに八潮市内）と、旧利根川の両岸の湊に対の形で関所が設けられていることがわかる。そしてこの河関を経た舟は一路東京湾を縦断して六浦に向ったのである。

現在の江戸川流域には香取神社が多いが、それはこの地域が香取神社の支配地だったことの名残りである。

香取の領域

図13「下総と常陸の地形」は、ほぼ古代から中世中期までのこの地域の地形をあらわす。図にみるように古代の表現でいえば鹿島流海（北浦）や香澄流海（霞が浦）をはじめ、現在の利根川下流部はすべて入海であり、牛久沼、手下水（手賀沼）、印旛沼なども、この入海と区別がつかない状態だった。

また常陸川上流部には大宮台地の場合と同じく、東側から保地沼・鵠戸沼・市ヶ谷（一ヶ

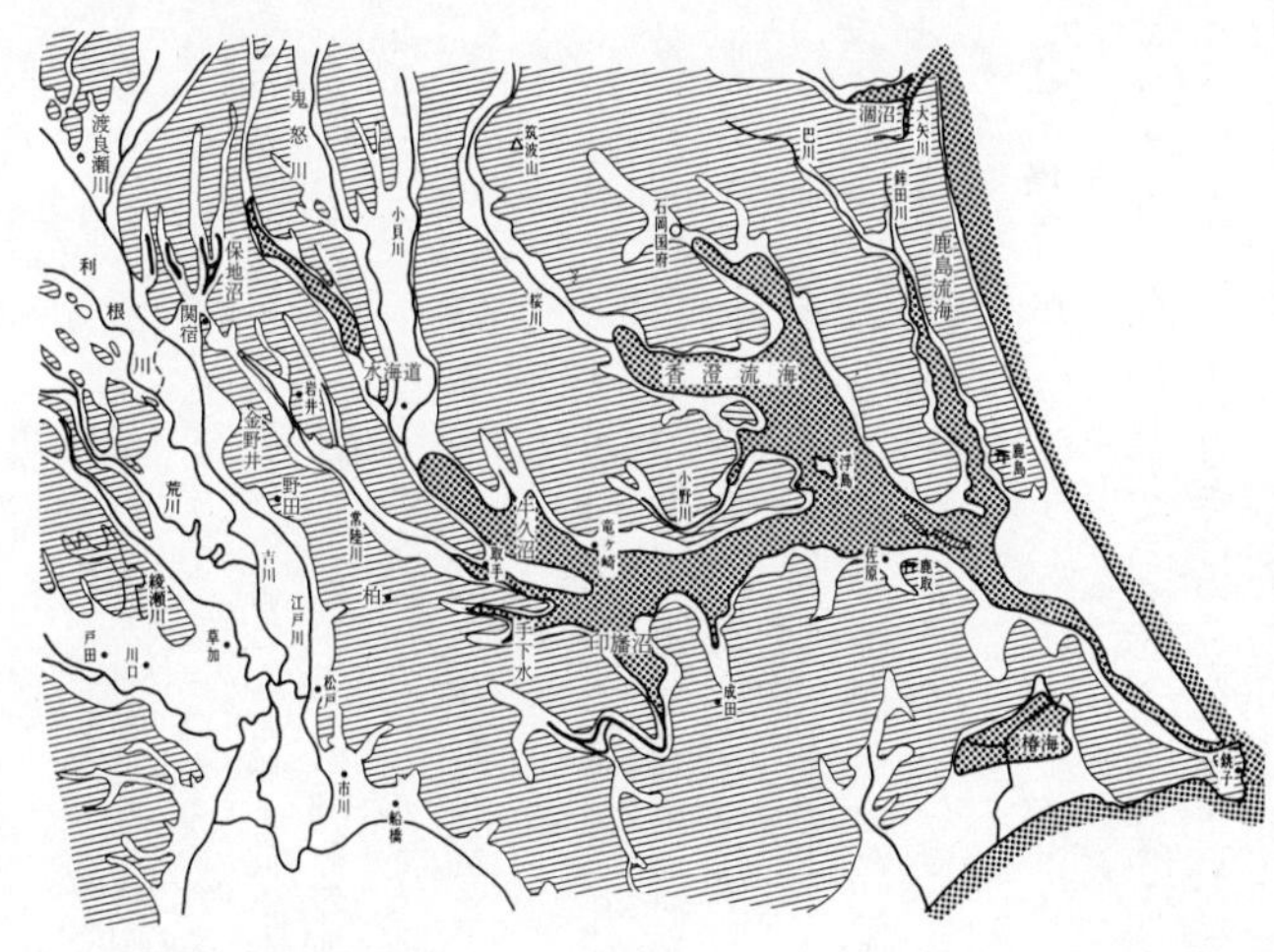

図13　下総と常陸の地形

谷）沼などの河流が沼地化した湿地帯が、台地の中に奥深く入りこんでいた。

　鬼怒川と渡良瀬川の間の台地も同様で、これも東側から製鉄遺跡の多い飯沼・長井戸沼・釈迦沼・大山沼などがあった。

　乱暴ないい方をすれば、この地域は台地以外はすべて水面または湿地だったといってよい。それは縄文・弥生時代以来の各時代の遺跡が、この台地の縁にそって分布していることからも、また地質の特徴からいっても、そう結論づけることができる。

　利根川水系の中・下流流域を〝多島海〟と表現したことにならえば、この地域は広大な入海だったといってよい。この二つの様相の異なる地域の境をなすものが、図の関宿の地点から金野井―野田―柏とつづく台地だった。この台地さえなければ犬吠埼をまわらずに、東京湾からただちに東北日本に舟で行くことができるわけで、古代から明治まで、人々はほとんど絶え間もなく比高にして十メートルたらずのこの台地を横断する陸路と水路を求めつづけた。その具体的な場所は図の関宿、金野井の北、野田の北および、その東側の常陸川水系の小さな谷でくびれた部分であって、歴史には埋もれているが、くびれた部分を朝夷奈の切通のように越えたことを推定させる史料（後出）もある。

　結論的にいえば、徳川幕府が関宿の北のくびれを開削して、利根川を常陸川水系に流したことも、明治政府が野田の南側に利根運河を掘ったのも、すべてこの細長い台地――舟運の障碍物――を克服するいとなみだった。広大な入海を領域とする香取の神を奉じた人々が、十四世紀に利根川水系に進出して、東京湾にいたる水路の河関を確保していたことは、この台地のどの部分を横断したかをふくめて、おおいに注目してよいことがらである。

寺院の場合

　こんどは六浦の地元である称名寺の寺領の赤岩郷の場合を紹介すると、永徳二年（一三八二）十一月二十一日づけの「赤岩郷年貢銭結解状」（金沢文庫文書）には、赤岩郷――現在の赤岩は埼玉県松伏町にあるが、当時は現在の江戸川と古利根川にはさまれた広い地域――の年貢として集められた銭五八貫文で、米を五〇貫で買ったうえで、あとの八貫文を船賃・関米（関所に支払う米）と駄賃に使って称名寺に納入した記録が残されている。

時代が約半世紀へだたるが同じ赤岩郷の永享十一年（一四三九）の場合はもっと具体的で、総年貢銭八〇貫文のうち称名寺納入分は六九貫六〇〇文、そのほかに赤岩から上総今津（現在の市原市今津朝山）までの輸送要員の足銭が八〇〇文、今津について問屋に払った酒代が三〇〇文、今津から対岸の六浦に渡って米を銭にかえる時に六浦の商人に払った礼銭が三〇〇文という明細書が残っている。

これを称名寺納入分と合わせると七一貫文で、総年貢分八〇貫文との差の九貫文の行えは不明だが、ともあれこのような計数の記録が残されている。

これを三浦半島の例でみると、永和四年（一三七八）八月三日づけの「武蔵国守護上杉憲春書下」（円覚寺富陽庵文書）によると、神奈川、品川以下の武蔵国の浦々に出入りする船の帆別銭（入港税）を、この年から三か年間、鎌倉円覚寺仏日庵の造営費にあてる旨の指令が出されている。

同様な例をしめす史料は次の章の「品川湊と道胤」の項でもとりあげるため、ここではこの二例の代表的な史料の紹介にとどめるが、十四世紀になると年貢米生産地ですぐに銭に替えて、その銭を納める場合もあり、埼玉平野の河港から今津や品川、六浦といった東京湾沿岸の湊（商業港）に米を運んで、そこで銭にかえて年貢銭を納入するなど、これまでの定説では想像もできない「貨幣経済」が、利根川水系と東京湾内の地域に成立していた。

このような交通と流通状況は、徳川家康が江戸に入る天正年間（一五七三〜九一）まで続けられていて、赤岩郷の上流の埼玉県鷲宮町にある八甫（はっぽう）などが、豊臣秀吉に滅ぼされた小田原の北条氏の商港として重要な役割を果していた記録も、また多く知られている。

日蓮と東京湾

日蓮宗の祖師、日蓮（承久四年〜弘安五年＝一二二二〜八二）は安房小湊の漁民の子として生まれ、当時の中央である鎌倉を舞台に精力的な宗教活動をした。日本の仏教各宗の中で、東国出身者が東国を中心に立宗したのは日蓮と日蓮宗が唯一のものである。かつて日蓮の生涯の足跡、とくに彼の郷里と鎌倉との往復行路に関心をもって調べたことがあったが、そのほとんどがこれまでに述べた東京湾横断航路によるものだった。

今になると日蓮とその弟子たちの渡海時の挿話が入り乱れてしまい、東京湾内の主要な湊や津には、たいてい「日蓮伝説」が残されているといってよい。

『日蓮のこころ――言葉と行動の軌跡』（今成元昭著、昭和五十七年、有斐閣刊）によると、日蓮の最初の鎌倉行は延応元年（一二三九）つまり朝夷奈切通開通の二年前であり、仁治三年には故郷の清澄山に帰っていたとあるから、おそらくは開通直後の切通を通って六浦から帰国したものだろう。当時の鎌倉の状況を同書では、

貞応二年（一二二三）四月十七日に湯井（由比）の浜に着いた『海道記』の作者は、「数百艘の舟ども、綱を鎖りて、大津の浦に似たり。千万宇の宅、軒を並べて、大淀の渡りに異ならず」といい（中略）市内に入った時には、「商売の商人、百族にぎわい」を呈していると述べているから、新興都市鎌倉の経済的な発展ぶりは目覚ましいものがあったことがわかる。

とし、続けて仁治三年（一二四二）に鎌倉を描写した『東関紀行』（作者未詳）の記事をあげて、その都市の安定ぶりを紹介している。

同書からはなれて、東京湾内の日蓮の軌跡を、いまも見られる記念碑を中心にたどってみると、六浦には六浦山上行寺がありその門前に「船中問答」の碑がある。渡海の船中で富木胤継と法論をたたかわせたことを記念する碑である。のちにこの胤継がその居所の中山（市川市）に法華経寺を立てたこともまた有名である。

そしてもう一つの「船中問答」の碑が、同じ横浜市金沢区の福船山安立寺にもある。この調子で東京湾沿岸の例をあげるときりがないので、最後に日蓮の臨終の地である池上（大田区）の位置を考えてみたい。

池上本門寺の門前を流れる呑川（のみがわ）は蒲田で海に注いだ。蒲田はまえに挙げたように江戸氏

の庶流の蒲田氏の根拠地である。ここに湊があったことは史料には見られないが、武蔵野台地をひかえた河口部という条件は、そこに湊があったとしても無理な推定ではなかろう。

体力のおとろえた日蓮が、諸書にあるように「常陸（ひたち）の湯」に療養にむかう途中の池上で力つきたとするが、「常陸の湯」を常陸国にある温泉と考えた場合、身延から池上までのコースは、いかにも不自然である。「常陸の湯」と呼ばれた場所へは東京湾から舟で向かうつもりだったのか、または案外東京湾沿岸にあったのではなかろうか。

それにしても池上の台地からは、渡りなれた東京湾をへだてて房総の山々は一目で見わたせる。病軀をおしてはるばる池上まで来た日蓮の心のなかには、望郷の念があったとしても不思議ではない。

このようないくつかの例でもわかるように、十三〜十四世紀の環東京湾地域は湾内を縦断・横断航路が交差し、利根川水系の中流部までがその交通路の一部をなしていたのである。

V　品川から江戸へ

丸子庄と江戸前島

頼朝は当面の最大の敵だった江戸重長を、いったんは武蔵の在庁職（武蔵国衙の事務員）に任じたが、幕府の成立後はこの実力者を重用しなかった。なにしろ〝第一印象〟が悪すぎたためである。そして正史の『吾妻鏡』に見る限りでは、江戸氏の記事は弘長三年（一二六三）七月十三日を最後に、ふたたび見出すことができない。

その反面、頼朝は敵前上陸の直後ともいえる十一月十日づけで、重長との間をあっせんした葛西清重に、多摩川河口の武蔵国丸子庄を与えている（『吾妻鏡』）。これは当然彼に対する論功行賞だったと考えられる。そしてそれと同時だったかは確認されないが、重長の居館の江戸館（やかた）の目と鼻の近さにある江戸前島を重長から取りあげて、何らかの処置をしたことが推察される。なぜなら重長の「大福長者」としての経済力をそぐには、江戸湊の中心をしめる江戸前島を取り上げることが、いちばん適当な処置だったからである。

この江戸前島は東京の川と海にかかわる歴史の中で、もっとも中心的かつ決定的な役割を果した場所だった。その具体的な有様はのちに一章をあてて説明するので、ここでは簡単にふれるが、江戸前島という地名が史料で最初に確認されるのは、頼朝が武蔵に上陸した年から八一年後の弘長元年（一二六一）十月三日づけの「関興寺文書（かんこうじもんじょ）」である。この文書は平重長から五代右衛門尉にあてた書状で、「武蔵国豊島郡江戸之郷之内前島村は先祖の所領に□相伝仕候し処に此両三年飢饉之間百姓一人も候はず」――つまり平重長が先祖から相続した江戸前島では、この二、三年来の飢饉で百姓が一人も居なくなったことを、五代右衛門尉に知らせたものである。

この平重長も五代右衛門尉も、いまだかつて江戸の歴史の上には登場しなかった人物であり、重長がいつ前島村を相続したのか、また彼等と関興寺とはどのような関係にあったかなどということは、現在のところ一切が不明である。しかしともあれ「江戸郷之内前島村」（以下「江戸前島」と呼ぶ）という地名が、この文書で初めて現われた。

その後、五四年間も江戸の歴史には空白期間がつづいたのち、正和四年（一三一五）の時点で、江戸前島が鎌倉の円覚寺の所領になっていたことをしめす文書が、「円覚寺文書目録」（東明恵日の編）の中に「前島村」として現われる。

この文書は『鎌倉市史』史料篇第二「円覚寺文書」（昭和三十一年刊）の第七〇号文書と

して収録されているものである。

そして興味深いことは、さきに葛西清重に与えられた丸子庄も、円覚寺領になっていることで、武蔵国にある円覚寺領は「円覚寺文書」の記載形式にしたがえば、「武蔵国　江戸郷内前嶋村、丸子保平間郷半分」の二か所であり、以後必ずこの二か所は、ひと組みになった形で記載されつづける。

平間とは大永年間（一五二一～二七）に成立したといわれる川崎大師で有名な平間寺のある場所であり、江戸前島と同じく河口の湊が円覚寺領に編入されていたことがわかる。円覚寺が北条時宗によって正式に成立したのは、二度目の蒙古来襲のあった翌年の弘安五年（一二八二）のことで、治承四年から数えると一〇二年後のことである。この間に江戸前島は平重長―関興寺に属した時期もあり、平間は葛西清重の所領だった時もある。この二か所がいつ円覚寺領になったかは不明だが、「円覚寺文書」の限りでいえばこの二か所は正和四年から、徳川家康が江戸入りをした天正十八年（一五九〇）までの二七五年間は円覚寺領だったのである。

その後の江戸氏

江戸前島を取り上げられた江戸氏は、全く滅びたのではなく「阪東八ヵ国の大福長者」と呼ばれた余光は残していた。「大福長者」という呼び方は、武士に対する場合はたいへん異例であり、ほかにその例を見ない。前の「江戸氏登場」の項でみたように、江戸氏は入間川流域を支配した秩父平氏一族の地域的分業において、河口部で流通業務に当ったと述べたが、その流通業の結果が「大福長者」と呼ばれた富の集積をもたらした。つまり江戸氏は水運を中心にした商人的武士団だったといってもよかろう。

ところが幕府から江戸前島を取りあげられたために、尻すぼみの形で歴史の上から消えていった。しかし江戸という土地条件の良さは、重長の孫の世代でも、その七人の孫のうち長男重盛は依然江戸館におり、二男氏家は木田見（世田谷区喜多見）、三男家重は丸子、四男冬重は六郷と、多摩川流域とその河口に分家している。さらに五男重宗は柴崎（千代田区大手町か港区芝）、六男秀重は飯倉（港区）、七男元重は渋谷と、渋谷川流域とその河口に分家している。

このことは江戸前島を失ったための分散とも考えられるが、やがてさきにみた応永二十七年（一四二〇）当時の「那智神社廊之房江戸之苗字書立」のように、さらに広範囲に分家が続けられた。江戸氏が頼朝挙兵以後、応永年間まで約二百五十年も、細々ながら江戸を中心に存続できたということは、平川河口の江戸湊の商業・通運機能が、いかに有利な条件を持っていたかがわかる。

同時に江戸氏の一族が分家をくり返して、拡がっていったことは、江戸氏だけの特殊事情ではなく、十四～十六世紀にかけてほぼ日本全国にみられた現象だった。この時期の分家とは生産力の増加にともなう、本家からの分裂・独立だった。江戸氏の分家現象は次項の「争乱期の関東」の場合の、一つの見本だったといってよい。

争乱期の関東

さきの猿俣関所の権利が、香取神社に属するようになった文和元年（一三五二）前後から、関東地方は激しい武士の闘争の時代を迎えている。この争乱期の個々の記録は大変多いが、大きく整理するとつぎの三期にわけることができる。

一期　関東管領勢力（鎌倉）の室町幕府からの独立期（貞和五年～永享十年＝一三四九～一四三八の八九年間）

二期　関東管領（鎌倉公方）勢力の分裂期―古河公方の独立まで（永享十一年～明応四年＝一四三九～九五の五七年間）

三期　鎌倉公方側の再分裂および後北条氏による鎌倉勢力の駆逐期（明応五年～大永四年＝一四九六～一五二四の二八年間）

という具合である。

この争乱期にさきだって、二度の〝蒙古来襲〟があり、建武元年（一三三四）の建武中興によって鎌倉幕府が倒れ、わずかな天皇親政期間ののち室町幕府が開かれた時期がある。

争乱期に並行して明徳三年（一三九二）に南北朝合一が行なわれ、応仁元年から文明九年までの応仁・文明の乱などの国史上の事件があいついでいる。

つまりこの時期は関東に限らず、全国的に〝限りなき分裂〟いいかえれば独立闘争が続けられた。これは天皇や幕府といった規模だけでなく、江戸氏のような小豪族の場合でも分家がくり返し行なわれているように、全体的な現象だった。ということはこの時期に全国的に開発が進行し、生産力が大きくなったことと、それにともなう商品流通＝貨幣経済が普及した結果、武士が「一族郎党」といった結束で生きていたのが、一族から分家ができ、郎党＝家来もまた主人から独立して生活できるような社会的な余裕が生じてきたことの反映だった。

関東の支配機構の場合でみると、一期は室町幕府が関東管領を置かなければならなくなった時期であり、二期はその関東管領が分裂して鎌倉公方と古河公方にわかれた時期であり、三期はそうして分裂したそれぞれの機構の混乱に乗じて、家来筋の実質的な武力をもった層が、それまでの権威を倒して〝独立国〟を形成しだした時期である。これがいわゆる戦国時代と呼ばれる時期の幕開けである。

争乱期と海外情勢

以上の三期を代表する歴史的事実を、視野をひろげて当時の日本と海外との関係でみると、つぎのような興味ある事実が浮かびあがる。

それは承久の乱（一二二一）直後の貞応二年（一二二三）から応永八年（一四〇一）まで、つまりほぼ関東争乱期の一期の期間を通じてみられた前期の「倭寇」現象である。いうまでもなく倭寇とは朝鮮または中国側からみて、日本方面からの海賊集団（日・朝・中国人を含む）と思われたものの侵略行為の総称である。これをいいかえると政府間の公貿易以外の、各国の〝民間人〟による貿易に、武力がともなったものといってもよい。

この時期の「倭寇」現象は、はじめは朝鮮半島を中心に、のちになると中国大陸の沿岸にも波及している。しかし応永八年に室町幕府（将軍足利義満）が、正式に対明公貿易を始めたために、この前期の「倭寇」現象はいちおう終りをつげる。そしてこの公貿易の期間が、ほぼ関東争乱期の二期目に重なる。

日明貿易の具体的な状況は室町幕府の公式記録や、その実務を扱った京都五山で代表される禅宗各寺の僧侶の記録とその文学作品、および伝記などにくわしい。元の時代以後宋・明と中国と日本間の僧侶の交流だけをみても、非常に密接なものがあったことがわかる。

関東に限れば上杉憲実が永享四年（一四三二）に創設したいまも残る足利学校に、大量の宋版の書籍を輸入した例でわかるように、争乱期の一期の末には、関東管領の〝家老〟クラスの人物でも、こうした文化財が刀剣と引きかえに輸入できたのである。

日明貿易の主流は先進国の明からは多彩な文物と貨幣（代表的なのがのちに改めてふれる

永楽銭）が輸入され、日本側からは現在のわれわれの想像以上の大量の硫黄と日本刀が輸出された。硫黄については『和寇と勘合貿易』（田中健夫著、吉川弘文館）や『近世硫黄史の研究』（小林文瑞著、群馬県嬬恋村刊）などに、その流通状況がくわしい。その一端を『和寇と勘合貿易』から要約して引用すると、公貿易には硫黄を毎回進貢用として一万斤ずつ贈った。永享四年の遣明船には二十万斤を積んでいったが二万二千斤だけが正規の取り引きで、他はヤミ取り引きされたこと、宝徳年度（一四四九～五二）の遣明船九隻には三万九七五〇斤を積んでいったが、永享四年度の値段の二〇分の一にしかならなかったので、二万三千斤を持ち帰ったなどの記事がみえる。この値段の暴落は琉球から多量の硫黄が明に入ったためだった。

日本刀の場合は『中世日支通交貿易史』（小葉田淳著、刀江書院刊）では永享四年から天文八年（一五三九）の間の、八回の遣明船が運んだ数量の確認されたものだけで約十五万本。その値段は三十七万八千余貫におよんだ。天文八年度だけでも一号船が一万二九五四把、二号船が五八七五把、三号船が五三二三把、計二万四一五二把、別に七一〇把が積まれていた。

私貿易を禁止されていたこの二品目に対する明側の支払い状況を、享徳三年（一四五四）の場合でみると、総額六万貫のうち日本刀に五万貫、硫黄に一万貫を払っていて日本刀の需要が多かったことを物語っている。

そして二品目に共通的だったことは、日本側の売手市場であり、それだけに相手側では密貿易も盛んだった。このような状況は対中国貿易だけではなく、ひろく東南アジア一帯についても同じだった。時代は十七世紀初めにくだるが、平戸のイギリス商館長だったリチャード・コックスが「日本へ鉄を輸出せよというのは、ニューカッスル（当時の英国の最大の石炭産地）へ石炭を売りこみに行くのと同じだ」と本国宛に報告している例もある。

この貿易のあり方を整理すると、当時の日本は世界の戦略物資の輸出国だった。硫黄は黒色火薬の三味（焔硝・木炭・硫黄）の一つであり、あの物資豊富な中国大陸で例外的に乏しい物資の代表的なものだった。

おりから明は鄭和の大船団による七回の南海大遠征（一四〇五～三〇）で知られる大航海時代だった。火山国日本の特産品の硫黄は、火薬に姿を変えて世界に流通したといってよい。

鉄の場合も同じで、どこでも容易に手に入るたんなる鉄ではなく、日本刀の鍛錬という製鋼技術によって得られた、武器としてではなく〝特殊鋼〟としての鋼材は、これまた当時の世界が求めてやまないものであった。

硫黄も鉄も関東から東北日本に多く、とくに鉄の場合は、採鉱・冶金・鍛錬技術はタタラ（送風器と送風器つきの火床）を必要とする。タタラの源流は例えば十六世紀以後、ヨーロッパで世界地図が作られはじめると、中央アジアから北部にかけてTARTARIAと表現されるタタールであり、中国式にいえば韃靼（だったん）である。タタールは有史以来、採鉱冶金技術で知られた地域でもある。このタタールの大河アムール川河口と、サガレン―北海道―東北日本は、文字通り一衣帯水の形容どおりにつらなる。

水田耕作を主とする農耕文化が西南日本から列島全体に普及したとするならば、タタールからの採鉱冶金技術はタタラとともに東北日本から伝播したといえる。くり返しになるが利根川水系はその意味でも、文化的な分水嶺であり、その両者の接合部の南端の東京湾口に江戸湊があったのである。

再び争乱期の三期目に注目しよう。国内的には全国的な〝内乱期〟を迎える。それは公貿易主義者義満の死によって、子の義持が将軍になり、公貿易を廃止した時期に重なる。その結果、国際的にはまたもや後期の「倭寇」現象が、主に揚子江河口以南の中国大陸南岸を舞台にくりひろげられる。そしてこの現象は当時の世界各地域で共通的にはじまった大航海時代の東南アジア版というべきものであった。

ふたたび関東に局限すると、さきの足利学校の例のように貿易とくに航海貿易の場合、中央の権力の所在地がそのまま貿易の中心地になるとは限らない。中央の室町幕府に対する地方の鎌倉といった図式の中で、貿易実務については鎌倉が中央化し、その鎌倉の地方としての足利や江戸が、〝みちのく〟の最南端の湊として、より具体的な中央としての役割を果しはじめるという状況があった。

いいかえれば権力の一極集中が、各地域の産業の成立とともに多極化した結果が、関東の争乱期ひいては全国的な争乱期を迎える原因だったのである。このような情勢を反映して、江戸湊もまた新しい状況を展開しはじめた。

太田道灌の系譜

おとろえた江戸氏を江戸から追放して、江戸館を中世的城郭の江戸城として再構築した太田道灌は、広く世に知られている。東京都の場合、彼は家康とならんで開都の恩人として取扱っている。ここでは直接彼の事蹟にふれる前に、彼の系譜について関東の争乱期とからめて、概観することにしよう。

建長四年（一二五二）に鎌倉幕府の六代目将軍として、はじめて宗尊親王が起用されて関東に赴任した。この将軍の介錯人（かいしやくにん）（後見人）として、丹波国上杉庄（京都府）の地頭の上杉重房が同道している。そして重房の家来だった丹波国五箇荘の住人の太田資国もまた重房の供をして関東に移住した。

その後、上杉重房の孫娘が足利家に嫁入りして、尊氏を生んだため上杉氏の勢力は増大して鎌倉でひとつの勢力を形成した。鎌倉幕府が尊氏によって倒され、室町幕府ができて鎌倉に関東管領職がおかれるようになると、上杉氏はその執事職（徳川時代の例でいえば大名の家老）をつとめる（さきの足利学校を創設した上杉憲実もこの執事クラスの一人）。そして彼等の主人筋の関東管領職が鎌倉公方と古河公方に分裂する過程で、家来の上杉も内部分裂して、それぞれの公方の執事職を争うようになる。公方とは本来は室町幕府の将軍だけの呼称だったが、関東管領は室町幕府から独立したあげくに分裂して、それぞれ公方を自称したのにつれて、管領の執事も管領と格上げの自称をはじめ、さらに執事の用人クラスの太田や長尾といった層も、主人の旧称の執事と〝水まし呼称〟をとなえるようになった。こうした過程は血筋やそれにともなう権威が、実力者の登場によって次第に失われていったことを反映するものだった。

道灌は丹波から移住してきた用人クラスの資国の六代目の子孫である。道灌が活躍しはじめた関東の情勢は、康正元年（一四五五）に本来の関東管領勢力は決定的に分裂し、鎌倉を追われた足利成氏は、下総国古河に移って古河公方を名乗り、利根川水系をはさんで鎌倉公方に対抗した。このことは当時の古河をはじめとする利根川中流部一帯が、〝みちのく〟の最南端の湊として、また硫黄や鉄の集散地だったことを物語ってもいる。

鎌倉公方側は太田道真（資清）・道灌（資長）父子を主力に、当時の荒川（古隅田川）を境として、古河公方に当らせた。父の方は荒川中流の岩付（岩槻市）、子はその河口にある江戸にそれぞれ城を築いて、鎌倉公方側の最前線をかためた。

道灌は公方勢力が分裂した年に家督を譲られ、翌年に江戸築城にかかり一年後の長禄元年（一四五七）に江戸城を完成させた。以後文明十八年（一四八六）に五十五歳で殺されるまでの約三十年間、この江戸城を中心に活躍した。しかし彼は江戸築城前には品川湊に面した御殿山（港・品川両区区境の台地）にいたというのが、通説になっている。

品川湊と道胤

ここで当時の目黒川河口にあった品川湊に注目しよう。品川という地名は江戸と同じように頼朝の文書にもあり、ここに品川氏という武士がいたことが知られる。その後「円覚寺文書」では、前述のように永和四年（一三七八）に品川湊などの帆別銭の三年分を円覚寺仏日庵の造営費にあてるむねの文書が残る。

また「金沢文庫文書」の中の、明徳三年（一三九二）の「品川湊船帳」には、同年の正月から八月までに品川に寄港した船は三〇艘――もちろん他国からの大型船――あり、湊には三軒の問丸（といまる）＝廻船問屋があったことが書かれている。

この問丸の経営者はのちの鈴木・宇田川・鳥海などのような商人であり、とくにそのうちの一人の、紀州出身の鈴木道胤は武士中心の歴史では正当な取り扱いをされていないが、さきの熊野の御師たちと同じ経路で東京湾に渡来して、品川湊を中心に豪商として発展した。道胤は文安元年（一四四四）に、現在も品川にある日蓮宗の妙国寺の大檀那となり、十五年がかりで長禄三年（一四五九）に同寺の七堂伽藍を完成させていることでもわかるように、並たいていの財力ではなかった。

かつて円覚寺や称名寺の影響下にあった品川で、妙国寺を支持した道胤には、さきの「日蓮と東京湾」でみたように、当時の湾内交通事情からすれば、それなりの営業上の利点もあってのことだったろう。

また道胤は京都からこれも紀州出身の十住心院心敬を招いて、『品川千句』という連歌を興行したことでも知られる。心敬は文明六年(一四七四)には江戸城にいた道灌にも招かれて『江戸歌合』を興行している。こうした文学活動とその作品は、現在まで伝えられたものも多く、『群書類従』はじめ、『国書総目録』ではその所在までが明らかである。

このほか太田氏関係の『川越千句』などの作品もあって、品川湊や太田氏は武士の歴史の上ではなく、文学史上で有名だった面もある。道胤や道灌が京都から有名な歌人を招いて、歌会が開けたということは、招いた側の財力の反映でもある。当時の品川湊の道胤の、そして江戸湊の道灌の経済的な実力がうかがいしれるのが、これらの文学活動だった。

江戸湊と道灌

道灌が紀州財閥の根拠地品川湊をはなれて、江戸湊に江戸城を築くまでには、いくつかのエピソードが伝えられる。それらを原文から現代風になおして、つぎに紹介してみよう。

●「品川の館にいる時に、一日霊夢を感得して、地を江戸に相した」(『永享記』)

●「品川の館にて霊夢の告ありて、豊島郡江戸館に移る。山なしと雖も四辺を見下し、入海ありて諸国往還の便あり。城にめでたき所なればとて」(『小田原記』)

●築城の適地を調査中だった道灌が「一夜、大きな法師が舞い舞っているのを夢みて、これこそ瑞兆なりと、江戸に縄張りを始めた」(荻生徂徠著『飛驒山』)

●「康正二年(一四五六)のころ、荏原郡の館にある時、居館を出て鎌倉江の島弁才天に参籠し、帰路を扁舟に棹さして品川おもてに差しかかった所、九城(このしろ)という魚が船中に躍り込んで来たので、道灌は吉兆なりと喜び、これより発起して千代田・宝田・祝田三人の従者をして、江戸・川越・岩付・鉢形などの九か所の築城に当らせた」(『関八州古戦録』)

つぎに江戸のどの地点を城に定めたかという過程をみると、はじめ上野の台地を選び(『望海毎談』)、つぎに吉祥寺の台＝現在の駿河台を選び、ある程度の縄張り＝設計までしたという(『落穂集』『霊岸夜話』)。しかし規模が広すぎたため、最後に江戸氏の館があった皇居東御苑の本丸台地に落ちついたとする。

はじめの江戸移転の時の三例は「霊夢説」、一つはゴロ合わせであり、後の台地選びの三例をとおして見ると、道灌の江戸入りは必ずしも、すらすらとはいかなかったことをしめしている。

その理由を解く鍵は、霊夢の内容を記している『飛驒山』の、「大法師が舞い舞っている」という夢占にあると考える。もちろん『飛驒山』は道灌と同時代の作品ではない。しかし実証主義者であった徂徠のこの表現と、のちにふれる江戸時代の地誌の特徴を考えると、おおいに注目しなければならない表現と考えている。

つまり道灌の江戸進出は、江戸湊＝江戸前島の領主である円覚寺の「大法師」たちの歓迎があって、はじめて実現したものと解釈すれば、築城までの彼の模索についての疑問は解けるのである。別ないい方をすれば強大な円覚寺勢力の了解なしには、道灌は江戸には入れなかったともいえる。

これを湊の有力者の宗旨の上からみれば、道灌は鈴木道胤の日蓮宗の品川から禅宗（臨済宗）である円覚寺領のある江戸に移ったことになる。

道灌のいなくなった品川湊はその後も繁栄をつづけ、約三十年後の道灌が死んだ翌々年の長享二年（一四八八）には、紀州から数千石の米を積んできた船など数艘が暴風雨で沈んだことなども記載されていて（『梅花無尽蔵』）、品川湊の実態の片鱗が伝えられている。

江戸の資料

いまから約五百三十年前の江戸城と江戸については、非常に良質な資料に恵まれていて、相当具体的に実態がわかる。良質とする理由は、同時代の記録であることと、書き手が京都と鎌倉五山の禅宗の大寺の長老クラスの人々と、有名な詩人の作品であることによる。

それらの資料はいずれも道灌の依頼で江戸城の彼の書斎である静勝軒に掲げた詩文であ

って、二つのグループにわけられる。一つは文明八年（一四七六）につくられた作品で、京都五山と鎌倉五山の長老を歴任した僧侶の手によるものである。京都と鎌倉の五山とは、当時は京都は南禅寺・天竜寺・建仁寺・東福寺・万寿寺、鎌倉は建長寺・円覚寺・寿福寺・浄智寺・浄妙寺といったいずれも禅宗（臨済宗）の寺院をさす。

このそれぞれの五山は室町幕府の宗教統制の組織でもあり、より実質的な機能としては、海外貿易とくに日明貿易のための〝外務省と通産省〟の役割を与えられていた。

京都五山の僧侶の作品は蕭庵竜統の「寄題江戸城静勝軒詩序」（江戸城静勝軒に題する詩によせる序文）にはじまり、村庵霊彦、雪樵景臣、黙庵竜沢、補庵景三らの詩と村庵霊彦のあとがきで成り立つものである。

鎌倉五山の長老たちの作品は、暮樵得么、円覚寺の第一一二世の住持だった武陵興徳、相陽中栄、河陽東歓らの詩のあとに暮樵得么の「左金吾源太夫江亭記」（道灌の書斎の記）がつくという豪華なものである。

もう一つはその九年後の文明十七年（一四八五）に、道灌に招かれて江戸にきた高名な詩僧の漆桶万里（万里集九ともいう）による「静勝軒銘詩並序」と、建長寺の住持をした宗猶軒玉隠と易安軒竺雲の詩および万里の詩によって構成された作品である。

これらの執筆者は、いずれも当時の宗教的・文学的最高峰とみなされた人々ばかりであり、室町期の代表的な絵画の讃にもよく見かける顔ぶれであって、美術史上でも重要な位置をしめている（昭和六十二年秋に東京国立博物館で開かれた「日本の水墨画」展に展示された当時の作品の讃にも、道灌の関係した人々の墨跡が数多くみられた）。

それにもまして、くり返すが五山の長老たちは、日明外交と貿易の実務責任者として活躍した、いわゆる「経済僧」としての性格を強くもっていた人々であった。

これらの人々が武将としては一部隊長にすぎない道灌の求めに応じて、詩文を提供している点に、道灌の財力が並み並みならなかったことがわかるし、とくに第二期作品の場合、「文明・応仁の乱」で京都が戦乱の地になったため、〝文化人〟の地方疎開の結果とみることもできるが、いずれにもせよ江戸湊の経済力は、全国的にみてもかなり魅力的なものがあったといえよう。

江戸の有様

この二次にわたる詩文は、江戸時代の『群書類従』や、『府内備考』『江戸名所図会』などの地誌にまで、全文が掲載されていてなじみ深いものなのだが、今となれば難解な漢文になってしまっている。

かつてわたしはこれらの漢詩文を読みくだして『江戸と江戸城』（昭和五十年、新人物往来社刊）を書いたが、ここではその要点だけを紹介して、当時の江戸の状況と道灌の歴史的役割をのべることにする。

第一次作品の要点は、
①関八州で幕府の勢力下にあるのは三つの国しかなく、江戸はその中心地であること。
②江戸の海陸のにぎわい、交通の盛んなことは他に例をみない。
③江戸城は一方は海に面し、一方は平川で守られた上に、本丸台地のまわりには堀をめぐらせ、城門は鉄で固めてありその堅固さは特別である。
④江戸前島周辺には大小の商船や漁船が群がり、江戸湊は「日々市をなす」として、この湊に集散する物資について、「房の米、常の茶、信の銅、越の竹箭(ちくぜん)、相の旗旌騎卒(きせいきそつ)、泉の珠犀異香(しゅさいいこう)より塩魚、漆枲(しったい)、梔茜(しせい)、筋膠(きんこう)、薬餌(やくじ)」など、無いものはないほど多種多様な物資が集散しているという。
ここでこれらの品目について考えてみると、房州からの米をはじめ、この時点での常陸からの茶は注目していいし、信濃からの銅もこれまでにのべた江戸湊の性格を反映したものといってよかろう。

とくに注意したいのは「越の竹箭、相模からの旗旌騎卒」である。越の竹箭を文字通り矢竹と解釈したとしても、相模からの旗旌騎卒は〝旗や指物(さしもの)を持った騎馬武者と歩兵〟としか読みようがない。ということは『太平記』の時代から見られる足軽、つまり傭兵の市場が江戸湊にあったことを物語る。この傭兵の輸出先は、多分西南日本各地をへて「倭寇」要員の補充用だったのだろう。

これより約百五十年後の豊臣秀吉の時代になっても、秀吉の勢力範囲の各湊から東南アジアむけの傭兵があまりにも多く輸出されている実情を知って、秀吉は激怒して中止させたことが記録されている。さらに一六二〇年（元和六年）ころになっても東インド総督のクーンは平戸の商館長宛に、船便のあるごとに「多数の勇敢な日本人をバタビアに送れ」と命令していることでもわかるように、東南アジアにおける日本人傭兵の需要は盛んなものがあった。

しかし傭兵は日本の特産ではなく、むしろ西欧の方が豊富な事例にみちあふれている。飯塚浩二著『東洋史と西洋史とのあいだ』（一九六三年）『東洋への視角と西洋への視角』（一九六四年、ともに岩波書店刊）には東西の傭兵事情がくわしい。

さらに「泉」からの輸入品目をみると、宝石・香木・高貴薬と、中国特産の高級漆や高級麻をはじめ染料、ニカワなどの工芸品の多種多様な原材料が運ばれていたことがわかる。この場合の「泉」とは和泉（大阪府）からのものだったのか、中国の泉州だったのかは資料の限りでは区別できないが、参考までにつぎの情報をつけ加えておこう。

最近中国の泉州について「泉州では洛陽江にある後渚港を拡張するため、しゅんせつしていたら、宋代の全長三十メートル、幅九メートルという、当時としては巨大な遠洋海船が土砂の中から出てきた（後略）」（昭和六十二年六月二十二日『読売新聞』夕刊連載「福建新時代」）という記事もあるように、江戸と「泉」は案外近かったことを思わせる資料もある。

昔も今も船による貿易に「片貿易」はあり得ない。マンモスタンカーが産油国に向かう時は、日本の水を積んで行く。この場合採算よりも航行の安全＝船のバランス保持のためだが、十五世紀の江戸湊でも輸入品に見あう輸出品を用意しなければ、貿易船は寄りつかない。江戸湊の場合は硫黄・日本刀は普通のことで、それに加えて信濃の銅や傭兵を輸出したのである。これは公貿易の実務者である経済僧の描写だけに信頼していい事柄といってよい。

これらの状況を背景に、江戸城の周辺の描写をみると、⑤南方をみると品川—江戸間には人家が続き「東武の一都会」をなし、北方の「浅草の浜」の「巨殿宝坊」の美は「数十里の海に映えそびえて」いた状況をうたっていて、江戸湊を中心とする東京湾最奥部は、当時の争乱の世相の中で独特な繁栄をしていた有様がわかる。

傭兵隊長道灌

ところがその約十年後の漆桶万里（しっとうばんり）＝万里集九（ばんりしゅうきゅう）が編集した第二次作品では、江戸湊の様相は大分ちがってくる。ひとくちにいえば十年前にくらべて湊の活況は、衰えてきたことが察せられるのである。

そのかわりに彼の軍隊の描写は細かく具体的になる。それを取りまとめていうと、江戸城内には軍隊が常駐し、毎日戦闘訓練をして軍律は非常にきびしい。訓練の成績によって賞金をだし、怠るものや不成績のものからは罰金を取ることなどが書かれている。

これからわかることは「兵農分離」が本格的になったのは、これも約百二十～百三十年後の織田信長のころに始まる。それまでは普段は農民で、事ある場合に武器を持って主人や領主のもとにかけつけるというのが武士の一般的な姿だった。ところが道灌の軍隊は戦闘専門の、いわばプロの殺し屋集団だったのである。しかも訓練に貨幣の授受があったことでもわかるように、彼等の働きは金銭で評価されるものだった。

実に多くの資料に道灌の軍隊が強かったことが記録されているが、その秘密は〝殺し〟のプロと、「いざ鎌倉」の場合だけ寄り集まった、セミプロの武士団との戦闘能力の差が、道灌の百戦百勝という結果だった。

そうしたプロを使えた道灌の事情は、彼の系譜でみたように、関東の原住民でもなく家来の家来だったわけだから、地縁・血縁にとぼしく、ましてや彼に忠節をつくす譜代の家の子郎党がいるわけもない。

道灌は武士的秩序からいえば上杉氏の「執事職」としてその戦闘代行者にすぎない。血統を重んじた武士社会で大将を討たれれば、その勢力はすぐに解体してしまう。争乱期に血統、すなわち家を残すには、「兵農分離」ができない時代にあっては、傭兵に頼るのがもっとも合理的なことだった。

しかし傭兵するには現金（銭）がいる。当時の貨幣流通の状況からいって、銭が豊富に流通している場所は、諸国の湊であることはいうまでもない。

上杉の代行者道灌が日蓮宗下の鈴木道胤の品川湊から、禅宗領の江戸湊に移ったことは、武家社会の争乱がきびしくなり、より大きな経済力との提携を求めての移転とみることもできるし、円覚寺が彼を雇ったとも考えられる。

そして第二次作品ができた翌年の文明十八年（一四八六）七月、道灌は主人の上杉定正に殺され、その結果彼の傭兵隊は跡方もなく消滅し、江戸湊に面した江戸城はたんなる武士の城となり、それにしたがって江戸湊の繁栄も失われてしまった。

ベネチアの道灌

最近、江戸湊と立地的に非常によく似た都市のベネチアと、江戸を比較した風景論がとりあげられたことがあった。そうした風景論には歴史的事実はあまり重視されていないが、道灌とほぼ同時代のベネチアにも有名な傭兵隊長がいた。

それを『聖者の行進』（堀田善衞著、筑摩書房、昭和六十一年刊）の中の「傭兵隊長カルマニョーラの話」から紹介すると、彼の本名はフランシスコ・ブッソーネ。ミラノ北西山地のカルマニョーラに生まれ、ミラノ公国のヴィスコンティ家の傭兵隊長として、イタリア一の「戦争請負人としての、また傭兵手配師としての、傭兵隊長 Condottière」だった

（「」は同書からの引用、以下同じ）。その手腕を買ったベネチア共和国は一四二五年（応永三十二年）に、彼を傭兵隊長として招く。

海上の砂洲に隙間なく杭を打って陸地化した上に成立したこの共和国は、アジアとヨーロッパを結ぶ通商圏の境に立地し、全ヨーロッパから羨まれる富裕さを持っていたため、それを維持する強力な戦力を必要とした。

さらに「もう一つ、その子弟の血を惜しむことは言うまでもないとしても、相対的にも絶対的にも、どうしても傭兵に頼らざるを得ない、きわめて特殊な、一国家があった。ヴェネツィア共和国がそれである」。

周囲のそれぞれ長い歴史を持つ都市国家群と、この共和国の相互関係は「条約は、ほとんど裏切り、裏切られるために結ばれたかの観」があった中で、それぞれの戦争商売人である傭兵隊長たちの活躍がつづく。

隊長たちは自分の軍隊をできるだけ高値で傭い主に売りつけることにつきた。それにともなう多くの手練手管は、要するに勝利を決定的なものにせず、戦争をできるだけ長びかせることであり、夏から始まる冬休みや、夜間戦闘は一切しないといった交渉のもとに戦争がつづけられた。

カルマニョーラはそうした戦争屋の第一人者だったが、一四三二年（永享四年）つまり道灌が生まれた年に、ついに彼を雇いきれなくなったベネチア共和国は彼を死刑にしてしまう。この東西の代表的傭兵隊長の運命は、ともにある時期には成功したようにみえるが、それぞれ雇い主側の事情にほんろうされて、雇い主に殺される所が共通している。

なおカルマニョーラの後任として、ベネチア共和国はこれも名傭兵隊長として知られたバルトロメオ・コレオーニ（一四七五年没）を傭った。レオナルド・ダ・ヴィンチの師匠のヴェロッキオらによる名作として知られる彼の銅像が、サン・マルコ広場から北に大分はなれたスクオーラ・ディ・サン・マルコ広場に騎乗姿で立っている。（旧）都庁の前にも道灌の銅像があるが、共和国と円覚寺領江戸前島とでは、その通商圏の範囲や富の集積の度合いでは大差があるけれども、立地条件や役割、それに突出した傭兵隊長に対する扱いでは相似している点がおもしろい。ただ道灌の場合は、その活躍が円覚寺の容認が得られなくなった時点で、上杉定正が処分したにすぎないといえよう。

長々と同時代のイタリア傭兵隊長と道灌を比較してきたのは、これまでの史書では難解をきわめた関東の争乱期の動向とあまりにも瓜二つの情況があったためである。

ふたたび関東にもどると、新興勢力の小田原の北条氏が、鎌倉公方＝上杉勢力という旧勢力を打倒する直接の機会になったのは、「川越夜戦」と呼ばれる北条方の夜襲だった。旧勢力間のセミプロ武士団対傭兵隊の戦闘が、セミプロ武士団対「兵農分離」を始めた時期の戦国大名だった小田原の北条軍に変わり、旧勢力が「兵農分離」をしはじめた軍隊の夜襲で破れたはなしに時代の動きがつよく認められる。

道灌と小田原の北条氏を興した北条早雲はおないどしだったのだが、旧勢力の枠内で働いたものと、自らの途をきり開いていったものとの差が、この争乱期の興亡に鮮やかな対比をみせている。

なお関東以外の傭兵隊の存在は、時代はへだたるが堺や石山（大坂）で、鉄砲隊として活躍した雑賀衆や根来衆がよく知られている。ともに所領や権威目当てではなく、現金（銭）主義の軍隊だったことはいうまでもない。

土肥の海賊

道灌の死から三八年後の大永四年（一五二四）、江戸城は早雲の子の北条氏綱に占領された。それと前後して北条氏は利根川水系の西側一帯の領国化に成功した。それから一二年後の天文五年（一五三六）には江戸周辺の検地を行なって、その結果である『小田原衆所領役帳』を残している。この帳面は現在の東京都のほぼ全域にわたって各地域の生産力や北条氏の家臣たちの領分などを記録したもので、江戸時代に入る前の江戸周辺の事情がよくわかる史料になっている。それによると江戸本城には富永四郎左衛門、二の丸には遠山四郎五郎、城内の香月亭には道灌の孫の太田資高を居住させ、以後天正十八年（一五九〇）まで、江戸は小田原北条氏の一支城、つまり地方として取り扱われた。また富永・遠山の子孫は家康が江戸に入るまで江戸城の城代をつとめた。

この時期に江戸湊の円覚寺勢力と、北条氏の勢力との関係がどうであったかは、双方に残された史料ではわからない。

ただ両方とも、少なくとも江戸湊に関連しては、まったくこれを「無視」した態度であったことがうかがわれる。北条側の史料では東京湾内の浦々に関する法令類が多く残されているが、江戸湊に関連したものは、いまのところ発見されていない。

円覚寺側の分も公刊された史料に限れば、これも対北条関係の史料はみられない。ということは、円覚寺勢力は武士間の争乱の間にあって、ある程度の中立的立場をとっていたことを意味する。

つまり円覚寺に限らず、さきの埼玉平野・東京下町低地の荘園化された社寺領の〝在世的中立性〟は、この時期まで武士たちによって保証されていた。このことは所領争いによる戦争とは別の次元で、流通機能を確立させておく必要が武士側にあったためである。

余談だがその意味で信長が叡山を焼打ちしたのは画期的だったのだが、それは叡山自体が〝在世的中立性〟の原則を破った結果である。

江戸城の部隊長富永氏は伊豆国土肥を本拠とする〝海賊衆〟の筆頭格だった。当時の海賊といまでいう海賊では大分意味がちがっていて、いうならば海軍の司令官だったといえば適当であろう。富永氏の系図、所領およびその海賊機能については『小田原衆所領役帳』にくわしい。現在でも土肥の清雲寺に江戸城代富永直勝（のちにのべる第二次国府台合戦で討死）の墓がある。

北条氏の富永の起用は、江戸という場所柄からいえば、実に適材適所の配置であり、北条氏もまた江戸の条件の意味をよく知っていたことがわかる。なおこの富永氏は北条時代の江戸城代を約六十年間つとめた。これは伊豆の海賊と東京湾内が、一体的だったことを物語ってもいる。江戸に入った家康は当時の当主の政辰を旗本に取りたてようとしたが政辰が辞退したため、子の直則を旗本にしている。これは富永の海軍組織をすぐに利用するためであって、富永氏はその後も存続して、約二百年後の『寛政重修諸家譜』が成立した時点では、嫡流直則家から分立した富永家は五家をかぞえるほどの繁栄ぶりをしめしている。

東京湾海戦

はなしをもどして、関東の西半分を制圧した北条氏の敵は、利根川水系および東京湾をへだてた房総半島の里見氏だった。里見側はさきの古河公方の系統の武将をいただく勢力で、戦国時代の入口にさしかかっていたこの時期でも、依然むかしからの利根川水系をはさむ勢力争いが、東京湾沿岸で際限もなくつづけられていた。

東京湾海戦といっても近代の〝艦隊決戦〟にはほど遠く、両方とも海士（あま）（潜水夫）をつかって相手の船を攻撃させたり（『房総軍記』）、夜に小舟で相手側にしのび込んで放火したり、女子供をさらったりするゲリラ的活動がさかんだった。武家の戦争とは無関係な沿岸漁民たちは、両方にわたりをつけて、銭や米で両軍の兵士を買収して名目だけの戦果をあげさせてやったり、さらわれた人々を買い戻す契約をやったりした（『北条五代記』）。大規模な渡海作戦では大永六年（一五二六）に、里見側が数百艘の舟で三浦半島をまわって、鎌倉に上陸して市中を荒したり、その報復に北条側も房総半島に上陸して戦闘をすることをくり返している（『鎌倉九代後記』）。そのほか『里見代々記』などには、房総半島の防備状況がくわしく書かれている。

これらを個々の史料ではなく総合的にみる場合は、史書ならぬ江戸時代の滝沢馬琴の小説『南総里見八犬伝』が、東京湾海戦をリアルに描いている。

そもそもこの『八犬伝』の始めの方で、八犬士の一人犬塚信乃戍孝が、古河公方足利成氏の居城の古河城の三層楼の芳流閣の屋根に逃げる。これを同胞とは露知らぬ犬飼現八信道が屋根にのぼり信乃と組み打ちをする。この場面は江戸時代から多くの錦絵や芝居でよく知られている場面である。

そして二人は組みついたまま屋根から利根川に落ちる。落ちた所が運よく小舟の上、衝撃で舟の〝もやい綱〟がとけて、引き潮にのって川下に流される。そして利根川河口の行徳（市川市）の岸につく――といった筋書きで、里見と北条の東京湾海戦をふくめて、延々と続く。『八犬伝』は小説とはいえ、いや小説だからこそ当時の、つまり江戸時代までの関東の河川や東京湾の交通事情をよくつたえてくれる教科書のようなものである。

こうした海上戦闘だけではなく、陸上でも二回の大会戦が、ともに国府台付近――現在の江戸川の矢切の渡し付近で行なわれている。一次は天文七年（一五三八）、二次はその二六年後の永禄七年（一五六四）で、二次戦では一次戦の時の双方の主将の子が、それぞれ主将となって戦うという、父子二代の戦争だった。このときにさきの富永直勝は戦死したが、北条方が勝利を得た戦いだった。

北条と里見の長期戦は利根川水系と東京湾の制河権と制海権の争奪戦であった。いいかえると川と海の通運手段を持った人々をふくむ湊の取り合いだった。しかしそれらの多くは荘園に所属する形であったため、その中立性にさまたげられて、互いに決定的な勝利をおさめることができずに、気の遠くなるような小競合いの長期戦になったのである。

VI　江戸前島ものがたり

運河都市の成立

新しい中央

天正十八年（一五九〇）四月二十二日、北条氏の五代、六七年におよんだ江戸城の支配は終りをつげた。圧倒的な秀吉軍の大軍を前にして、江戸城の城代川村秀重と遠山丹波、そして富永政直らが小田原の本城よりも早く降伏したためである。江戸城攻撃軍の指揮官は家康の部将の榊原康政・戸田忠次らであり、この時から徳川と江戸との関係が始まる。

そして一か月あまりたった五月二十七日に秀吉は家康に関東移封を命じた。その後七月六日に北条方の本城の小田原が陥落したのち、八月朔日（ついたち）に家康は正式に江戸城に入城した。家康と江戸との関係はあくまで彼の自発的な意思ではなく、秀吉の命令によるものだった。

それ以後の国内の情況をみると、慶長三年（一五九八）に秀吉が死に、家康は慶長五年には〝天下分け目〟の関が原戦争に勝利を得て、実質的な天下の権を取った。さらにその三年後の慶長八年（一六〇三）には征夷大将軍に就任し、頼朝の場合と同じように、関東の江戸にその幕府を開いた。

したがって小田原勢力の〝地方〟であった江戸は、この時から政治的・軍事的な〝中央〟になったわけで、いわゆる江戸時代――近世がはじまった。

しかしこのような政治的な視角ではなく、近世都市としての江戸のあゆみは、やはり天正十八年の家康の江戸入りからはじまったといってよいだろう。

ここで直接江戸にふれる前に、当時の主要都市の立地条件を、地形との関係でみると、その最大の特徴は都市が台地の上から沖積地に進出したことにある。沖積地とはくり返しのべてきたように、埼玉平野・東京下町低地で代表されるように、河川が運んできた土砂で形成された平たい低地のことである。

これを近世の幕開けの立役者だった信長・秀吉・家康らが本拠をおいた場所にそくしてみてみよう。

信長は琵琶湖とそれをとりまく沖積地を制圧して、そこを中心にして若狭で代表される日本海海運と、淀川沖積地とを結びつけることに成功した。琵琶湖畔の台地にそびえる安土城は、琵琶湖水運の広域化を象徴するものであった。

秀吉はそれに加えて古代以来、鴨川沖積地に成立していた京都の南端に、伏見湊を建設することによって、〝古都京都〟の近世化、つまり水運都市化を実現させた。そのうえに淀川河口の沖積地大坂で、これも古代以来の瀬戸内海運との一体化にも成功する。

　こうした経過は安濃津をひかえた尾張平野の大沖積地帯に育った信長・秀吉の、いわば悲願でもあったもので、淀川河口の大坂を手に入れるまでに信長・秀吉は、〝原大坂城〟である石山の攻略に九年間もかけていることでもわかるように、大坂の近世都市化をつうじて畿内の水運を中心に、日本海海運と瀬戸内海運の一体化の実現が、彼等の天下統一の決定的な条件になった。

　この天下統一の過程を、一般的な川と海とのかかわりでみると、はじめは個々の河川と流域ごとに成立していたローカルな経済圏を、その流域の河口から海を経て隣の流域へとつないでいく営みだったといえる。つまりローカルな経済圏をジュズつなぎにして、広域化をはかり、やがて全国的な水運網を組織していったのが天下統一のひとつの側面だった。

　これは戦国時代の中期から鉄砲が導入された結果、戦術だけに左右されていた戦いが戦略戦争となり、軍隊と軍需品の大量輸送と広域流通の確立が必要になったことによる。それは河川・内水面・海上の水上輸送網の充実にほかならなかった。そのためには台地から沖積低地におりて行かなければならず、川と海の接点の河口に都市をつくらなければならなかった。

　天下統一までの間に、山城が台地と低地にまたがる平山城にかわり、やがて沖積地に平城がつくられていくのも、城が戦術的な施設から戦略的な施設（物資の集散基地）に変化するという、城の都市化現象も水運確保の必要から生じた変化だった。

江戸の本質と狭さ

こうした事情のもとで、中世以来の江戸は新しい〝中央〟にふさわしい変貌が求められた。

家康が江戸城に入った当時の江戸の状況は、江戸城は海岸の波打ちぎわにあり、いたる所が蘆がおい茂る湿地であり、城下町を割りつける場所は「十町ほども」あるかなしかの狭さだったという(『落穂集追加』)。

しかしその約百三十年前の道灌時代には、一流の経済僧が同じ江戸を「東武の一都会」と謳ったほどの繁栄した都市だった。道灌時代の都市の規模と、十六世紀末の都市の規模とでは、いかに大きなへだたりがあったかがわかろう。

それでは江戸はどのように、この狭さを解決したのであろうか。それは沖積地からさらに一歩すすめて、海を埋め立てて、海へ進出することにあった。つまり近世都市江戸の意味は、日本の歴史上はじめて、意図的にしかも継続的に、海に向かって陸地を拡大していった現場だったのである。

同じ縮尺の地図で京都・大阪・東京の沖積地(埋立地は除く)の大きさを調べてみると、図14「家康入城当時の江戸」でもわかるように、武蔵野台地と隅田川の間の沖積地の面積は非常に少ない。中世の「江戸の川」だった平川の沖積地――つまり皇居側の台地と本郷台地（駿河台）との間の沖積地の幅は、約一キロ余しかない。

本郷台地と上野台地の間の旧石神井川の谷間の開口部の幅が約七百メートル。隅田川との間の沖積地の幅も約二キロしかない。

それでは武蔵野台地の上はどうかというと、東京は地形学でよく使われている形容に従えば〝樹枝状〟に複雑に谷が入り込んでいて、大都市に必要な平坦な部分がこれまた非常にわずかしかない。

海抜高度ではなく土地の起伏の有様からいうと、江戸は先進二都市にくらべてたいそう狭い沖積地しかなく、しかもその沖積地は切り立った台地で区切られるという激しい起伏をもつ。それに対して京都盆地の底は平坦で、ほとんど起伏がないといってよく、大阪の場合でも谷町台地のふもとから海岸までの沖積地の広さは、東京の約二倍半におよぶ。

東京がこの狭さを解決するために海に埋立地を求めて進む一方で、武蔵野台地にも拡大していった結果が、「坂の多い都市」といわれる原因になっている。

ふたたび現在の東京の地形でいえば、皇居の台地の裾から東京湾までの最短距離は約二・六キロで、起伏の激しさと沖積地の狭さは現在でも変らない。

土地の起伏のありさま――図14の本丸台地を例にとれば、波打ちぎわから四〇〇メートルも行けば、海抜一五〜一六メートルの台地がそびえ立つという、激しい起伏である。

京都の賀茂川沿岸の場合は、上賀茂神社前の標高は八七メートル。その約三・五キロ下流の高野川との合流点の標高は五三・六メートル。合流点から四・八キロ下流の七条大橋の下流の標高は二八・七メートルという具合に、東京にくらべ平坦部の大きさは比較にならないほど広大であり、勾配もゆるやかである。

大阪では大阪城の大手門内が標高約二四・五メートル、その門前の大阪家庭裁判所が二〇メートルで、その西方約三・四キロの木津川橋東詰の標高が一・七メートルというゆるやかさである。

江戸の沿海運河

家康は江戸入り直後に、江戸と当時の関東の最大の製塩地である行徳（市川市）を結ぶ運河小名木川の建設を開始した。もっとも運河とはいえ小名木川の場合は図15にみるように、東京下町低地の南端部の海岸の波打ちぎわを確定させたものであって、陸地を切り開いた部分は隅田川左岸の自然堤防の部分（A）と中川（古利根川）河口の自然堤防の部分（B・C）および江戸川河口の（D）の部分だけだった。

すなわち図15の小名木川と新川の線が、当時の海岸線だったといってよい。

なぜ家康が江戸建設のすべてに優先させて、この小名木川・新川の沿海運河と、その延長に内陸運河（図の破線の部分）をつくらせたかといえば、その直接の目的は生活必需品であり、同時に戦略物資としての塩の輸送路を確保するためであった。

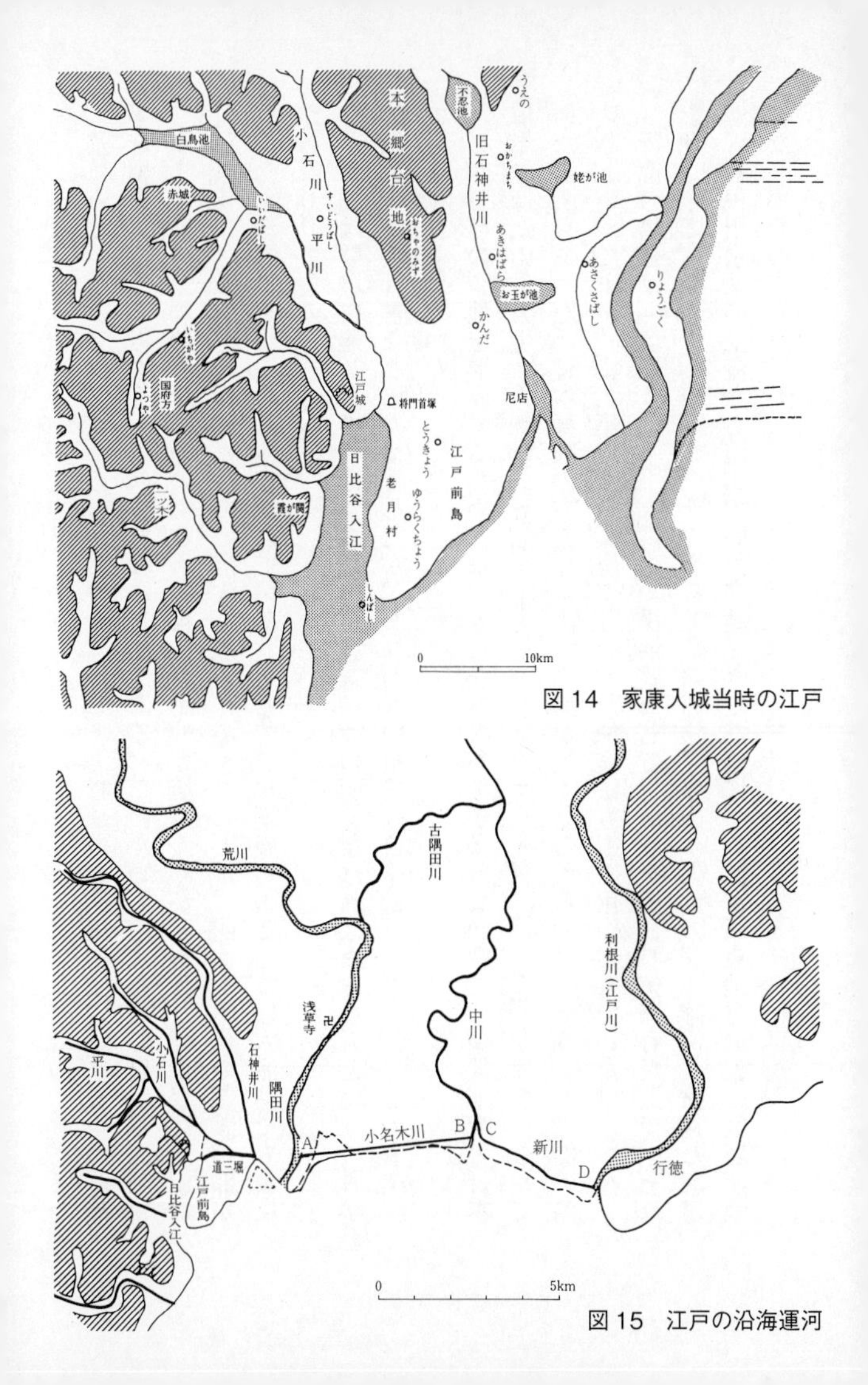

図14　家康入城当時の江戸

図15　江戸の沿海運河

前にみた「塩とアヅミ族」のむかしから、そして上杉謙信と武田信玄の塩にまつわる故事を紹介するまでもなく、塩の役割は決定的である。このため明治になって塩が専売制になるまでは、全国の海岸線のいたる所で自給自足的な塩づくりがみられた。東京湾内では行徳・市川・船橋・千葉にかけて、広大な塩田があったことは、明治十年代の参謀本部が製作した地図にも、くわしく書かれている。そして中規模のものとしては六浦湾でも製塩が行なわれている。

かつては製塩に適した場所は「瀬戸内海型気候」の所でなければならないという〝科学的伝説〟が教科書などにも横行したが、われわれの祖先は自給自足のために、どの海岸線でも塩をつくっていた。

しかし塩の産地を形成するためには、それなりの条件が必要なわけで、豪雪地帯の日本海岸では『山椒太夫』の物語にもあるように、「汐汲み」が女奴隷の主要な仕事になっていた場所もあった。日本舞踊の古典に「汐汲み」がよく見られるのは、そうした労働の名残りといってよい。また藻塩刈（もしおがり）や藻塩焼（もしおやき）といった採塩法も広く用いられていた。

行徳の場合は「塩焼き」——入浜式（いりはま）や揚浜式（あげはま）などで、海水を天日（てんぴ）で濃縮した上で、それを煮つめて塩をつくるのだが、その燃料＝薪の補給、つまり大量の薪の確保と輸送と製塩が、利根川水系の上流から河口の間で完結できたために、行徳が関東地方最大の製塩産地になり得たのである。

北条と里見の陸上と海上の長期戦も、この製塩産地の奪いあいとみると、関東の争乱の実態がよくみえてくる。それはさておき、江戸と行徳を結ぶ安定的な航路を確保するということは、利根川水系の水運を江戸に直結させるという意味があったのである。

なぜ沿海か

遊びやスポーツの場合でも、舟を海岸線ぞいに走らせるということは、案外困難なものである。潮流・横波・凪、そして途中に河口があった場合には、また条件がちがってくる。そのため海岸ぞいに安定した航海をする場合は、土地の条件が許せば海岸ぞいに運河をつくることが、最も好都合である。さきに小名木川・新川は海岸線を確定させたとのべたが、その意味は波打ちぎわから少し陸地寄りに水路を掘り、その揚げ土を波打ちぎわの方に堤防状につみ上げたものである。こうした沿海航路を安定させる工夫は、時と場所をとわず世界各地に広くみられるが、小名木川・新川の開発は、沿海運河としてはおそらく最初期のものである。

この運河と同じ時期のものとしては、東南アジアでは中部ベトナムのダナンとホイアン間の沿海運河がある。これは昭和六十二年の九月中に『読売新聞』に連載された《ベトナム　日本人町の

ナゾ》の二回目に、地図と写真入りでその遺構が報道された。もちろん記事には沿岸運河という表現は使われていないが、このベトナム戦争の古戦場の二つの都市を結んで、二五キロメートルの沿海運河があったことが、ハノイ大学考古学主任教授のチャン・クォク・ブン氏の談話と共に紹介されている。

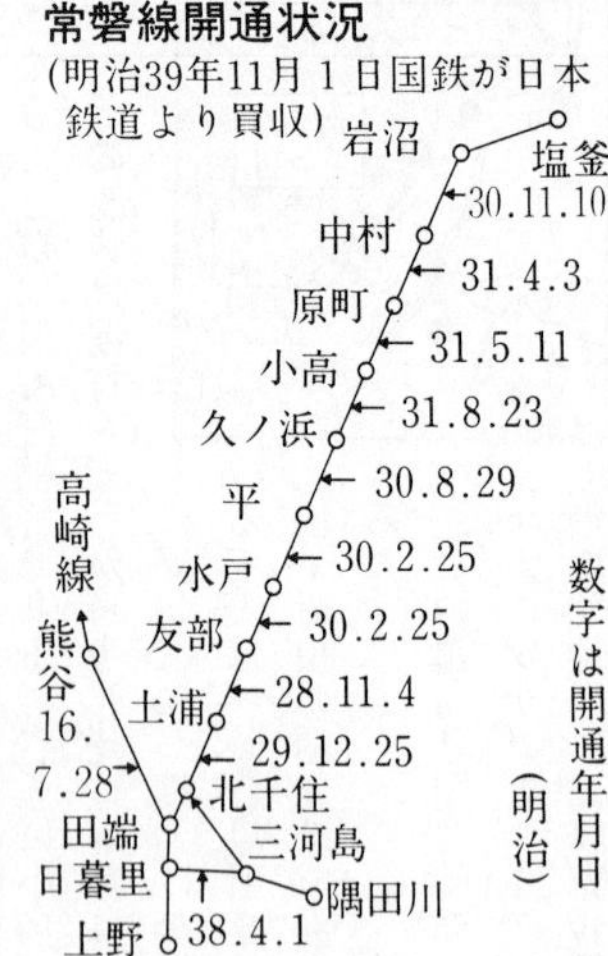

そもそもこの連載を書いた小島貞男記者の目的は「三百年から四百年前、日本が激しく国際化の波に洗われた時代」に、インドシナ半島に渡った日本人がつくった町を調査することにあった。ベトナムに限らず東南アジア一帯にあった日本人町の要員の大部分が、傭兵として〝輸出〟されたことを考えると、南海の湊や都市がひどく身近に思えるのだが、それにもまして沿海運河という発想は、人間の交流による同じ〝根〟から生じたと考えた方がいいかもしれない。

小名木川・新川運河よりわずかに遅れてできた例を東北日本で見ると、現在の石巻市内を流れて海に注ぐ旧北上川河口から、西の鳴瀬川に通じる北上運河（延長約十四キロ）と、鳴瀬川河口からさらに西に宮戸島のつけ根を掘って松島湾に抜ける東名（とうな）運河、通称野蒜（のびる）運河（延長約四キロ）という沿海運河がある。

さらに松島湾を経て湾の南部の塩釜湊から、一路南に沿海運河が続く。この運河は途中で七北田川・名取川河口を横切って、阿武隈川河口の左岸までの延長約三六キロ、平均幅員約二五メートルの規模のもので、伊達政宗の法号にちなんで貞山堀（ていざんぼり）と呼ばれる。石巻から松島湾—阿武隈川河口の荒浜までの、約七〇キロの沿海運河は、いずれも伊達政宗によって計画され実現したといわれるゆえの命名である。

この沿海運河によって、それぞれの湊がおおいに繁栄した有様などは、ここでは省略するが、江戸時代初期の建設から明治三十一年（一八九八）に現在の常磐線が全通し、その役割を奪われるまで絶えずその維持管理のための改修が続けられた。

いまも比較的原形を残している部分は、北上運河に見られるが、現在の地図の上でもこれらの運河の存在は確認できる。

海岸に沿ってなぜこのような長大な運河を必要としたかといえば、その理由はさきの小名木川と同じなのだが、とくにこの運河の場合は、伊達藩はじめ東北諸藩が大量の米を江戸に安全に運ぶためだった。もちろん江戸からの戻り船にも東北が必要とした物資が満載されたことはいうまでもない。

米のような重量貨物を多く運ぶには大型の海洋船が便利なのだが、それぞれの湊での荷役は、小型の艀（はしけ）につみかえて積み下しをするのが普通である。しかしこの運河はそうした積み換えを必要としないように工夫されたものだった。そしてこの運河もまた犬吠埼を迂回しない東廻り廻船航路の一部であり、江戸に直結する運河だったのである。この偉大な沿海運河をはじめ、北上川流域の諸河川には舟運確保のための工夫がいたるところにみられる。東北日本は日本の舟運技術の一大先進地帯であった。

アメリカの沿海運河

アメリカ合衆国には二つの巨大な沿海運河がある。一つは大西洋岸にあるアトランティック・イントラコースタル水路（Atlantic Intracoastal Waterway 以下「A・I・W」と呼ぶ）と、一つはメキシコ湾に面したガルフ・イントラコースタル水路（Gulf Intracoastal Waterway 以下「G・I・W」と呼ぶ）がある。

A・I・Wの原形は一七五五年（宝暦五）に、ジョージ・ワシントンが構想したもので、一八二二年（文政五）に当初のものが開通している。

現在のA・I・Wは図16にみるようにバージニア州のノーフォークから、アリゾナ州のマイアミ間の約一八一七キロの水路で、深さは平均約三・六五メートル、幅約二七メートルの規模のものである。これは一八二六年（文政九）に計画されて実現したもので、とくに注目したいのは日本の敗戦の年の一九四五年（昭和二十）から一九五四年（昭和二十九）

図16　アメリカの運河（'big load atloat――US INLAND WATER TRANSPORTATION RESOURCES' より作成）

にかけて、改めて大改修が行なわれて現在にいたっている。

G・I・Wの方はミシシッピー川の河口のニュー・オリンズ（ルイジアナ州）を中心に、メキシコ湾ぞいに、東はフロリダ州のセント・マークスまでと、西側はテキサス州のブラウンズビルまでの水路である。総延長は約一七九〇キロ、深さはA・I・Wと同じく平均約三・六五メートル、幅は約三十八メートルというものである。この水路は、軍用物資運送用として汽船時代の一九二五年（大正十四）に完成している。

両水路とも全線にわたって掘られたものではなく、沿岸の潮流によってつくられた長大な海岸砂洲にかこまれた水面を水路化＝運河化した点に特徴がある。この海岸砂洲を沿岸にもつ点では南シナ海沿岸のベトナムも宮城県沿岸も同じ条件にある。海岸砂洲ができるということは、沿岸の潮流が相当に激しいことを物語っているわけで、この点から安定した航行をするには、海を目前にしていても沿海運河が必要なのである。

いうならば貞山堀のアメリカ版が、ワシントンの考えたA・I・Wであり、アメリカ軍部が計画したG・I・Wだった。

運河王国アメリカ

ミシシッピー川河口のニュー・オリンズを中心に、アメリカには巨大なミシシッピー・リバー・システム（Mississippi River System 以下「M・R・S」と略す）が現在でも大いに活用されている。

M・R・Sによるニュー・オリンズから舟運の通じている各都市までの「法定マイル」は、ミネアポリスまで一八三四マイル＝約二九五一キロ、セント・ルイスまで一一六一マイル（一八六九キロ）、シカゴまで一五二〇マイル（二七八七キロ）、カンザスシティまで一四三〇マイル（二三〇二キロ）、メンフィスまで一一一二マイル（一七九一キロ）、シンシナティまで一二四七マイル（二〇〇七キロ）、チャタヌーガまで一五六五マイル（二五二〇キロ）とある（資料は『BARGE SYSTEM VIA NEWORLEANS TO INLAND U.S.』）。

前記の資料にはニュー・オリンズと各都市間の標準的な所要日数も表示されているが、ニュー・オリンズとシカゴ間の例でいうと、遡航が一四日、下航が一一日間（通年可航）という具合であって、このニュー・オリンズを中心とするM・R・SとG・I・Wの水路網の地図をみると、もちろん規模は桁ちがいなのだが、水運全盛期の江戸と関東地方の状況をほうふつさせる（図17）。

これらの内陸水路の水運の主力は、用途に応じた各種のバージ（Barge）である。バージは日本流にいえば艀（はしけ）のことになるだろうが、小舟ではなくて最大級のものは全長八八メートル、積載量三〇〇〇トンクラスのものもある。これが曳船に引かれて何十艘もつながって、川を上下する有様は壮観である。

自動車王国だったアメリカは、日本をモータリゼーション化して、その水運を潰滅させる結果をもたらしたが、アメリカ自体は自動車輸送とならんで、依然水運王国といっても過言ではない強力かつ壮大な水運システムを保有している。これは決して過去のことではなく、現在も東京の浜松町の貿易センタービル内に、その極東事務所がおかれて活躍している。

なおつけ加えればこの「M・R・S」の航路内で冬期に川が凍結したような場合は、日本に輸入される大豆や穀物の相場はすぐに変動する。「M・R・S」はわれわれの台所に直結しているのである。

単一文化論

アメリカの場合、すでにみたように二つの沿海運河と、巨大なM・R・Sを中心とする運河網、そしてカナダ国境のセント・ローレンス運河などは、どれも現在十二分に活用されていて、決して帆船時代の〝遺跡〟ではない。それらは汽船時代・鉄道時代そして航空機時代を迎えても、全交通体系のシステムの一環に組みこまれ、互いに併存して利用されている。

M・R・Sでは一部分は冬に凍結するという欠点があるが、その欠点をはじめから承知してシステム化している。つまり欠点を認めた上で、その欠点を〝常態〟と考えて運用しているところに、アメリカの合理性が見られる。

また舟運は低速度だという短所があるが、これも農産物や工業原料のような、重量物の大量輸送の場合、多少日数のかかる不利よりも運賃が安い方が得だという計算がなり立つ。さらにバージは動く倉庫としても利用できる。

日本の場合のような生鮮食品の輸送も、腐らない穀物や工業製品の輸送も、すべて高速自動車道を利用し、騒音・震動・排気ガスなどの自動車公害をふりまきながら、国土を荒廃させる輸送方法をとるよりも、遅くても全体的にはかえって有利だとする判断のもとに水運が活用されていて、さすが本場の資本主義にふさわしい輸送体系ができている。

日本では鉄道が導入されると、それまでの水運は跡片もなくなり、自動車輸送が良いとなると万難を排してそれを取り入れる。すると鉄道はたちまち解体の悲運にさらされるという、極端な〝モノカルチュア〟性＝単一文化性が発揮される。

それだけに〝単一文化性〟を推進してきた責任者の前首相としては、日本は単一民族ならぬ単一文化国であり、アメリカは〝多文化〟つまり多民族文化の国にみえたのだろう。

この多文化性はヨーロッパにもあって、一九八七年の夏に、ヨーロッパ最大の国際舟運を持つライン川のマインツとケルン間を視察した時、沿岸に古城がつぎつぎに現われる風景や、ゆきかう各国の舟運用と観光用の大小の船舶の多さにもまして、感銘深かったのは、川を中心に両岸に日本の高速道路なみの道路があり、さらに鉄道が併走していたことだった。しかもその鉄道は右岸は貨物専用線、左岸は旅客用と使いわけられていて、貨物専用

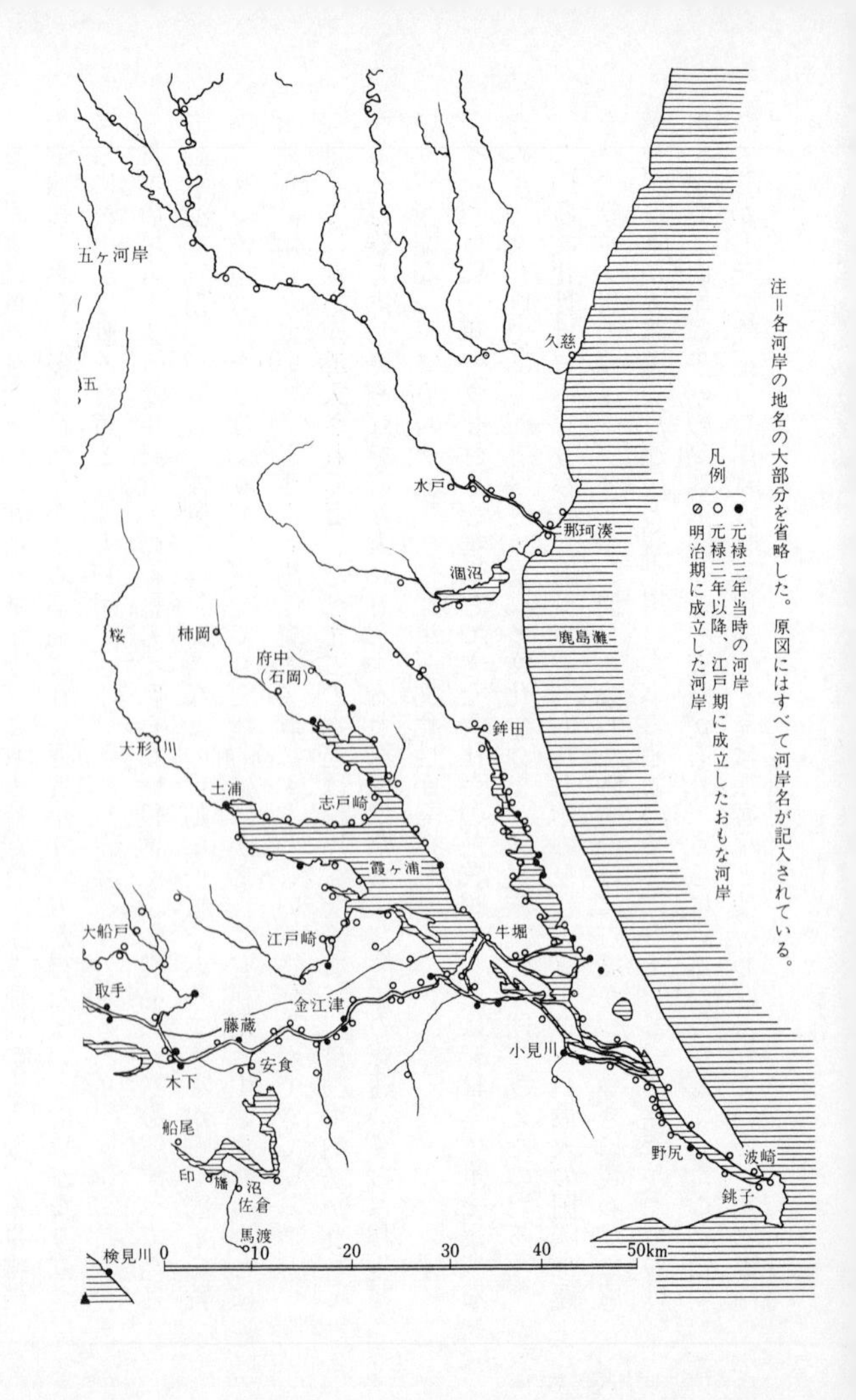
五ヶ河岸
五
久慈
水戸
那珂湊
涸沼
鹿島灘
桜
柿岡
府中
(石岡)
鉾田
大形
川
土浦
志戸崎
霞ヶ浦
大船戸
江戸崎
牛堀
取手
金江津
藤蔵
安食
木下
小見川
船尾
印
旛
沼
佐倉
馬渡
野尻
波崎
銚子
検見川
0
10
20
30
40
50km
注＝各河岸の地名の大部分を省略した。原図にはすべて河岸名が記入されている。
凡例
● 元禄三年当時の河岸
○ 元禄三年以降、江戸期に成立したおもな河岸
⊘ 明治期に成立した河岸

『元禄三年「関八州伊豆駿河国廻米津出湊浦々河岸之道法并運賃書付」』(部分)

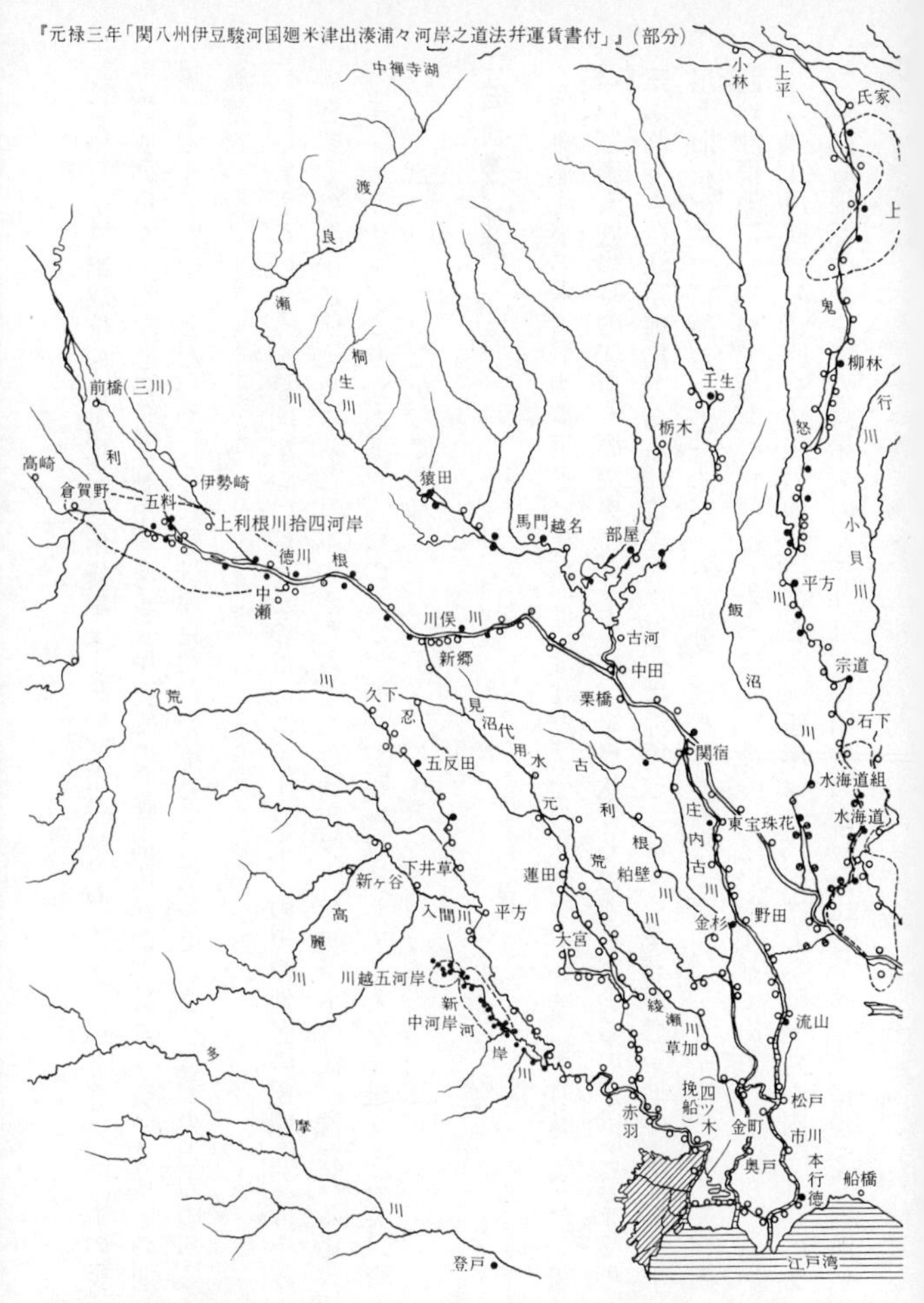

図17　関東地方の河岸

線には三十両編成位の自動車輸送用貨車（ＪＲの同型の貨車名でいえば「ク五〇〇〇」）の長大編成列車が、わたしの日常利用するＪＲ中央線の、特別快速の本数より多いくらいの間隔で走っていたことだった。それは舟運見学が列車見学に変ってしまうほどの迫力のある風景だった。

わざわざこのような見聞をつけ加えたのは、ニューヨークの埠頭地区の再開発だけをみてきてその結果が伝えられると日本中がたちまちウォーターフロントの波に洗われるというモノカルチュアぶりがあるからなのだが、当のお手本は決してそんな単純なものではないことをいいたかったからである。

江戸前島の範囲

沿海運河小名木川で関東平野と江戸は結ばれた。その江戸の中心は江戸前島だった。図14「家康入城当時の江戸」の中央から下方に、半島状にしめされているのが、これまで再三ふれてきた江戸前島である。この〝半島〟は沖積地ではなくて、本郷台地の先端部が平川と旧石神井川に削られて低くなった部分（標高は最高地点で約四メートル）であって、周囲の沖積地にくらべて地盤の状態は〝水っぽく〟なく、乾いた土地である。

この江戸前島の範囲を現在の地名でいうと、西岸は千代田区大手町・丸の内・有楽町がつらなる線で、かつての海岸線のなごりは、和田倉門から日比谷公園の池につづく内濠の線にしめされる。

東岸は中央区日本橋・京橋地区の東側で、現在の首都高速道路の江戸橋インターチェンジと京橋ランプを結ぶ線に相当する。京橋以南の部分は、首都高速道路京橋ランプわきから、戦前の銀座の東の端にあった三十間堀川の線（紀伊国橋―三原橋―蓬莱橋―新橋間）および汐留川の河流で画された範囲である。

これでわかるようにこの範囲の江戸前島の地域は、旧江戸城のある皇居一円の地域とともに、江戸・東京の最も主要な部分である。

江戸という地名の一般的な説明は、この場所が「江」の戸つまり河口を意味した場所だといわれる。これは江戸時代からいわれてきたことだが、さて具体的にその河口はどの川の河口なのかについては、意外なことに必ずしも十分な説明はなかった。

ところが図14で原形をみると江戸前島をはさんで東側には旧石神井川が河口をもち、西側には平川が日比谷入江に注いでいた。つまりいわゆる「江の戸」が二つあったわけで、この状況はいかにも江戸という地名の説明にふさわしい姿だった。

これまでの数えきれない江戸関係の史料や書物の中で、この江戸前島について、まともに取りあげたものはほんのわずかな例外をのぞいて、ほとんど見ることができない。つまり少なくとも家康が江戸にきた当時の正確な地形の状況と、それに多くの人工が加えられて江戸の市街と江戸城ができる過程および、江戸と隅田川をへだてた対岸の江東地区との関係についての展望を全く欠いたまま、江戸・東京論がくりひろげられている。

これは江戸前島が鎌倉の円覚寺領だったためで、これまでの歴史といえば中央の権力者中心の、江戸史の場合でいえば武家中心の歴史だけが重視されていた結果であって、武家社会と併立していた寺社勢力と、その領土についての関心がなかったのは、むしろ当然なことでもあった。

自然的原形

このような〃歴史的条件〃の中で、改めて江戸前島の自然的原形をさぐってみよう。さきにいささか断定的に江戸前島の図によって地形的特徴をのべたが、それにはそれなりの理由があった。

一つは明治十年代に製作された参謀本部陸軍部測量局による九枚の東京図（五千分の一図）をはじめ、それ以後現在までの東京の地形図の測量結果がある。

これらの地形図は四世紀も前の地形をそのまま表現してはいない。とくに江戸前島の地域は、江戸・東京時代を通じて主に埋め立てなどで絶えず変形しつづけてきた場所である。その経過を近代地形図から読み取るためには、原形に対してどのような人為的な改変が加えられたかを、地形・地質の面からと文献・古地図・史料などから確認していくほかはない。

この方法で東京の土地の自然的変化について、最も早くから注意を払いつづけたのは菊池山哉であった。菊池は東京市の土木技師として、大正の初めから、明治以来の市区改正事業の継続事業の中の、主として東京下町の河川の護岸建設工事に従事した。

　当時はこの種の工事のための、地質・地形に関する基礎的データがほとんどなかった。そこで菊池は経験技術そのものであった土木工事の実施にあたり、独自の地質観察——現代風にいえば地質学的な資料を、個人的に集積したうえで工事を施工した。

　その結果、関東大震災の時に、彼が設計し施工した護岸は一か所も崩壊しなかったという実績を得ている。そしてこのような実務に即したデータの蓄積により彼は東京の自然史について、いくつかの先駆的な業績をあげている。その一つは東京の地盤沈下を主題にした『沈み行く東京』（上田泰文堂、昭和十年刊）であり、一つは『五百年前の東京』（東京史談会、昭和三十一年刊）である。そしてこの両著ではじめて江戸前島は視覚的に図化された。この二冊は菊池の没後、彼の作品の集大成である『東国の歴史と史跡』（東京史談会、昭和四十二年刊）に収録されている。

　前後するが菊池の実績の影響もあって、関東大震災の帝都復興事業には、多分に菊池の方法論がとり入れられ、のちに帝都復興院の後身である復興局建築部によって、『東京及横浜地質調査報告』とその附図が刊行されて、太平洋戦争前までの東京の地形・地質に関するひとつの標準になった。

また営団地下鉄（東京メトロ）の前身である東京地下鉄道株式会社からは『東京地下鉄道史』乾・坤（同社編、昭和九年刊）が出された。これには現在の銀座線の浅草―新橋間の「工事ニヨリテ得タル地質図」が添えられていて、「論」ではない実際のデータをくわしく見ることができる。とくに神田―新橋間は江戸前島の中心部を通っていることで、この地質データは貴重なものである。

太平洋戦争後になると、昭和三十四年に刊行された東京区部のボーリング調査結果をまとめた「柱状図」集である『東京地盤図』（同刊行会編、技宝堂刊）も利用できるようになった。

そしてこのころから活発になったビル建設や、オリンピック東京大会準備のための高速道路・地下鉄や巨大建築物の建設のさいに得られた、江戸前島とその周辺の原地形に関するデータが飛躍的にふえた結果、わたしはそれらを利用して図14「家康入城当時の江戸」のような、江戸前島の原形を確認することができた（幸いなことに、当時の都心のほとんどの工事現場で地質の状況を観察する機会に恵まれたのも貴重な体験だった）。

歴史的原形

江戸時代に成立した文献・資料には「江戸前島」なる地名は、ほとんど見られない。例外として間接的ながらその所在をしめすものが『落穂集追加』や『文政町方書上』などに散見できるが、それらにしても正面きって江戸前島という地名では扱われていない。

　また江戸時代の江戸の出版事情は「地誌の時代」だったといえるほど、多くの地誌が刊行されているが、それらの地誌にも江戸前島は全く記述されていない。それを受けついだ現在の江戸・東京の地誌が、江戸前島については手薄であることは当然といってよい。

　こうした状況の中で、やっと一般的に利用できる形で、江戸前島に関する史料が公刊されたのは、昭和三十一年に刊行された『鎌倉市史』の「史料篇第二」（鎌倉市史編纂委員会編、吉川弘文館刊）に収められた「円覚寺文書」だった（この史料の内容はのちに掲げる）。

　もっとも明治四十年（一九〇七）にはすでに『大日本地名辞書』（吉田東伍著、冨山房刊）の中に『鎌倉市史』と同じ「円覚寺文書」が利用されていて、江戸前島はじめ円覚寺の所領だった各地の地名もあげられているが、これを有機的に江戸・東京と関連させる作業は、ついに現在まで見ることはできなかった。

　このような状況の中で昭和三十八年に『日本人の骨』（鈴木尚著、岩波新書）が刊行され、江戸前島について、歴史学者ではなく人類学者からの考察が公にされた。

　この著書の江戸前島に関する部分だけを要約して紹介すると、書き出しの部分の《よみがえる室町時代の人々》の章で、まず大正二年（一九一三）に江戸城三十六見附の一つだった鍛冶橋門の鍛冶橋（千代田区丸の内三丁目の〔旧〕都庁第二庁舎の北東の角にあった）かけかえ工事の時に発見された、一二三個の中世人の頭骨、うち三個は重症梅毒患者の頭骨を

――これを著者は〝鍛冶橋人〟と呼ぶが、この鍛冶橋人と現代日本人の頭骨の寸法の比較からはじまる。

そして鍛冶橋辺一帯は江戸前島の一部であるとして、東京駅を中心にした現代地形図（原図は深田地質研究所作成）を掲げたうえで、▼江戸前島が記されている古文書をつぎのように並べて紹介している（ここでは各文書の年代と文書名および地名だけを引用して、各文書の内容は省略する）。

▼これより早く湊正雄・井尻正二著『日本列島』（岩波新書、昭和三十三年刊）にもこの地質図は掲載されている。

○弘長元年（一二六一）「関興寺文書」中の平重長より五代右衛門尉あての書状にみえる「武蔵国豊島郡江戸郷之内前島村」

○正和四年（一三一四）「円覚寺文書目録」にある「前島村」

○建武四年（一三三七）「足利直義教書」にある「江戸郷内前島村」

○永和三年（一三七七）「官宣旨」の中の「江戸郷内前島村」

○応永二十六年（一四一九）「足利持氏教書」中の「江戸前島森木村」

などを挙げたうえで、

この前島の名は、なぜか近世には消えてしまった。菊池山哉氏は、この地をもって東京駅付近に当てている（中略）、吉田東伍博士は『地名辞書』の中で（中略）江戸前島は今の茅場町か、通町、四日市辺か、八代洲河岸辺か（中略）、やはり菊池と同意見であることがわかる。

もし、この見解が正しいとすれば、鍛冶橋頭骨が発見された問題の場所は、中世の前島または前島の森木村であったにちがいない。

とのべている。

円覚寺文書

右の五点の文書のうち最初の「関興寺文書」のほかは、『鎌倉市史』史料篇第二に収められた「円覚寺文書」にあるものばかりである。ここで簡単にこの史料集を説明すると、本寺である円覚寺と、その塔頭（たっちゅう）（子院）である雲頂庵、臥竜庵、帰源院、蔵六庵などのもので、合計四八九通の文書が活字化されたものである。

そしてこれらの文書群の年代は天養元年（一一四四）から慶安元年（一六四八）までの、約五百年間の期間にわたる（年代未詳文書は除いた）。

この文書群の特徴は、円覚寺の宗教活動を中心としたものではなく、荘園や所領の領主としての状況がわかるものが大部分をしめる。つまりその時々の権力者が円覚寺に荘園や領地を寄進したり、安堵（あんど）（それまでの〝所有権〟を、新しい権力者が再確認すること）したことをしめす証拠書類が中心である。

円覚寺の宗教上の沿革は、弘安五年（一二八二）に北条時宗が宋からの渡来僧である祖元を開山として建立した寺である（ただし「円覚寺文書」にはそれ以前の〝原形〟に関連する史料もふくまれている）。現在は臨済宗円覚寺派の大本山であり、中世から建長寺についで鎌倉五山の第二位の大寺として知られる。

この鎌倉五山の系列とは別に、鶴岡八幡宮、建長寺、円覚寺、松が岡（東慶寺のこと）の一社三寺は「鎌倉四ヶ所」と呼ばれ、鎌倉時代から江戸時代まで寺領の大きさでも、その時々の権力者からの優遇も、特別なものがあった。

それゆえに「円覚寺文書」に見られる権力者の顔振れは豪華である。歴代の「太政官」や「宣旨」（天皇の公文書）をはじめ、源実朝の次に将軍になった藤原頼経以下、北条時宗・高時、後醍醐天皇、足利尊氏・直義・基氏・義詮・義満・氏満・持氏・義政などの歴代将軍と関東管領＝鎌倉府の首脳と、その事務執行者である上杉氏などの累代の名も並ぶ。

さらにそうした旧勢力を倒した戦国大名である北条早雲はじめ、氏直までの五代にわたる関東の覇者たちも、円覚寺の寺領安堵状を出している。また北条氏を亡ぼして天下統一をした豊臣秀吉、その後継の徳川家康・秀忠らも、それぞれ円覚寺あてに書状をだしている。

このことは南北朝対立期の動乱や、その後長く続いた関東の争乱期、そして戦国時代を通じて「鎌倉四ヶ所」で代表される社寺は、俗世の権力者たちから絶えず〝永世中立国〟

的な取り扱いを受けていたことをしめす。

「鎌倉四ヶ所」の一つの松が岡の東慶寺は「かけこみ寺」として有名だったが、江戸時代になってもこの寺の「女性の緊急避難所」としての〝中立国〟性が、徳川幕府から認められているように、中世の「鎌倉四ヶ所」をはじめとする社寺の〝中立国〟性は相当に強いものがあった。

円覚寺の所領

この〝中立国〟の領地は「鎌倉四ヵ所」に限らず、畿内の古代からの社寺の場合も、一か所にはまとまっていない。それは時の権力者が事あるごとに領地を社寺に寄進（寄付）したためである。これを別の見方をすれば、権力者は社寺領を一地域にまとめずに、できるだけ分散させる配慮が、時代を通じてなされたともいえる。

正和三年（一三一四）にはじめて前嶋村がでてくる「円覚寺文書目録」では、円覚寺の領地は七か国に分布していた。そのそれぞれに、〝中立国〟性が強く認められていたことはいうまでもない。

そして少なくともこの時期――南北朝対立期から江戸時代初期まで、江戸前島は約二百七十五年間にわたって、周囲の武家の争乱には直接的には無関係な地域として存在していたのである。

正和四年より六二年後の永和三年（一三七七）当時の円覚寺領は足利氏からたびたび領地寄進があったため、領地はつぎのように拡大している（〔　〕内は引用者の注）。

尾張国　篠木荘　冨田荘　国分村・溝口村〔名古屋市内〕

駿河国　浅眼荘〔浅間（せんげん）か〕内　東郷・瀬名春吉・鎌田春吉・高松春吉。下嶋郷・佐野郷〔「春吉」については『大日本地名辞書』では「田制上の名目なるか」とある。東郷以下下嶋郷は現在の静岡市東南部。佐野郷は黄瀬川上流の足柄・足高山の間の地名〕

武蔵国　江戸郷内　前嶋村。丸子保内　平間郷半分〔江戸と多摩川河口部〕

上総国　畔蒜（あひる）荘内　亀山郷〔君津市久留里南方、清澄山にいたる養老渓谷にある〕

下総国　大須賀保内　毛成村・草毛村〔佐原市西南の桜田・伊能・大栄付近〕

常陸国　小河郷〔茨城県霞ヶ浦北岸部〕

上野国　玉村御厨（みくりや）　北玉村郷〔群馬県倉賀野付近〕

出羽国　北寒河江荘内　吉田・堀口・三曹司・両所・窪目〔山形県寒河江市西方の最上川沿岸〕

越前国　山本荘　泉郷・船津郷〔福井県鯖江市付近〕

越後国　加地荘〔新潟県新発田市付近、加地川流域〕

などの広い範囲に分布していて、荘・保・郷・御厨などの当時の〝行政区分〟の中に、円覚寺領が割り込んだ形にあったことがわかる。

この文書から四二年後の応永二十六年（一四一九）の「鎌倉御所持氏御教書」では、さらに下総国の「印西条内外」、上総国亀山郷ならびに「沼田寺、同国土気郡堀代郷駒込・赤塚両村、同国一宮庄内　南上郷、同国望東郡金田保内　大崎村、常陸国真壁郡内　中根村」など計七か所も領地がふえている。なおこの文書では永和三年には「江戸郷内　前嶋村」と書かれていたのが「江戸前島森木村」と変っている。これが地名としての江戸前島の最初の記録である。

円覚寺領の立地条件

この一〇か国におよぶ領地の現在位置を調べるには、再三紹介した明治四十年当時の『大日本地名辞書』を利用すると便利である。というのは明治四十年（一九〇七）から現在までの八十年間の、全国の地名の変化は非常なもので、行政便覧のたぐいを見ても、容易にこの中世の地名を〝復元〟することはできないからである。さきの永和三年の文書の地名の下の〔　〕内の現在地をあげるまでには随分時間がかかっている。

それはさておき、そうして調べた円覚寺領の大部分が、河川の合流部や河口部、海岸の沖積地に分布し、内陸部の場合でも交通の要所をしめていた点に特徴が見られる。

その代表的な例をあげると、最古の円覚寺領である尾張国冨田荘の場合は、現在の名古屋市中川区富田町であり、その原形は〝庄内川河口〟の沖積地と自然堤防のある地域で、海・川・陸の接点そのものであり、地形的には江戸前島に酷似している所である。

円覚寺文書中にこの冨田荘の図があり、『鎌倉市史』「史料篇第二」にはそれを読みやすく書きなおした図が掲載されている。その図は愛知県の郷土史・地方史関係の著書に、しばしば引用されているのが見かけられる。

この江戸・冨田、そして「丸子保　平間郷」などが河口部の領地であり、同じ条件の場所として駿河国の「下嶋郷」などがある。内陸部では亀山郷、北寒河江荘、越前の船津郷、越後の加地荘などが、いずれもその地方の代表的河川の流域にあって、十五世紀の都市の立地状況をしめしている。

このように「鎌倉四ヶ所」で代表される寺社領の多くは、広大な田畑による生産地としてではなく、水・陸の交通の要所に配置されていた。地形に即していえば個々の流域や湾域ごとに成立していた経済圏の中心に寺社領が置かれ、それを足場に鎌倉や京都・奈良などの寺社、つまり寺社領にとっての中央と流通関係を結んでいた。

鎌倉時代から江戸時代までの約五世紀間の日本全土は、武家の弱肉強食の時代だった。その中で寺社領という〝永世中立国〟的な機能が永続できたのは、寺社の持つ流通機能を武家たちが必要としたからにほかならない。

しかし信長・秀吉・家康の天下統一の過程で、この中立性は次第に解体・変質させられていき、ついに寺社領は武家一般の所領のあり方と同じ取扱いを受けるまでになった。いいかえれば近世の到来とは、寺社領の宗教的・経済的役割が、武家によって否定された時にはじまったともいえる。

江戸前島のゆくえ

秀吉は家康を円覚寺領江戸前島の対岸の江戸城に入城させた。しかしその直前の天正十八年七月二十三日づけで、秀吉の方針としては「鎌倉四ヶ寺」の所領には手をつけないということを明示した文書を出している（『鎌倉市史』「円覚寺文書」中の塔頭「帰源院文書」、この史料集の史料番号四七五号文書）。

以下四七七号文書までの三通は、その指令を確認し周知させるためのもので、秀吉・家康双方の奉行（事務官僚）の事務連絡の文書である。

このことで家康が八月朔日に江戸入りした当時は、江戸前島は法制上は家康の領土ではなかったことがわかる。しかし翌年の天正十九年四月九日づけで家康の奉行の彦坂元正が「散在」していた円覚寺領をとりまとめて、鎌倉の山内・極楽寺両村内に寄せ集めて、円覚寺に渡す旨の文書がある（四七八号文書）。

この「散在」が中世以来の一〇か国におよぶ円覚寺領だったのか、または鎌倉付近に「散在」したものをまとめたものかは、文書をみた限りでは不明だが、ともあれ「散在」した所領合計一四四貫八四二文は、従来通りの貫高で、山内・極楽寺両村にまとめられている。この処分は前の三通の確認文書の場合と同じで、家康が独自にやれることではなく、秀吉の承認を受けた上での処置だった。

ふたたび彦坂元正の文書にもどると、それ以後の文書では「鎌倉四ヶ所」という表現は消えて「鎌倉寺社領」と変り、円覚寺に対する行政措置も家康の奉行たちの統制に移行する。それは直接江戸前島という地名はでてこないが、天正十九年四月以降江戸前島も家康の所領に取り込まれていったことを推察させる変化だった。

秀吉の最初の方針がいつこのような結果になったのかは、現在ではわからないが、当時は秀吉はまだ健在であり、したがって秀吉の承認がなければ、こうした扱いにはならなかったはずである。

これを家康側の史料――家康関係史料の網羅的収集で成立したことで知られる『徳川家康公伝』(中村孝也編、東照宮刊)の第一四「社寺統制の項」の(2)「天正十九年関東諸国の社寺に対する事例」でみると、「天正十八年入国の年にはほとんど所領(寺社領)に関する所見なし」とした上で、翌十九年五月の家臣宛の所領交付状の中に、寺社領だった分が二四通、十一月の直領地の寺社に対する所領寄進状が相模三四通、武蔵三八通、上総・下総に一四通発行されたことが書かれているが、この時点では江戸前島は家康の所領ではなかったために、当然のことながら円覚寺の名は見られない。つまり江戸前島の帰属に関する史料は、秀吉側にも家康側にも円覚寺にもみられないのである。

その後の経過を簡単に「円覚寺文書」でみると、家康が将軍に就任した二か月後の慶長八年（一六〇三）四月に、円覚寺の塔頭の住持を任命した書状、慶長十九年（一六一四）に秀忠が円覚寺一五六世住持を任命した書状および元和三年（一六一七）に円覚寺の所領を安堵させた書状などがあり、円覚寺はその人事権も所領についても、完全に幕府の統制下に入ったことをしめしている。

以上をまとめてみると、少なくとも慶長八年二月十二日に家康が将軍に就任するまでは、江戸城の目前にある江戸前島は、当時の法制上は徳川の自由にならなかった土地だった。しかし実際には家康の江戸入り直後から、江戸前島にのちにふれる道三堀などの工事を起こしているわけで、大筋からいえば秀吉の中世以来の社寺領解体の方針があったとしても、家康（その官僚）の江戸前島の取り込みという、不法行為があったことは明らかである。

徳川幕府の施政方針は儒教の道理にもとづく法治主義であり、やがてそれは「元和偃武（げんなえんぶ）」という平和主義に至るのであるが、こと江戸前島に関しては、家康の江戸入り直後から始まる江戸の近世都市化の第一歩で、円覚寺領横領という法制にもとる出発をしなければならなかった。

江戸前島を除外しては大都市江戸の建設は不可能だったための、やむを得ない処置だったとはいえ、家康の政治上の〝たてまえ〟からすれば、たいへん苦しい行為だったといえる。これを鋭く反映しているのが、さきにみたような天正十九年前後の円覚寺関係史料の欠落なのである。

こうした公文書に限らず、江戸時代には多くの官製・民間製の地誌が出版されているが、それらには江戸前島に関する記事は完全に抹殺されている。

江戸の地誌の記述上の特徴は江戸市街と江戸城がある程度、出来上った時点から書かれはじめる。その最も早い例は慶長八年（一六〇三）の幕府開設の年の記事であり、より具体的な記述になるのは、江戸と江戸城がいちおう整備された寛永八年（一六三一）以後のことである。くり返すが草創期の江戸の原形についての記述はほとんど無いのである。

また地図の場合も同じで天正十八年（一五九〇）から寛永八年（一六三一）までの四一年間の、草創期の江戸に関する同時代作成の地図は全く発見されていない。『江戸図の歴史』（飯田竜一・俵元昭共著、築地書館刊）の江戸図年表におけるこの期間のみごとな空白は、地誌の場合とともに、江戸前島に関する〝言論統制〟がいかに厳重だったかをしのばせる。

江戸前島の人々

江戸前島が約二百八十年間、円覚寺領であったということは、当然そこに円覚寺の寺務所＝出張所があったと考えても不自然ではなかろう。

坂東の大福長者と呼ばれた江戸重長以来、十五世紀後半の海外貿易の盛んだった時期に「東武の一都会」と謳われた江戸湊は、時代によって盛衰があったとしても、東京湾最奥部の流通基地として続いた。戦国大名の北条氏が江戸湊をのぞく東京湾沿岸の浦々湊々から浦銭を徴収していた記録が多く残るように、円覚寺もまた江戸湊から浦銭に相当する収入を得ていたのである。

浦銭とは現在風にいえば「港湾施設使用料」ともいうべきもので、一種の税金である。こうした現金収入が戦国大名や荘園を持つほどの大きな社寺の重要な財源になっていたことはいうまでもない。江戸前島にも円覚寺の寺務所がおかれ、その所長は長吏(ちょうり)と呼ばれていた。

『広辞苑』で「長吏」を引くと、「①中国で県吏・町村吏または町村吏の頭だった役人。地位の高い役人。②勧修寺・園城寺・延暦寺などの長老で寺務を総理していた僧官」などとあり、①は現在の地方公務員を意味するし、②は大寺院の領主としての寺務をつかさどった僧を指している。①と②を総合してみると、円覚寺江戸前島事務所長が、長吏と呼ばれたとしても決して不自然なことではなかろう。

そして江戸前島には実際に長吏がいた。徳川が江戸前島を占領したのちも、この江戸先住者には種々の特権を認めていて、その子孫は明治になっても大きな活躍をしたことが知られている。この長吏が幕府に提出した「浅草弾左衛門由緒書」は、江戸湊の住民が通運業を中心に、農耕以外の多彩な商工業と芸能に従事していた状況が書かれている史料である。

由緒書によると先祖は頼朝の命令で摂津国池田から江戸にきたという。これは前にみた多摩川河口の平間郷が、葛西清重に与えられたのとほぼ同じ時期といってよい。それ以来一族は江戸に住んだわけだが、その場所は尼店(あまだな)(中央区日本橋室町一丁目)であって、江戸城と江戸の拡大に応じて、日本橋から鳥越に引越し、やがて浅草に移転している。

昭和四年四月十五日まで、現在の千代田区(当時の麴町区)には道三町(どうさんちょう)・銭瓶町(ぜにがめちょう)・永楽町(えいらくちょう)一〜二丁目という町名があった。いずれも現在の大手町一〜二丁目、丸の内一〜二丁目にあった町名である。

道三町は図15「江戸の沿海運河」の中の点線の部分の運河名の道三堀の名をとったものである。この運河開削の時に永楽銭の入った瓶を掘りだしたために、道三堀の沿岸には、発見した状態にちなんだ銭瓶町と、その瓶の中味の永楽銭にちなんだ永楽町ができた。「永楽町」そのものは明治五年の命名だが、道三堀は徳川の江戸の最初の運河の名として、また銭瓶の名は道三堀にかけられた橋の名として、道三堀が明治四十年に埋め立てられるまで実際に残っていた。いまその名残りは東京都下水道局の銭瓶橋ポンプ場と、丸の内一丁目にある永楽ビルの名だけになった。

なぜ永楽銭の入った瓶がこのように長く人々の記憶に残されたかといえば、永楽銭は明の貨幣であり、近世までの「外貨」を代表するものだったからである。江戸前島に「外貨」の貨幣が多く流通していたという富裕さが、十六世紀末に江戸に来た徳川の家来たちには、よほど強い印象だったことがわかる。

またもや『日本人の骨』にもどるが、旧鍛冶橋の橋脚の下から発見された「三個の重症梅毒患者の頭骨」は、同書に写真で紹介されているが、額の部分に孔があいているほどの重症である。

日本に最初に梅毒が流行したのは『日本梅毒史』（土肥慶蔵著）では永正九年（一五一二）のことで、翌年には江戸にも侵入したという。コロンブスが一四九二年にアメリカ大陸から梅毒をスペインに輸入してから、わずか二十年後にこの病毒は日本に上陸するという早さだった。そしてこの室町時代の重症患者の骨が、江戸前島のまん中から発見されたということは、江戸前島の先住民がいかに広範囲に、国内はもとより海外と多様な交流をしていたかを推察させるものである。

これをまとめれば江戸前島で発見された永楽銭の存在は、十五世紀の道灌の傭兵隊以来の国際的な貨幣の流通状況を物語るものであり、その範囲や流通の速度は、当時のエイズともいうべき「三個の重症梅毒患者」を発生させた病毒の伝染速度にみあったものであった。

Ⅶ　江戸の都市計画

図14「家康入城当時の江戸」にみるような江戸の原型が、のちの大江戸と呼ばれる規模にまで拡大された過程は、江戸の原像をさぐる興味と必要があって、絶えず論じられつづけている。

江戸建設のプロセス

これを土地の条件からいえば、前章の「江戸の本質と狭さ」の項でのべたように、近世都市江戸の〝意味〟は、日本人社会がはじめてその都市基盤を沖積地におき、さらに一歩すすめて海を埋め立てて海上に進出した場所だったことにあった。この現象はくり返しのべてきたように、当時の唯一の大量輸送手段としての水運基地を確保するためであった。そしてこの海上への進出を文化史的にみれば、まさにわれわれ日本人の都市の歴史上の一大革命であった。

この革命を時間的経過でみると、天正十八年から万治三年（一五九〇～一六六〇）の間、将軍の代にして家康―秀忠―家光―家綱の四代、七〇年におよぶ大建設だった。そしてこの建設の特徴は、七〇年間絶え間なしに行なわれたのではなく、徳川の政治的役割の変化に応じて、段階的に行なわれた点にある。

つまり最初から大江戸の姿を目指したのではなく、その時々の必要をみたすために、まず最小限の工事が行なわれ、その結果が熟して新しい必要性が生まれたときに、また建設が追加されるという形のものだった。

都市計画とは

江戸を都市計画というすぐれて近代的な概念で解釈する場合、多くの場合は完成した大江戸の姿から「計画者」の理念を想像するところから始められる。もっとも初期の建設の中心だった江戸前島の情報がほとんどなかった以上、そうするよりほかはなかったともいえるが、ともあれその想像を裏付ける現象の群れを結びつけることで、江戸の発達が説明されてきた。

そこでは事実は断片的にちりばめられてはいるが、それはあくまで想像を補強する手段にすぎなかった。こうしたいわば〝うしろむき〟の説明が、いまも江戸発達論の主流になっている。

現在、都市計画と呼ばれるものの大部分は、都市のハードウェアの部分だけを対象にする。しかし最近の現実をみてもわかるように、土地制度や税制のあり方などの、いわば都市計画におけるソフトウェアの影響力の方が、いかなるハードの都市計画や国土計画よりも強いのである。

仮にハードな都市計画——この場合「青写真」と呼びかえてもよいだろう——において、「完全なる」または「理想的」都市計画というものが成立するとした場合、それは計画時の「完全性」や「理想性」のままの姿で、現実の都市機能は凍結されてしまうことを意味する。そのために、その都市計画が実現した時には、実際の機能はすでに完全でも理想的でもなくなってしまうのが普通である。

つまり都市をある時点で「理想的」な姿のまま静止していると考えるのか、絶えず混乱と矛盾をくり返し続けながら、変化するのが当り前とするかという〝都市観〟によって、都市発達史もその様相を大きく変える。

試行錯誤を重ねて形成された近世都市江戸を、近代都市計画の理念による模式化で説明することを〝うしろむき〟の説明と呼ぶのはこのためである。

都市計画ということばの本来の意味は、その都市の都市機能を維持し、管理する技法だといえる。江戸のような近世都市創造の場でも、そのことは変らない。近世的——つまり物資の大量流通をどう確保するかという方法・手段は、それまでの技法の延長の上に模索され実現の途にいたった。

しかもそうした方法や手段はその社会の法制や経済事情といった現実に強く左右される。それは江戸の場合には建設者の徳川の政治的立場と軍事的実力に左右されたといい替えてもよかろう。

天下人秀吉に従属していた一大名に過ぎなかった徳川氏は、最初から永久不変の大江戸の姿を想定して、江戸建設を始めはしなかった。東海五か国の大名だった家康が、秀吉から関東六か国への移封を命じられた時、同時に信長の子の信雄も家康の旧領へ移封を命じられた。しかし信雄はその命令に不服を唱えた途端、秀吉から大名の地位を剝奪されて追放されている。この有名な話でもわかるように、天下人の前には大名は何の〝身分保障〟もなかったのが歴史的事実である。家康の場合も、その領土は〝辞令〟一本でいつ移動させられるかわかりはしなかったのである。

ふたたび都市計画にもどると、都市自体はつねにあらゆる面で不安定なのが常態といえる。不安定ということばが不安定感を与えるとすれば、流動的だといってもよい。そのために都市は絶えずその機能を維持するための都市制度の改正や、物理的な存在としての、都市施設の管理や改善のための都市計画を続けなければならなかった。

このような見方で世界の都市をみると、維持・管理ができなかった都市は、衰退し死滅している。江戸・東京をはじめとする現存の都市は、それぞれ膨大な都市計画のつみ重なりの上に〝生存〟をつづけているのである。

これをより平たくいえば、都市はその利用者の意向をくんで、都市計画がなされる。そしてその実現の局面で専門家としての「都市計画技術者」が登場する。この場合の技術者とは都市制度の面では法制や行政の専門家であり、都市施設の面では土木・建築の専門家であることはいうまでもない。

首都のゆきづまりを解決するために計画されたブラジリアも、いま当面の目標にされている東京湾海上都市計画も、いずれも既存の都市の維持・管理のための物理的手段を中心とする、外延的都市計画にほかならない。

しかも東京の場合は、二十三区部の建物の平均階数二・七階という低い土地利用状況のもとに、都市制度＝土地制度の不備はそのままに、都市空間だけを拡げつつあり、土地問題を際限もなく拡大再生産しているのが現在の東京の都市計画である。

天下普請（てんかぶしん）

はなしを十七世紀はじめにもどすと、四代七〇年におよぶ江戸の都市的拡大の段階は、つぎのような時期にわけられる。
第一期　家康の江戸入りから幕府が開かれるまで（天正十八年～慶長八年＝一五九〇～一六〇三）

第二期　幕府開設から豊臣家滅亡まで（慶長八年〜元和元年＝一六〇三〜一五）
第三期　幕藩体制の確立期（元和元年〜万治三年＝一六一五〜六〇）

　第一期は徳川が有力大名だった時期であり、第二期は名実ともに天下をとる時期であり、第三期はそれを確立させる時期である。

　最初の覇者信長はその傘下の諸大名に、軍役のほかに安土城をはじめとする諸建設や造船などを分担させた。それを引き継いで天下統一を果した秀吉・家康の場合も、それぞれの城郭や都市建設、河川工事などを全国の大名に命じている。これは軍役（与えられた石高に応じて、出陣のさいに準備しなければならない兵員・武器などの最低基準）と同じに扱われた。つまり戦場の働きと同じ評価を受けるものだった。そのため大名たちはどんな苛酷な命令でも、歯を喰いしばってやりとげなければならないものだった。

　これを天下人が命じた工事の意味で、天下普請といった。命令された大名側の表現では、天下様に御手伝いする意味で、御手伝普請ともいった。

　図18「江戸の拡大」①〜③は、この天下普請の進行状況を、幕府側と御手伝いをした大名側の記録により、それぞれの時期の工事場所と工事の種類などを、図にしたものである。図18-①でもわかるように、第一期の一三年間の江戸城をめぐる工事は、図には見えない小名木川工事を含めても、実にささやかなものであった。

　その理由は家康自身ほとんど秀吉の側近として上洛していたり、九州の名護屋に従軍し

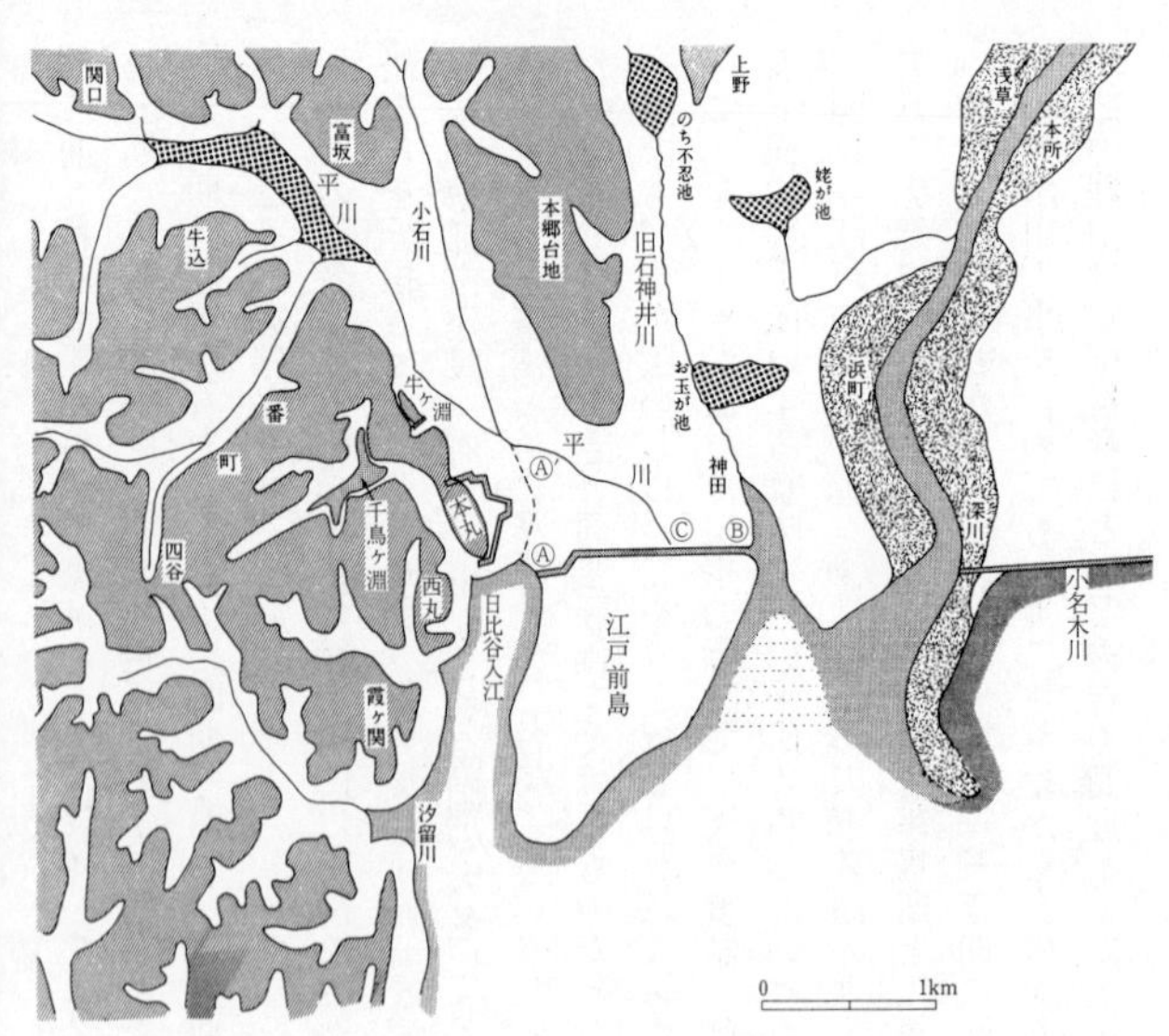

図 18-① 江戸の拡大（天正 18〜19 年の工事の部分）

たりしている中で、伏見城築城などの御手伝普請に動員され続けていたからである。したがって①の工事はすべて徳川の自前工事であって、道三堀開削工事（Ⓐ～Ⓑ間）を命じられた江戸在勤の譜代の大名や旗本が、なれない土木工事に泣かされたことが『正西聞見集』にあるので引用する。

江戸中の御普請の事も、本多佐渡殿皆御さしづ次第にて候。本多佐渡殿毎日明（あけ）七ツ（午前四時）ころ御普請場へ御出候ひつるまま、諸大名衆残らず、挑灯御たて、丁場丁場へ御出になられ候。風雨雪中にても御懈怠これなく候（中略）我等は御大名衆より尚もつて夜の内に普請に罷出、朝飯は昼頃下され、夕飯は宿へ帰り、火たて毎日下され、臥候はんと存候へば、大雨の日は堀より揚候土、堀底へ流れ入候を、夜普請にシガラミをかき候てせき止め、又は堀の水を釣瓶にて五重六重かへ揚げ申候。さもなく候へば、明る日堀掘る事まかりならず候。惣侍衆も中間同然に鍬取、モッコウ持申候（後略）。

という具合であった。この当時は江戸に土木工事専門の労働力がなく、あったとしても秀吉の御手伝普請に動員されていたため、戦闘要員の侍たちまで建設工事にかり出されたのである。

道三堀開削は前にのべたように、沿海運河小名木川と江戸城を結ぶために掘られた。同時に半島状の江戸前島の根元を切り開いて、平川と石神井川の河口を結ぶバイパス水路づくりだった点に意味がある。

なお現在の気象庁（千代田区大手町）前のあたりから日比谷入江に注いでいた平川も、ほぼ同じ時期に18－①図中のⒶ′～Ⓒ～Ⓑの線、つまり現在の日本橋川流路につけかえられた。それはⒶ～Ⓒ間の道三堀を掘ってから、Ⓐ′～Ⓐの平川のつけかえを行なったと推定されるが、残念ながら直接それを証明する史料はない。

しかしⒶ′～Ⓒ間である錦橋（千代田区神田錦町）と日本橋―江戸橋間の、現在の日本橋川は自然河川ではないことは、この部分を通る営団地下鉄〔東京メトロ〕銀座線では『東京地下鉄道史』、同じく丸の内線は『営団丸ノ内線建設史』のそれぞれの「工事ニヨリテ得タル地質図」に明瞭にしめされている。

図18-①について二、三の補足をすると、本丸の部分は道灌以来の建物の差し当っての修理であり、文禄元年（一五九二）の西丸（現在の皇居宮殿の場所）工事は、家康の隠居城として計画された。

また千鳥ヶ淵・牛ヶ淵は飲料水確保のためにダムをつくった結果の貯水池である。千鳥ヶ淵ダムは北の丸公園の旧近衛師団司令部の建物（国立近代美術館工芸館）前につくられ、牛ヶ淵の方は清水門の前にみられる。

淵と池――江戸城の濠で「淵」がつくのはこの二か所だけで、外は幕府の公文書ではすべて固有名詞なしの「御濠」である。江戸城の場合の「淵」とは、川の上流からの水をためた水面を意味する。同じような例に上野の不忍池と赤坂溜池がある。「池」の方は海から川筋を遡ってくる汐の干満の影響をそれ以上、上流におよぼさないためにつくったダムによって、ダム上流にできた水面を指した。水を貯めたのが「淵」、汐水をせき止めた結果できたのが「池」であり、われわれの祖先は文字を細かく使いわけていたことがわかる。

日比谷入江埋立

図18-②は幕府ができて三年目の慶長十一年から翌十二年にかけて、いよいよ徳川の天

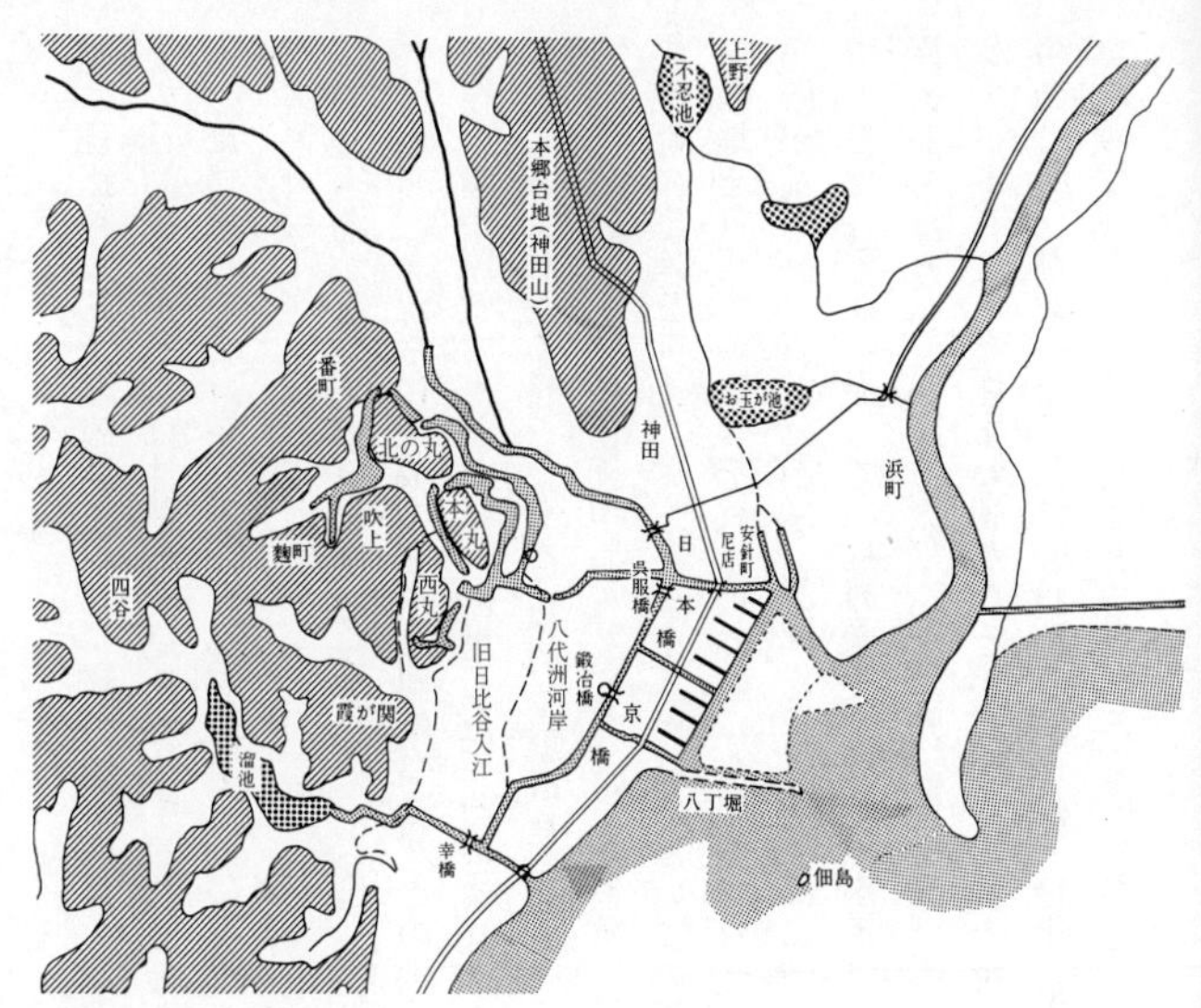

図18－②　江戸の拡大

下普請がはじまった時の工事とその場所をしめす。図にはないがまず中国・四国・九州の大名約三十家に伊豆半島の採石場から江戸まで、石垣用の石を運ばせている。各藩に石積み船を建造させて、江戸まで輸送を命じたもので、輸送量の標準は一艘あたり「百人持ちの石二つ」というものだった。島津家はこの石船が三〇〇艘、浅野家は三八五艘などという記録が残る。現在も皇居とその周囲にみられる何十万個という石垣の石の大部分はこの時に運ばれたものである。

　この大輸送にもまして目立つ

のは日比谷入江が埋め立てられ、江戸城と江戸前島が一体化したことだった。この埋め立ての目的は直接的には沖積地不足を解決するためであったが、もう一つの理由は江戸城直下の軍港としての日比谷入江に敵船が入るのを防ぐためでもあった（以下次章「八丁堀」の項でふたたびふれる）。

なぜ軍港かといえば家康は慶長五年（一六〇〇）五月に豊後国に着いたオランダのリーフデ号を、ただちに大坂―江戸と回航させ、その大砲を六月半ばの上杉征伐に使い、その直後の関が原戦でもおおいに活用した。その後リーフデ号の乗組員のうち、ウィリアム・アダムズ（日本名は三浦按針）は外交顧問に、ヤン・ヨーステン（日本名では楊容子または八代洲）は砲術顧問に登用した。そしてアダムズにはのちに日本橋魚河岸になった一角に安針町の宅地を与え、ヤン・ヨーステンにはいまの和田倉門から日比谷にいたる濠端に、屋敷地を与えている。それは彼の名にちなんで八代洲河岸と呼ばれた。この八代洲河岸の場所が描かれている最古の地図（見とり図）は『別本慶長江戸図』（東京都公文書館所蔵）で、日比谷入江に面して「舟の御役所」と書かれている場所があり、その図では八代洲河岸の記入はないが、後出の「寛永図」とくらべてみると、「舟の御役所」に隣接してヤン・ヨーステンを住まわせたことがわかる。城の対岸の江戸前島西岸に海軍司令部の「舟の御役所」があったことでもわかるように、日比谷入江は軍港的性格をもち、東岸は湊としての役割を果していたことを物語るものである。

八代洲から八重洲へ——八代洲河岸の名は明治まで続き、明治五年に八重洲町一～三丁目と改称された。そして昭和四年に丸の内一～三丁目と改称されて、本来の場所から姿を消した。現在は東京駅の東側一帯が中央区の八重洲一～二丁目として残っている。

安針町も八代洲河岸もともに江戸前島にあったことが面白い。また現在の銀座七丁目にあった八官町（はちかんちょう）も、家康の朱印状をうけた中国人の貿易商の名にちなむ。近世になっても江戸前島は国際色ゆたかな場所だった。

外濠の開削

日比谷入江を埋め立てたかわりに図18-②にみるように江戸前島の中央部に南北に通じる外濠を掘った。現在の地名でいえば北から道三堀と日本橋川の合流点の呉服橋——〝鍛冶橋人〟が出土した鍛冶橋—数寄屋橋—山下橋—幸橋を結ぶ線で、幸橋の南で汐留川に合流するものである（現在はすべて埋め立てられて、鍛冶橋以南には高速道路がかぶさっている）。

これは結果として外濠になったものだが、開削当時は築城資材運搬用の運河の役目を兼ねたものであって、この外濠兼用運河の機能は、太平洋戦争後の昭和二十三年六月まで城辺河岸の名で不十分ながら残されていたものである。

外濠のつくられ方は、はじめに小規模な水路を掘り、徐々にそれを拡げて行き、江戸城側に石垣を積んでいったのだが、その石垣もかなりの年数をへだてて、二回ないし三回にわたって積み重ねていったものだった。それは石垣の石の切り方や築き方に、御手伝大名たちの技術の個性が歴然として残っていたことでもわかる。

外濠に限らず小名木川でも、これからのべる関東地方の水路工事の場合でも、最初の形そのままという例は少なく、水路も護岸も拡幅、積み重ねがくり返し行なわれていた点に、この時代の工事の特徴がみられる。

天下普請の側面

図18－③の工事のうち、慶長十六年の分は西丸築城工事（現在の皇居）が中心で、御手伝大名は主に東北日本の大名たちが動員されている。

慶長十九年（一六一四）の工事は、九月の大坂冬の陣の直前まで行なわれた。この工事は主に運河開削と石垣工事で、御手伝大名の大部分は西国筋の大名に割り当てられている。その多くは「太閤子飼い」や「豊臣恩顧」の猛将・勇将たちだったのだが、この工事で彼等の財力は底をついていて、大坂冬の陣で反徳川勢力にはなり得ない状況にあった。つまり天下普請は非常に戦略的な効果をもっていたのである。

この時期の工事の特徴は、いったん埋め立てられた日比谷入江に、西丸下（皇居外苑）を囲む形に、ふたたび濠が掘られ現在もみられる石垣が築かれた。そして日本橋川と汐留川も外濠化されると同時に、これらの濠（運河）で結ばれた。また江戸前島の東岸には櫛

図 18-③　江戸の拡大（大江戸成立期）

形の埠頭もつくられている。

そして江戸湊に流れ込んでいた石神井川は、放水路の神田川によって直接隅田川に放流され始めている。

図18―③は豊臣を倒して徳川の天下が確立してから五年目の、はじめての本格的な江戸城普請をしている状態をしめす。もっともこの工事の前に、初期の日光東照宮造営という大規模な天下普請の時期をはさんでいる。

江戸の水路について見ると、平川・小石川の水を石神井川と同じく隅田川に放流するため、現在の飯田橋東方の小石川橋から、本郷台地を開削して昌平橋にいたる放水路をつくっている。これが神田川であり別名御茶ノ水の掘割りと呼ばれる。この水路で切りはなされた本郷台地の南端が駿河台である。このとき平川は図18―③の破線のように小石川橋の南から九段下の堀留まで埋め立てられて、堀留から下流の日本橋川は、外濠と運河を兼ねた水路に変った。

この御茶ノ水の掘割り（放水路）の目的は、平川・小石川の洪水から城と中心市街地を守るためのものだった。掘り割った揚土（あげつち）は放水路の南側に積み上げて土手に利用している。この土手の名残りはいまでもJR飯田橋―水道橋間の総武線の路盤の一部にみとめられる。昌平橋から柳橋までの神田川下流の南岸にも、柳を植えた土手がつくられ、柳原の土手と呼ばれて、江戸時代にはいろいろな意味での名所でもあった。神田川北岸にはなぜ土手がつくられなかったかといえば、北岸一帯を溢水させることで、都心部の水害を防いだためである。

その結果、神田川北岸――いまの外神田から柳橋にかけては、例えば『東京市史稿』変災篇(東京市役所刊)でみると、軒先まで浸水するような洪水に、たびたび襲われたことがわかる。前の章で洪水常襲河川である都内の中小河川の特徴をのべたが、神田川北岸の場合は都心優先の堤防によって、さらに状況が悪化した場所だった。杉本苑子著『孤愁の岸』に書かれた薩摩藩の木曽川の御手伝普請は、対岸の犠牲によって尾張領の洪水を防ぐ堤防建設工事だったのだが、その原形は江戸の神田川にみられたのである。

東京の地下鉄

これまでたびたびかかげた、東京の原形をしめす地形図をみるとわかるように、江戸城から北側の自然河川はいずれもほぼ北から南に向かって流れて海に注いでいた。それを改善したのが第一次の平川のつけかえであり、つぎが石神井川を昌平橋から直角に東に放流させる神田川の開削だった。そして最後が御茶ノ水の掘割りであって、この掘割りは同時に江戸城の外濠の役目も果したのである。

このような原地形と河流の変遷を、視覚的に確認するもっとも良い教材は、営団地下鉄が毎年だしていた案内地図と、同じ図柄の美しい地図のカレンダーがある。

それでわかることは、最古の銀座線の上野─神田間は旧石神井川左岸の自然堤防の地盤を走り、神田─新橋間は地盤の良い江戸前島の中央部を走る。そして新橋─赤坂見附間は汐留川の河流（大部分が「溜池」になっていた）を走って、台地内の地下に入る。

丸ノ内線も御茶ノ水─銀座間は、地盤のよい江戸前島を走り、日比谷公園で約七百メートルの日比谷入江を〝横切って〟霞が関の台地に入る。

ところが掘削技術が向上した時期につくられた地下鉄の路線の多くは、すっかり姿を消した東京の川に沿って走るようになる。

千代田線の根津─湯島間は旧石神井川の流路そのものであり、大手町─日比谷間は江戸前島の海岸線にそって走る。

日比谷線の入谷─秋葉原間は、昭和通りの下（地質学では道路の昭和通りを「昭和通り谷」と呼ぶ）の谷筋にそって走り、岩本町─茅場町間は旧石神井川の河流に平行して走る。

都営三田線の千石─大手町間は、まったく小石川の下を走るもので、河床を利用した地下鉄の典型的なものである。同じく有楽町線の東池袋─飯田橋間と、飯田橋─市ヶ谷間、東西線の飯田橋─大手町間も「東京の川」平川とその支流の谷底を走る路線である。また都営新宿線の新宿三丁目─市ヶ谷間もかつての長延寺川の谷底を走るものであることを、つけ加えなければならない。

これに対して都営浅草線の浅草─人形町間は隅田川右岸の自然堤防を利用したもので、

地盤の良い部分をうまく選んで建設した例として挙げられる。

千代田線・都営新宿線・都営三田線でとりかこまれた本郷台地は、みごとにその等高線を浮かびあがらせている。

東京を流れた川の原形が、地下鉄路線のあり方で再現されるのは、中山道や甲州街道のような古い道路は、台地の尾根を通るが、近世都市江戸は、アヅミ族のように谷間に沿って内陸部に拡大したため、この時期の主な道路は中小河川に沿ってつけられたことによる。地下鉄は建設費節約のためその路線の大部分が公道の下を利用するが、それがかつての中小河川のあり方を再現していることがおもしろい。

江東地区の開発

ここで視角をかえて隅田川の左岸、つまり沿海運河地帯のその後の変化をみることにする。水都江戸—東京の発達史は、これまでなぜか隅田川左岸の江戸と右岸の江東地区を一体にして扱ってこなかった。隅田川を「江戸東京を代表する川」といいながら、その両岸相互の関係についてはほとんど無視されてきたといってよい。

そのためにここでは江戸全体の発達史の中で、江東地区がどのような役割を果したかという点を中心にみて行くことにする。

図15「江戸の沿海運河」および図19①〜③「江戸と江東」は、江戸の大動脈である沿海

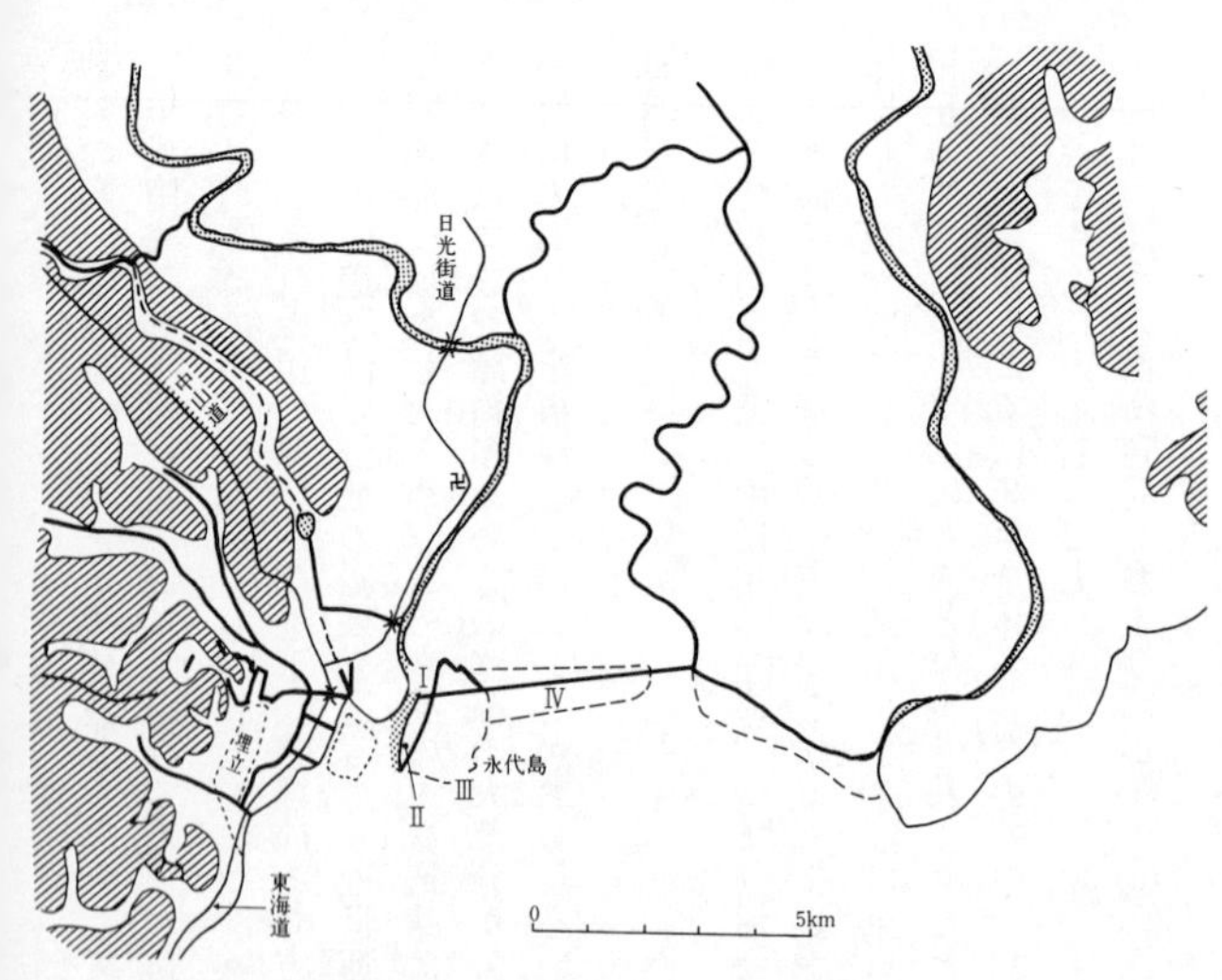

図19－①　江戸と江東

運河小名木川が、埋め立て（干拓）の結果、内陸運河化して行く過程をしめす図でもあり、水運都市江戸の全体図でもある。

図19－①のⅠの位置は深川の元町（現在の江東区常盤一～二丁目）である。家康は幕府を開いた慶長八年に、長吏弾左衛門の先祖の出身地と同じ摂津国（大阪府）から、深川八郎右衛門を指導者とする集団を招いて、隅田川左岸の自然堤防を足場にして、沿海運河小名木川の西端の部分を陸地化する工事を命じた。

この時点では前にみたように、江戸前島を中心とする江戸には、道三堀工事のほかほとんど手が加えられていない。これはいかに家康が小名木川水運を重要と考えていたかを物語ることでもあった。

当時の隅田川河口部の自然堤防の状況のあらましは、図20「隅田川河口の陸地」のような様子であった。江東地区側でみると自然堤防の上に北から本所・深川元町・深川猟師町などが、みごとに地形にしたがってつらなる。深川元町の東側の六間堀の線などは、当時の海岸線が埋め残されたものである。

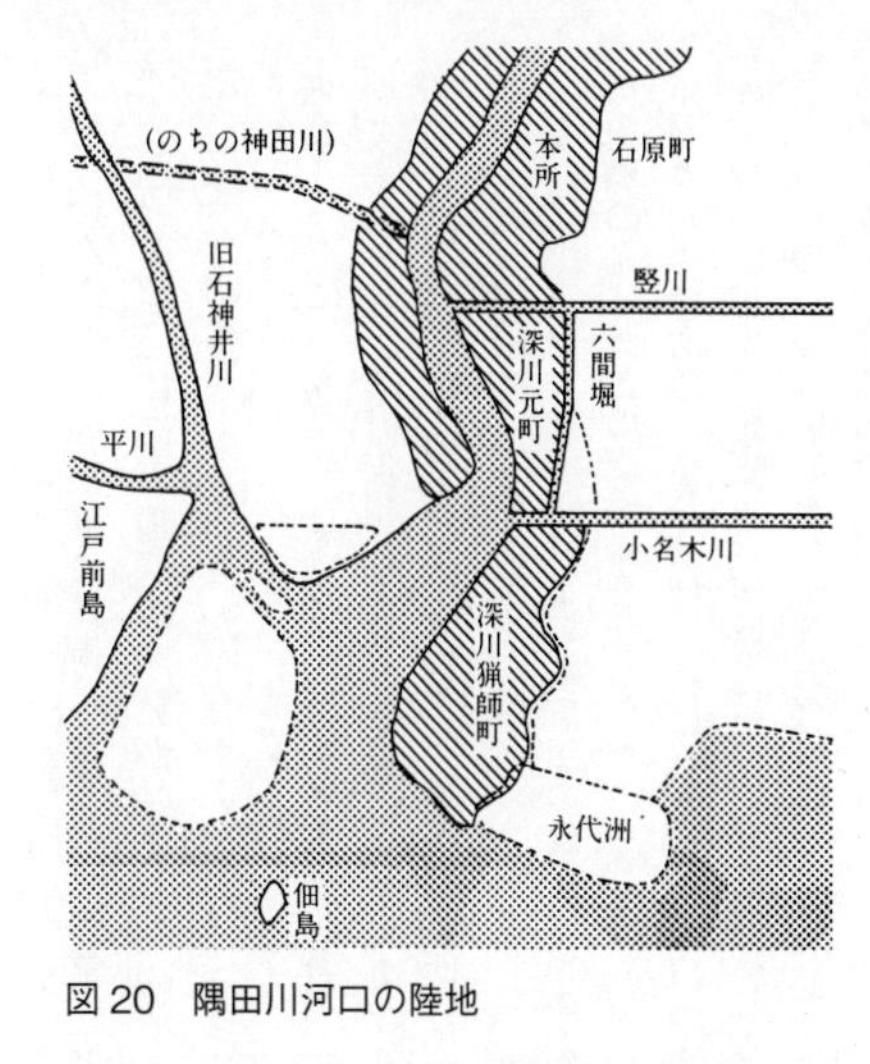

図20　隅田川河口の陸地

それよりもなお自然堤防の形がはっきりするのは、町割が不整形の場所が自然堤防の上であることを示し、埋立地はすべて京都の町割を思わせる形で整然としていることである。このことは自然堤防を足場に江東地区が埋め立てられていったことを、よくしめしている。

当時の深川付近は自然堤防の部分をのぞき、一面の砂洲であり満潮時には水没してしまう土地だった。そのため埋め立て＝干拓要員は、摂津国の大沖積地に住んだ人々の経験と技術によるのが得策だという判断が、深川氏の江戸移住であり、深川元町を原点に江東地区の開発が始まったのである（この深川の姓にちなむ行政区画名の「深川区」は昭和二十二年＝一九四七年まで続いていた）。

佃島——ここで初期の江東地区の開拓者集団以外の、隅田川河口に移住してきた人々の集団についてふれてみよう。深川氏が移住を命じられた九年後の慶長十七年（一六一二）に、またも摂津国佃（つくだ）村の森孫右衛門を引率者とする集団が、江戸に移住を命じられている。森氏は家康の江戸入りに従ってきたともいわれる。

これは上方の先進漁法による幕府用の鮮魚確保のためだったと伝えられているが、同時に、江戸前島の先住民との交替も意味しただろう。そして森グループが本格的に移住したのが慶長十七年だったのである。彼等ははじめは日本橋川河口つまり旧石神井川河口の小網町（こあみちょう）（中央区）に住み、やがて正保元年（一六四四）に、一見砂洲状にみえる「洲」の上に佃島を造成して、〝江戸前〟漁業の一つの中心をつくりあげている。そしてこの移住はまさに大坂冬の陣の〝直前〟といってもよい時期にあたる。

第二次開拓団

深川氏におくれること二六年目の寛永六年（一六二九）、幕府はまたもや江戸城の本格的工事と並行して、江東地区開拓団の第二陣を深川に投入した。場所は図19－①のⅡの所で、当時の公文書では「汐除堤之外　干潟之場所」という環境である。

この第二陣は八つの集団よりなるもので、のちにそれぞれの集団の引率者の名がそのまま町名になっているが、これを総称して深川猟師町と呼んだ。なお引率者のほとんどはのちに名主に任命されている。

深川猟師町の内訳

引率者の姓名	寛永期の町名	元禄八年（一六九五）に改称された町名	現在の町名
大館弥兵衛	弥兵衛町	清住町	清澄一・二・三丁目
福地次郎兵衛	次郎兵衛町	佐賀町	佐賀一・二丁目
松本藤左衛門	藤左衛門町	佐賀町	
相川新兵衛	新兵衛町	相川町	永代一・二丁目
熊井利左衛門	利左衛門町	熊井町	
諸（もろ）彦左衛門	彦左衛門町	諸（もろ）町	
福島助十郎	助十郎町	富吉町	
斎藤助右衛門	助右衛門町	黒江町	福住一・二丁目

深川猟師町は町とはいえ実際は漁村であり、天下普請のため何十万もの労務者が集まってきた江戸に鮮魚を供給する役割を与えられた。そして入植の翌年の寛永七年から、月に三回キス・セイゴなどを幕府へ納入することと、注文があればシジミ・ハマグリなどを納

め、七月十五日にはテナガエビ一〇〇尾の納入などを義務づけられていた。寛政四年（一七九二）よりこの現物納は金納に改められたが、この時点で干拓地は完全に都市化していたことがわかる。つまり彼らは漁民としての活動とともに、隅田川横断用の交通も受け持っていたわけで、江東地区の干拓事業の重要な面を分担していたのである。

また佐賀町の名の由来は、この地の風景が肥前佐賀に似ていたためといわれるように、佐賀ゆかりの集団も江戸に移住してきたことを推察させる。

永代島

第三次のものとしては、深川猟師町の成立とほぼ同時期に、猟師町の東側の砂洲（図19-①のⅢ永代島）を埋め立てた僧侶がいた。のちの永代寺の開基の長盛で、彼は「自力」で砂洲を陸地化した上で、それを幕府に献上してその代償として永代寺と富岡八幡宮建立の許可を得ている。

永代島は六万五〇八坪といわれるが、この造成は長盛一人でできるものではなく、やはり深川の先住二グループと同じく、舟持ちの集団が、江戸城側の大建設の残土を運んで造成したものである。

富岡八幡宮は寛永四年（一六二七）に京都の男山八幡から分祀したとも、鎌倉の鶴岡八幡にちなむともいわれるが、ともにその縁起や起立年代には確証がない。しかし深川氏が鎮守とした深川神明社（江東区森下町一丁目）とともに、江東地区の草わけの神様だったことには変りない。

深川は陸地化が進んだ江戸中期から、この富岡八幡門前を中心に、浅草とならぶ繁華街ができて、いわゆる「辰巳（たつみ）」風と呼ばれる独特な粋（いき）と侠（きゃん）の気風の町として知られるようになる。

海辺大工町から砂村まで

第四次の開拓は図19－①のⅣの位置で行われた。これは慶安年間（一六四八〜五一）に野口新兵衛を長とする集団で、小名木川南岸に海辺（うみべ）新田を干拓した。これはのちに海辺大工町に併合されて、小名木川南岸の河岸地になっている。

時代ははるかにくだるが、文政九年に一六年がかりで完成した幕府の編纂による地誌『御府内備考』の巻百二十一「深川之十一」には、元和末年から寛永始めのころ、深川海辺大工町が奥川船（おくかわぶね）が着岸する湊町を許可してほしいむね、代官伊奈備前守忠次究（ママ）に願い出て、その開設を許されたことが記されている。奥川船とは武蔵・野州（上野・下野）・常陸・下総方面、つまり関東地方全域の水系を経て、江戸にくる船を指したことばである。

海辺大工町に着いた奥川船は、そこで荷物をほどいて、江戸市中に送った。江戸へ配達する舟は艀（はしけ）が利用され、付近には茶舟稼（ちゃぶねかせぎ）や艀下宿渡世（はしけげしゅくとせい）（奥川船の乗組員の宿泊・娯楽施設と、小舟による〝宅配便〟業者）の町が成立したことを述べている。

このことは野口新兵衛の集団の海辺大工町の原形の干拓とは別に、深川元町に隣り合う自然堤防に、湊町がかなり早くから成立していたことを意味する。

　このように一見すると干拓の経過と湊町の成立の時点が合わないような史料が多いのだが、これは町の支配と農・漁民の支配機構がちがっていたためであった。そしてここでも承応三年（一六五四）から「奥州其外所々より参候商荷物」に河岸の運上金（営業税）がかけられるようになる。

　第五次は図19－②のⅤの場所に明暦三年（一六五七）から干拓された大嶋町（現在は大島一～九丁目）である。この地区は小名木川の北側の低湿地に島状の自然堤防があった場所を陸化したものである。この大嶋はさきの「正倉院文書」の大嶋郷の系譜をひく地名だろうという推定もある。

　第六次は万治二年（一六五九）に、三浦半島の久里浜から移住した砂川氏によって干拓が行なわれた。はじめ砂川の姓にちなむ砂村がやがて砂町となり、現在の北砂・東砂・南砂一帯にひろがっていくのだが、その埋め立ての材料は江戸のゴミが中心だった。これは砂村に限らず、江東地区の大部分がゴミによって埋め立てられている。もっともゴミといっても現在のような産業廃棄物などではなく、時間がたてば土壌そのものになるような性格のゴミであった。

　それよりもこの時代でも久里浜と江戸間に、ある程度の人の交流があったことが察せら

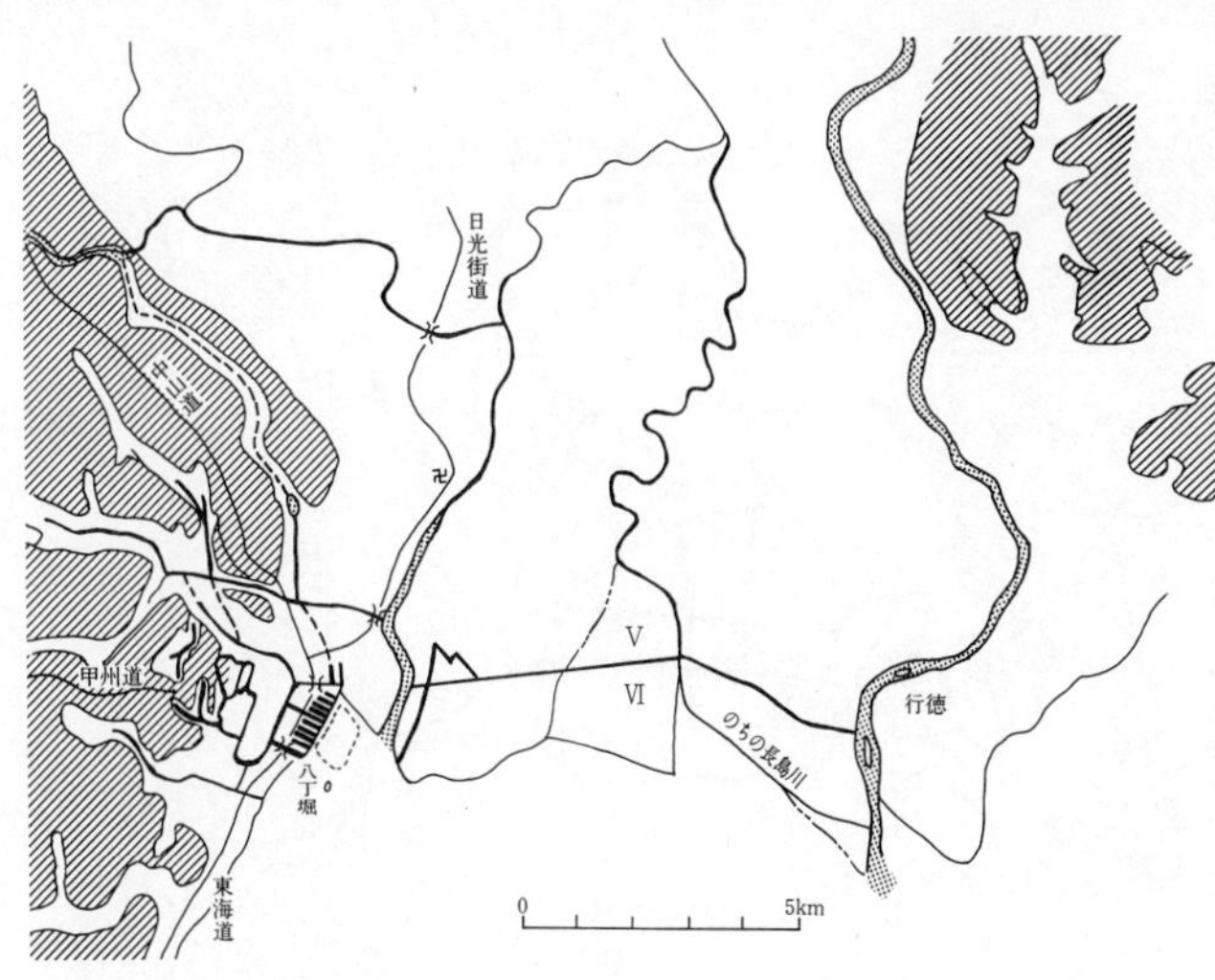

図19-② 江戸と江東

れることの方が興味深い（図19-②のⅥ）。

このような江東地区の都市化の土台づくりが、終始〝民営〟ないし〝民間活力利用〟の形で行なわれたことも、また大きな特徴だった。しかし砂川氏の入植の翌年の万治三年（一六六〇）に、幕府は直営の形で江東地区の都市基盤づくりを実施している。それが図19-③にみるような小名木川に平行する竪川および北十間川と、それに直交する大横川と横十間川の開削だった。このタテとヨコの運河網は、江戸から放射状にあるものを竪川と呼び、江戸に対して平行するものを横川と呼んでいる。現在の道路の放射何号線、環状何号

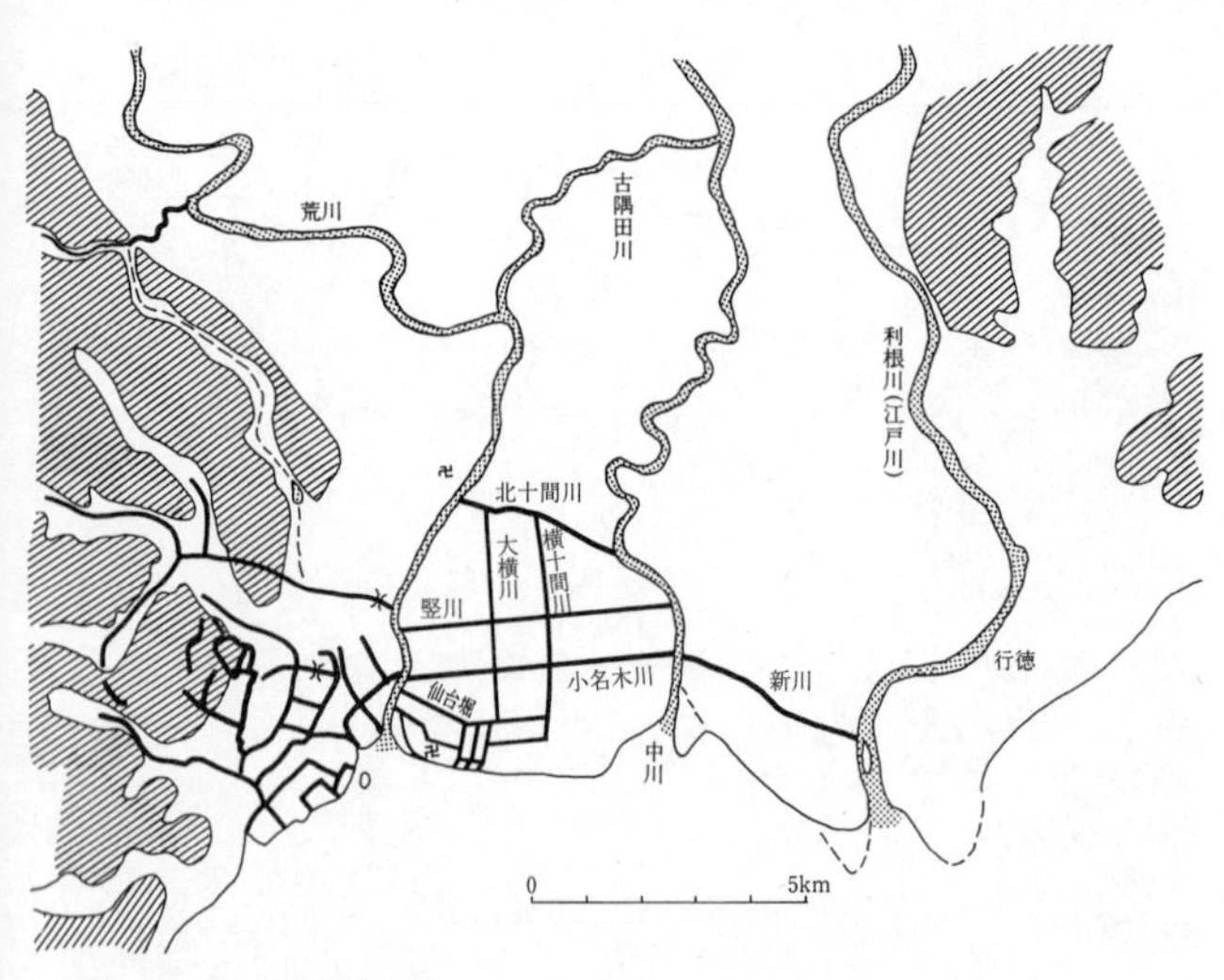

図19－③　江戸と江東

線と呼ぶ原形がここに見られる。このような運河網の建設は、江戸と江東地区との関係でつくられたものではなく、東北日本各地と江戸を結びつける大動脈として計画・実現したものであった。江戸が大江戸になる過程は都市計画史の論者が根拠にする、「四神相応説」や「の」の字型都市発展プランに従って建設されたものではなかったのである。

四神相応説——中国・朝鮮から輸入された古代からの「首都」の立地上の理念。四神とは玄武(げんぶ)＝方位は北、象徴する動物は亀。朱雀(しゆじやく)＝南、雀ではない鳳(おおとり)のような鳥。青竜(せいりゆう)＝東、竜。白虎(びやつこ)＝西、虎。以上いずれも想像上の動物として描かれる場合が大部分である。

これを江戸都市計画にあてはめた典拠は、恐らく享保十年（一七二五）前後に成立したと考えられる『柳営秘鑑』（菊池弥門著）であって、その中に「凡此江戸城、天下の城の格に叶ひ、其土地は四神相応に相叶ゑり。云々」という文句がある。しかしその文章の四神の方位と、江戸城を中心とした各所の実際の方位や、その相互関係もかなり誤りがあるものである（なお菊池弥門は『柳営婦女伝系』も書いている）。ともあれ建設期の江戸の実情にはふれずに、江戸城をひたすら〝めでたい〟存在として書いているのがこの『柳営秘鑑』の「四神相応説」のくだりである。

「内川廻し（うちかわまわし）」と奥川筋

ここで図19-③にみるような江戸の水運都市化に対応させて、ひろく東北日本から関東地方にかけての水運状況をみてみよう。

すでにⅠ章の「東廻り航路」の項でみたように、津軽海峡—三陸沖—沿海運河群—鹿島灘北端の那珂湊にいたる航路の原形は、かなり以前からあった。しかし江戸に幕府が開かれるまでは、江戸からも東北日本側からも相互に継続的に交流する必要性がなかったため、海運航路としては成立しなかった。

東廻り海運が必要になったのは、慶長八年以後、江戸が「中央」となり、東北日本はじめ全土がその「地方」になったためだった。より具体的にいえば、江戸建設のための苛酷な天下普請が発令され、その御手伝いのための輸送手段として、東北日本の諸藩が整備を続けて成立させたものが、東廻り航路だった。

江戸が図19-①のような状況になった時と、ほぼ同じ時期の元和七~八年(一六二一~二二)に、南部藩は四隻の江戸向き廻船を建造している(慶安二年=一六四九にも三〇〇石積みと五〇〇石積みの廻船を藩営で建造している)。

ついで元和九年(一六二三)には伊達政宗は家臣の川村孫兵衛重吉に、あの沿海運河の起点として、北上川を流路変更して石巻につけかえさせる工事を命じ、寛永三年には竣工させている。以下貞山堀の完成まで、仙台藩の工事は、江戸での御手伝普請と並行して延々と続けられた。

また津軽藩でも寛永二年(一六二五)に、江戸廻船用の港として青森を開港している。この三例に限らず東北日本の諸藩の江戸と直結する交通路づくりは、共通するものであった。

これらの東廻り航路の海上の終着地は那珂湊であり、正保年中(一六四四~四七)になってから、銚子湊も利用されはじめる。この二つの湊に寄らずにそのまま、房総半島をまわって東京湾に入るコースは、再三くりかえすように、非常に高い危険性と、風待ち日数がかかりすぎて、定期性を生命とする廻船航路には不向きだった。

内川廻(うちかわまわ)しとはこうした危険で不便なコースをとらず、那珂湊または銚子湊から川舟に切りかえて、関東地方の内陸部の水路を経て江戸にいたる水運を指したものである。
これは実はさきの深川海辺大工町のところでみた「奥川筋」と同じであることは説明するまでもない。同じ事柄でも江戸を中心にして表現すると「奥川船」または「奥川筋」、東廻り廻船側からいえば「内川廻し」と呼ばれたものである。

以下、東廻り廻船側に立って「内川廻し」の成立の過程を見てゆくと、その最初の形は図21「内川廻しの起点部」にみるように、那珂湊から涸沼（ひぬま）の西端の海老沢まで舟を利用し、海老沢から陸路を鉾田にいたり北浦にでるコースと、同じく海老沢から上吉影を経て小川にいたり、霞ヶ浦にでるコースの二つがあった。それ以後は広大な小貝川・鬼怒川・常陸川などが流入する入海状になった流域から、もっとも江戸に寄った常陸川の川筋に入り、のちにのべる関東を二分する台地を陸送（主として駄馬輸送）で横切って、江戸川に出て江戸に向かったのである。

つぎにのべる利根川の瀬替えが実現するまでは、地元の水戸藩はじめ那珂湊までできた諸藩の江戸行き貨物は、多少の違いはあってもほとんどがこのコースを利用した。その輸送状況はこの初期の内川廻しが始まった元和末年から寛永初年（一六二〇〜二六）ころからの諸藩の記録に具体的に書かれているものが多く残っている。

また図21「内川廻しの起点部」の中の巴川（ともえがわ）運河は、内川廻しが始まってから約三十年後の慶安四年（一六五一）に、磐城平藩内藤氏の家臣の今村仁兵衛が、巴川中流部の下吉影

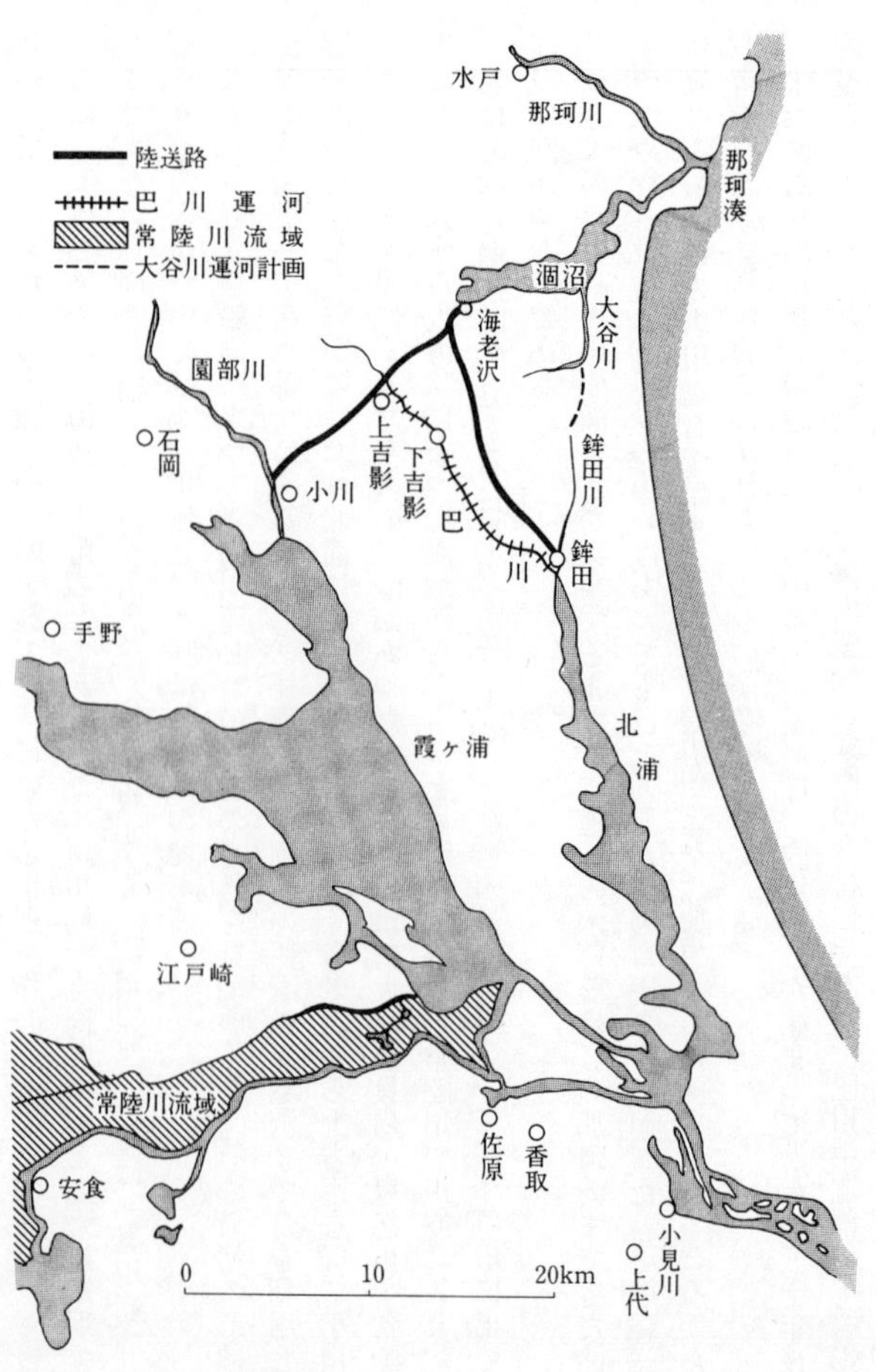

図21　内川廻しの起点部

村から、河口の串挽（鉾田）までを運河化したものである。それは巴川の水量不足を補うために、下吉影に水門をつくりその放流と共に舟を運行させるという、いわゆる貯水式運河であり、この運河により陸上輸送の距離が半分になったためにおおいに利用された。

地元の水戸藩ではこの運河の完成前の寛永十二年に、他藩と競合しない涸沼―小川間の専用のルートを開発して使っていたが、巴川運河開通後はこれを廃止して全面的に巴川運河に切りかえている。そして明暦元年（一六五五）からは、海老沢に関所を設けて他藩の通過貨物に「津役（つやく）」（通行税）をかけてもいる。

時代は江戸中期になるが、海老沢―下吉影間の陸路を短縮しようとする試みは何回かあって、いまもわずかにその名残りのこるものには宝永五年（一七〇八）に開削された勘十郎堀、享保年代（一七一六～三五）に計画された大谷川運河などもあったが、いずれも実用化されないままにおわっている。

利根川の瀬替（せが）え

元和七年（一六二一）に幕府は利根川を常陸川の川筋に流入させる、いわゆる利根川の瀬替え工事に着手した。これはこれまでにたびたびふれてきた、関東地方の中央で、利根川水系と鬼怒川・小貝川および常陸川水系の分水嶺でもある細長い台地を水路で横断させるものだった（図10参照）。

この関宿（千葉県）から南にのびて流山市と柏市を結ぶ線までの、比高もわずかで、幅もわずかな台地は、関東地方の水運―内川廻しの最大の障害であった。

おそらくは古代末の将門の時代から、そして中世にも絶えずこの台地の克服が試みられてきた。そしてある時期にはたとえば前項の巴川運河のような水路も工夫された形跡がある。

もちろん文書にも遺跡にも見られないことだが、間接的には横断できたことを推察できる事柄もいくつかある。

それはⅣ章の「香取の領域」の中にもあり、また関東が家康の領土になってからの時点でもみられる。

その一例として『松平家忠日記』――ふつう『家忠日記』と呼ばれる、初期の江戸の状況もよく伝える日記があるが、その中に天正二十年（一五九二）に家忠が武蔵の忍（おし）（埼玉県行田市）から下総上代（かじろ）（千葉県小見川（おみかわ）町）に領地がえをされた時の行動記録に、この台地を「川舟で横断した」という意味の箇所がある。そして小見川に上陸して上代に入るのだが、以後の日記でも小見川から江戸に米を送らせている記事があって、小規模ながら水運――といっても全部が水路ではない――が通じていたことを思わせる。

さらに上代自体が中世に六浦にあった称名寺領だったという条件もあって、小見川で代表される東関東の大水郷地帯は、関東の水系を二分するこの障害を、案外早くから克服して埼玉平野・東京下町低地を経て六浦に連絡していたものと考えられる。内川廻しという発想は、こうした先人の工夫と実績の上に生じたものだった。

さらにつけ加えると元和二年（一六一六）に家康が死に、その翌年に日光に柩が納められ、以後日光東照宮造営のための壮大な御手伝普請が発令される。東照宮造営のおびただしい資材と人員の輸送は、西関東流域にある渡良瀬川と、東関東流域の鬼怒川の舟運が利用されたことは、多くの証拠で認められている。とくに造営根拠地の今市は明らかに鬼怒川流域に属することを考えると、元和七年に始められた利根川の瀬替え以前に、関東中央部の細長い台地を横断する水路があったとしても不自然ではなかろう。

また幕府の公式記録である『徳川実紀』の中の「大猷院殿御実紀」（家光の記録）の寛永八年（一六三一）三月〜四月の項に「この春、大御所（秀忠のこと）は阿部四郎五郎正之に、七月から下総小金の野山を掘り割り、下総・常陸・下野・陸奥より江戸に運漕できる水路を開くことを命じたが、秀忠が病気になったため中止になった」ことが記録されている。

初期の日光東照宮――元和二年四月十七日に家康が没すると、すぐに社殿の造営がはじまり、翌三年三月に初期の社殿が完成する。四月十七日に正遷宮があり秀忠が社参した。その後三回忌・七回忌にも社参している。この初期の造営工事の時期に開発された鬼怒川流域の河岸の成立状況をみると、元和七年（一六二一）には板戸河岸・柳林河岸ができ、寛永五年（一六二八）には阿久津河岸、翌年には道場河岸などが続々とできている。鬼怒川水運は会津盆地に通じ、会津盆地は日本海に通じる。ここにも日本海と関東平野を結ぶ通商路があったわけで、直接的には日光造営を機会に、鬼怒川沿岸の船着場が流通基地としての河岸に変化していく姿がうかがわれる。現在の壮麗な東照宮の社殿は、三代将軍家光の強い意向で完成したもので、これは寛永十一年十一月から同十三年四月までかかっているが、この時期には利根川の瀬替え（流路変更）によって、江戸と鬼怒川が水運で結ばれるようになった。利根川の瀬替えの重要な目的は東照宮造営のためだったとも考えられる。

この利根川の瀬替え＝流路変更については、江戸時代から現在までつねに土木技術史上の興味の中心におかれ、多くの議論がたたかわせられている。しかしここでは『利根川図志』（赤松宗旦著、安政二年＝一八五五刊）から、瀬替えされた部分の記述を紹介してみよう。

〔利根川を上中下の三利根川に分類したのち〕

この下分れて二川と為る。其の北なる者は赤堀川、関宿に至り再分れ、一は逆川と為り平時は南して江戸川に入る（大水の時はこれに反す）。一は利根川の本流を為し東流して絹川、蚕養川を幷す。これを中利根川といふ。凡十六里有奇。その南なる者は権現堂川、関宿に至り逆川を容れ南して江戸川と為り、堀江に至りて海に入る。

とある（図22参照）。

なぜ関宿付近の台地を掘り割って「赤堀川」と「権現堂川」をつくったかといえば、そ

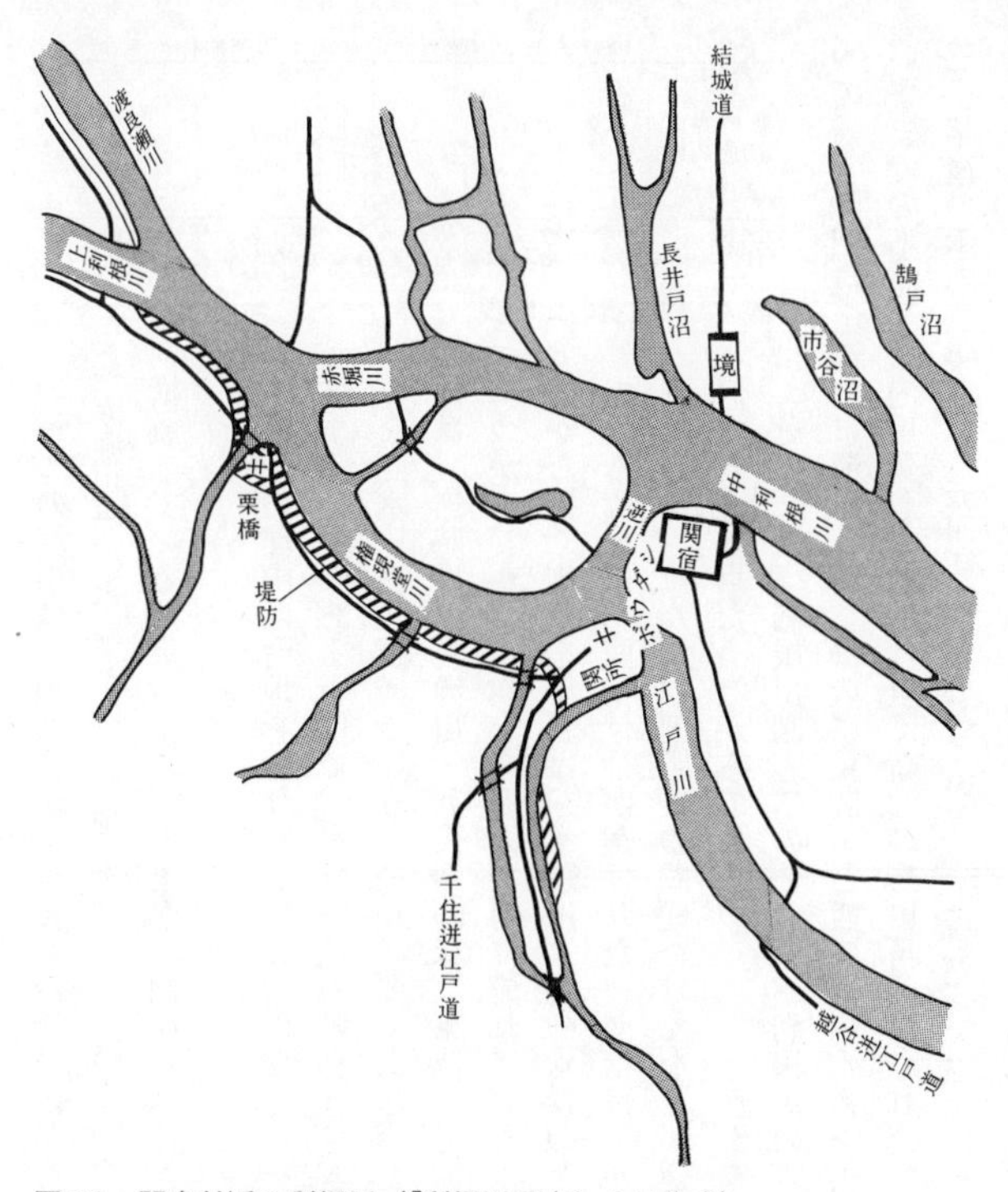

図22　関宿付近の利根川（『利根川図志』より作成）
この図は川筋と街道などは原著のままで、ほかの地名の大部分は、省略してある。

の第一の理由はこの部分がもっとも台地の幅が狭かったためである。「赤堀川」の赤堀とは、台地を掘って水路をつくった時、その台地を構成している関東ローム＝赤土が、両岸にみえたことを形容した命名だった。

第二の理由は台地を掘り割るだけではなく、そこに十分な水量を確保する必要があるわけで、水量不足の場合はさきにみた巴川運河のような貯水放流式運河という工夫が必要である。ところが関宿付近の台地は、当時は渡良瀬川・利根川がほぼ東流して、関宿は付近の台地にぶつかってから、向きを変えて南に流れていたため、このぶつかる地点から掘り割りをすれば、常陸川上流の水量のとぼしさを補うことができるために、関宿付近が選ばれた。関宿付近が瀬替えの場所に選ばれたのは、たんに掘削距離の問題だけでなく、運河に必要な水量を確保できる地点だったからである。

その結果『利根川図志』のとおり、利根川の水の半分は赤堀川によって、常陸川最上流部に流れこみ、ついに東関東と西関東の水系を結ぶ運河が成立して、いままでの不完全な内川廻しルートは全く新しい形に再開発された。その時点は起工より三三年後の承応三年（一六五四）におよぶという大工事だった。

1頭のウマの背または1頭立ての荷馬車の運搬標準重量

背積み		1/8トン
荷馬車	土道	5/8トン
	マカダム道路	2トン
鉄道荷馬車		8トン
はしけ	河川	30トン
	運河	50トン

注1：この章の筆者はA・W・スケンプトン、平嶋政治訳
注2：マカダム道路とは砕石を敷きかためた舗装道路のこと

表4　輸送量の比較表

その結果、水運経路は大幅に延長されたが、途中で陸上輸送に切りかえなくてもよくなったため、輸送量は飛躍的に増大して、大江戸の発達の決定的な要因になったのである。これは英国の産業革命初期の、いわゆる〝運河狂時代〟にさきだつこと約一世紀、ヨーロッパの運河時代よりも約二世紀も前のことだった。

――ちょうどそのころの西欧の運河事情の手頃な参考書として『技術の歴史』(チャールズ・シンガー他三名編、邦訳代表平田寛他四名、筑摩書房　昭和三十八年刊)があるが、同書の第六巻第一七章「一七五〇年以前の運河と河川の航行」の中に、馬(鉄道荷馬車をふくむ)と、はしけの輸送量の比較表がある。この表のような状況は日本の場合とも大差がないと考えるので、つぎに引用する(表4)。

なお第八巻(産業革命下)の第一八章「運河」にも、十八〜十九世紀の英国の運河事情がくわしいことを付記しておく。

防災か水運か

利根川の瀬替えの理由については、これまで主に土木技術史の分野での結論は、江戸を洪水から守るためだったというものが主流になっている。

しかし江戸東京の災害記録を網羅してある『東京市史稿』変災篇(東京市役所刊)はじめ多くの災害記録をみると、利根川の洪水で江戸東京が影響を受けたのは、承応三年以後から数えると宝永元年（一七〇四）、寛保二年（一七四二）、天明六年（一七八六）、享和二年（一八〇二）、弘化三年（一八四六）、明治二十九年（一八九六）、明治四十三年（一九一〇）、昭和二十二年（一九四七）の洪水くらいのもので、この災害列島で三三四年間にわずか八回しか影響がなかった。その影響も江東地区の床下浸水程度で、隅田川をへだてた東京都心部はほとんど影響がみられないといってよい（昭和二十二年のキャスリーン台風で栗橋の堤防が切れた時は、江戸川区の面積の約六〇％が床上浸水の被害を受けているが、他地区ではあまり被害を受けなかった）。

これは瀬替えの効果がそれだけ大きかったともいえるが、地形の条件からいって本来は利根川の洪水は江戸東京を直撃することはないのだともいえる。

江戸東京の洪水の原因の中で、大きな被害を与える順でいうと、武蔵野台地上の集中豪雨による〝中小河川〟の氾濫、台風にともなう高潮、荒川（入間川）の氾濫という順に被害が現われている。そして高潮と集中豪雨が重なった場合には、さらに大きな被害をもたらしているが、利根川の洪水の影響はあまりないのである。

このような事情をみて行くと、利根川の瀬替えの目的は江戸の洪水防止のためではなく、あくまで中世以来の悲願ともいうべき、内川廻しコースの確立にあったとみてよい。

ここでひとつの〝災害原論〟を紹介しよう。それは江戸市街成立期の代表的地誌である『落穂集追加』（大道寺友山著、一七二七年刊）の中の「洪水の噂の事」という記事である。

原文は問答体の候文なので要旨を書くと、
まず〔乱世には洪水は稀であり、平和時に限って洪水が多い理由は？〕という問に答えて、〔乱世の農民はたとえ「本田畑」でも、耕作条件の悪い場所は「捨て荒す」。つまり戦時には農耕の主力の農民は徴用されるため、労働力の不足をもたらす。

このため「程遠き畑、山など」の農耕が放棄されるために、「山畑は不毛となり、野田は一面の草野」になるから、たとえ大雨があっても「暫く（しばら）は草木の枝葉に雨を受留めてから河水に落入」るので水が河川に流れる時間が遅くなるために洪水が少ない〕という。

逆に平和時には〔農村人口の増加や貢租の取立て法が整備されるため「山をきりひらき」「裾野に芝をひらきては野畑」をつくるという具合に開墾や耕作に精をだす。

当然の結果として少しの雨でも「山野の土砂流れ出、河水に落入り」「連々と川底埋りて水浅く川幅広く流れ」「堤川除（つつみかわよけ）の破損も繁々」になるといい、そのため平和時に洪水が多くなる〕といっている。

この二五〇年前の対話の中に、地形学の教科書どおりの説明に加えて、主体としての社会と、その環境としての河川との相互関係が、あますところなく語られている。さきの都内の中小河川の谷地田・クボ・サワなどの「棄て荒され」た低地に、人間が進出して災害をまねいている事情なども、〝お見通し（みとお）〟だったのである。

また昭和二十二年の利根川洪水で、すでに都市化を始めていた江戸川区内で、「床上浸水約二万戸、床下浸水約一万五〇〇戸」という、水田冠水面積をさしおいて家屋の床上・床下浸水という被害の分類でもわかるように、水害と都市化は表裏の関係にあることをよく表現している。なおつけ加えればこの時の被害家屋は、『昭和二十二年東京都水災誌』（東京都、昭和二十六年刊）の中の「利根川及荒川洪水の進行状況図」および「桜堤洪水域浸水ノ深サ」図などをみると、古代以来の〝多島海〟を再現した状況をしめし、被害は自然堤防からはみだした部分、つまり都市化した部分に集中したことがわかる。

人間社会が沖積地や河原に進出して、農耕地や都市をつくらなければ、どんな大洪水でも災害にはなり得ない。たとえ日本列島が沈没しても、それが無人島だったらたんなる自然現象であって災害とは呼ばない。したがって災害は人間社会が自然にかかわりを持った程度に応じて生じるものだということを、『落穂集追加』の「洪水の噂の事」はよく物語っている。

このことは現在でもいえることであって、近代科学の進歩や成果を否定する意味ではなく、大自然を征服する形の大建設は、それがいかに現時点で科学的・技術的に最高のものであっても、その水準に比例した大災害が起り得る可能性を持つ。地球は人間のために出来たものではないからである。

Ⅷ　大江戸と東京

江戸の都市化

約七十年におよぶ近世都市江戸の建設は、主に江戸前島を中心にして行なわれた。それはこれまでの東廻り廻船航路・内川廻し、そして上方との菱垣(ひがき)廻船・樽廻船航路で結ばれた、日本列島規模の流通網の一環として実現したものにほかならない。

このことをふまえた上で、ここでは江戸それ自体、とくに江戸前島の形と住民の都市化の経過に限って見ていくことにする。

江戸前島については、これまで図14「家康入城当時の江戸」はじめ、図18－①～③の江戸の原地形を復原した図をもとにはなしを進めてきたが、ここではあえて建設期と同時代の地図である『武州豊嶋郡江戸庄図』（以下「寛永図」と呼ぶ）によって、その変遷をみることにする。

「寛永図」は信頼のおける江戸図の内では最古の部類に入り、江戸時代から現在まで非常に多くの考証が行なわれた結果、その内容は寛永九年（一六三二）当時のものとされ、そのために「寛永図」と呼ばれる。この図はさきの『江戸図の歴史』では、〝寛永描画図群〟と分類されているように、深川元町辺の上空から鳥瞰した形で、江戸前島を中心にした江戸が描かれているものである（図23「武州豊嶋郡江戸庄図（寛永図）」参照）。

この「寛永図」から江戸の原形を再現したのが図24－Ⓐである。中央に本郷台地の延長部が浸蝕されて低地になった江戸前島、その西（図では上）に現在の皇居外苑・日比谷公園・新橋にかけて日比谷入江があり、その入江には汐留川・桜田濠川・二重橋川・局沢（つぼねさわ）から流れ出る千鳥ヶ渕川および平川・小石川が流入していた。江戸城の内濠はすべてこのような小河川の谷を利用したことはいうまでもない。

この河口と河口の間がおおむね一つの村であり、現在の霞が関が桜田村、西丸台地は祝田村（祝田橋交差点にその名が残る）、二重橋と坂下門の間は宝田村、大手門付近は千代田村、平川ぞいに上平川村・下平川村があった。

江戸前島側では気象庁辺も千代田村、大手門前に将門の首塚、和田倉門から日比谷公園までの海岸に沿って老月（ろうげつ）村、日比谷村があった。ここがやがて八代洲河岸になったのである。江戸前島東岸の海岸線（図では下側）は図のように、旧三十間堀川＝楓川の線であり、江戸橋付近には石神井川の河口があり、多くの砂洲があった。この河口に面して尼店（あまだな）、つ

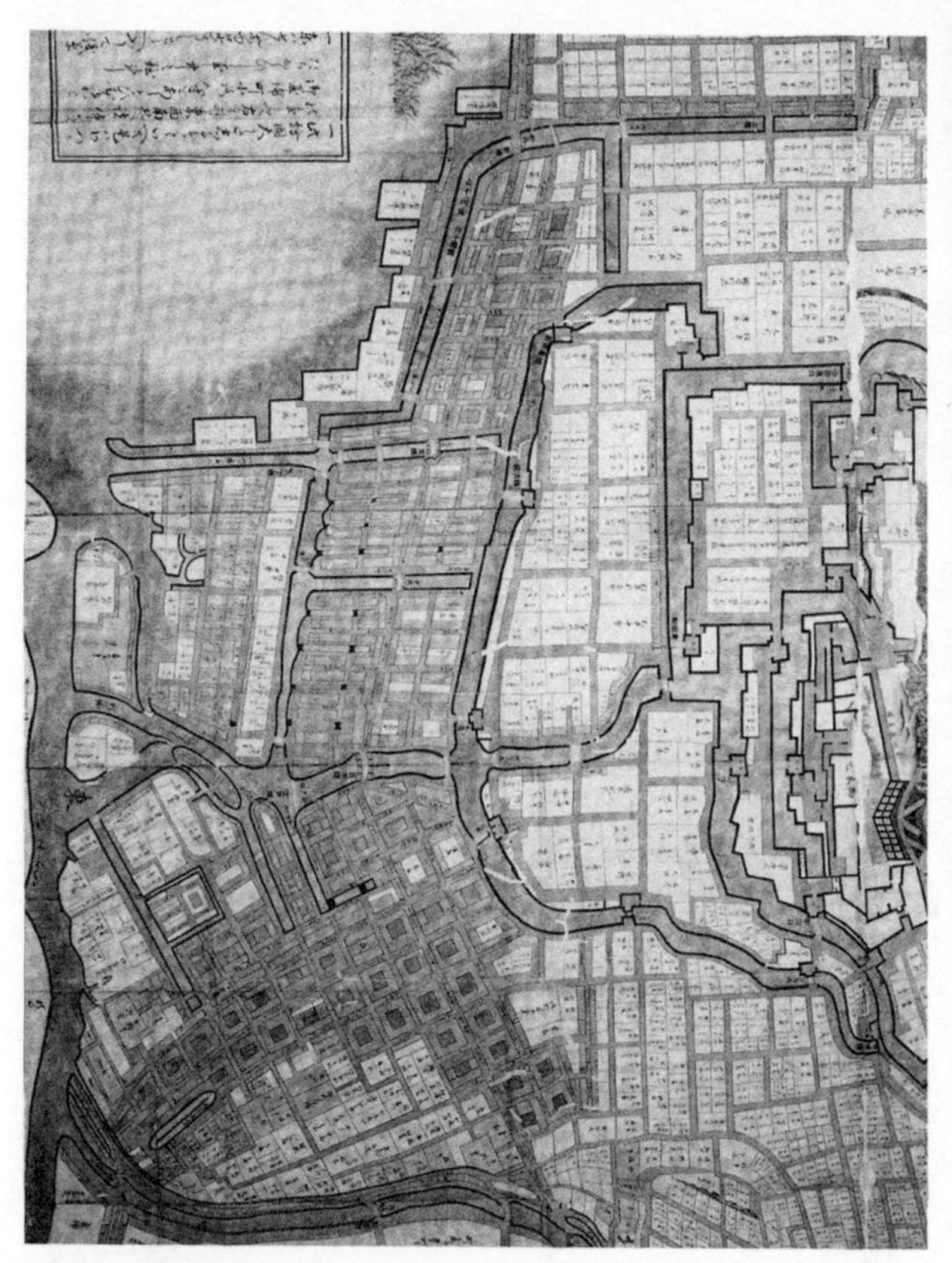

図23　武州豊嶋郡江戸庄図（寛永図）部分

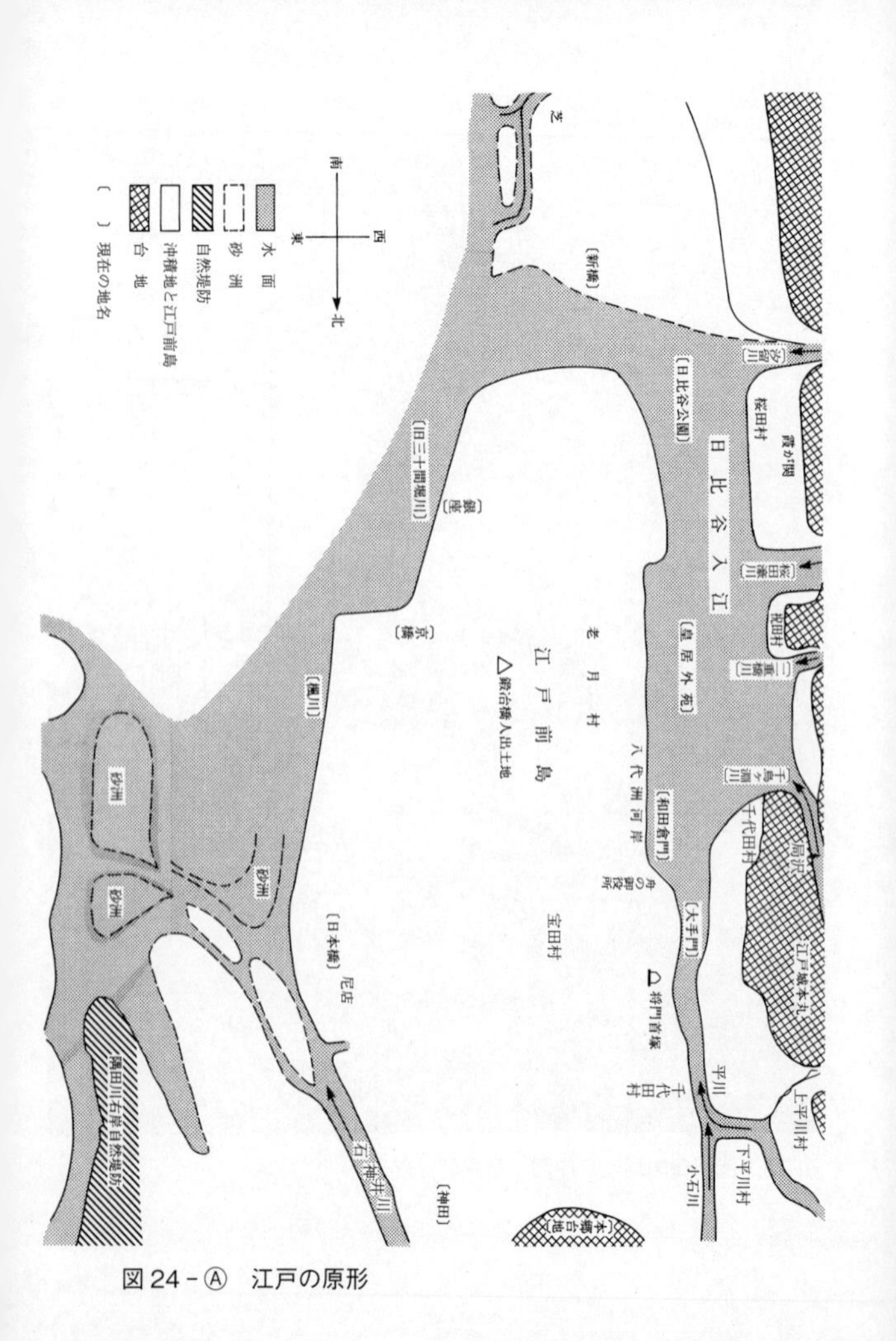

芝
〔新橋〕
汐留川
桜田村
霞が関
〔日比谷公園〕
日比谷入江
桜田濠川
〔旧三十間堀川〕
〔銀座〕
祝田村
二重橋川
〔皇居外苑〕
〔京橋〕
老月村
江戸前島
△鍛冶橋人出土地
千鳥ヶ淵川
千代田村
局沢
八代洲河岸
〔和田倉門〕
舟の御役所
宝田村
〔大手門〕
江戸城本丸
△将門首塚
〔楓川〕
砂洲
砂洲
砂洲
〔日本橋〕
尼店
平川
上平川村
千代田村
下平川村
小石川
石神井川
〔神田〕
本郷台地
隅田川右岸自然堤防
西
東
南
北
水面
砂洲
自然堤防
沖積地と江戸前島
台地
〔　〕現在の地名

図24-Ⓐ　江戸の原形

まり円覚寺領時代の寺務所があったのである。

これが慶長八年の幕府開設当時になると、図24－Ⓑ「慶長八年ごろの江戸」にみるように大幅に変化する。

その最大のものは、前にのべたように日比谷入江に流入していた平川・小石川の河流を、現在の日本橋川の線につけかえたことである。これは家康入国直後に掘られた沿海運河小名木川の延長水路である道三堀の途中に、平川を合流させたことを意味する。図の※印の例の銭瓶橋の東側がその合流点にほかならない。

こうして日比谷入江の水源を断った上で、日比谷入江を埋め立てていった。もちろん一度に埋め立てたのではなく、江戸城築城の資材を入江の水面から、前図でみたいくつかの小河川の谷間を利用して、台地内部に運びこみ、その部分が完成すると、谷をダムで締め切って濠にしていった。広大な江戸城の濠の形をみると、かつての日比谷入江をめぐる濠以外は、内濠・外濠ともにその水面の形は、周囲の等高線にそった形をしているのは、谷口を締め切って水をためて濠にしたことを物語っている。

それに対して日比谷入江沿岸――具体的にいえば和田倉門から日比谷交差点までと、そこから直角に西の桜田門まで続く濠の形は、直線で構成されている。これは日比谷入江の東岸部を濠として残して、入江の中央部の西丸下（現皇居外苑）を埋め立てたもので、他の曲線で囲まれた濠とは成因がちがう。そしてこの直線の濠は同時に城内の武蔵野台地か

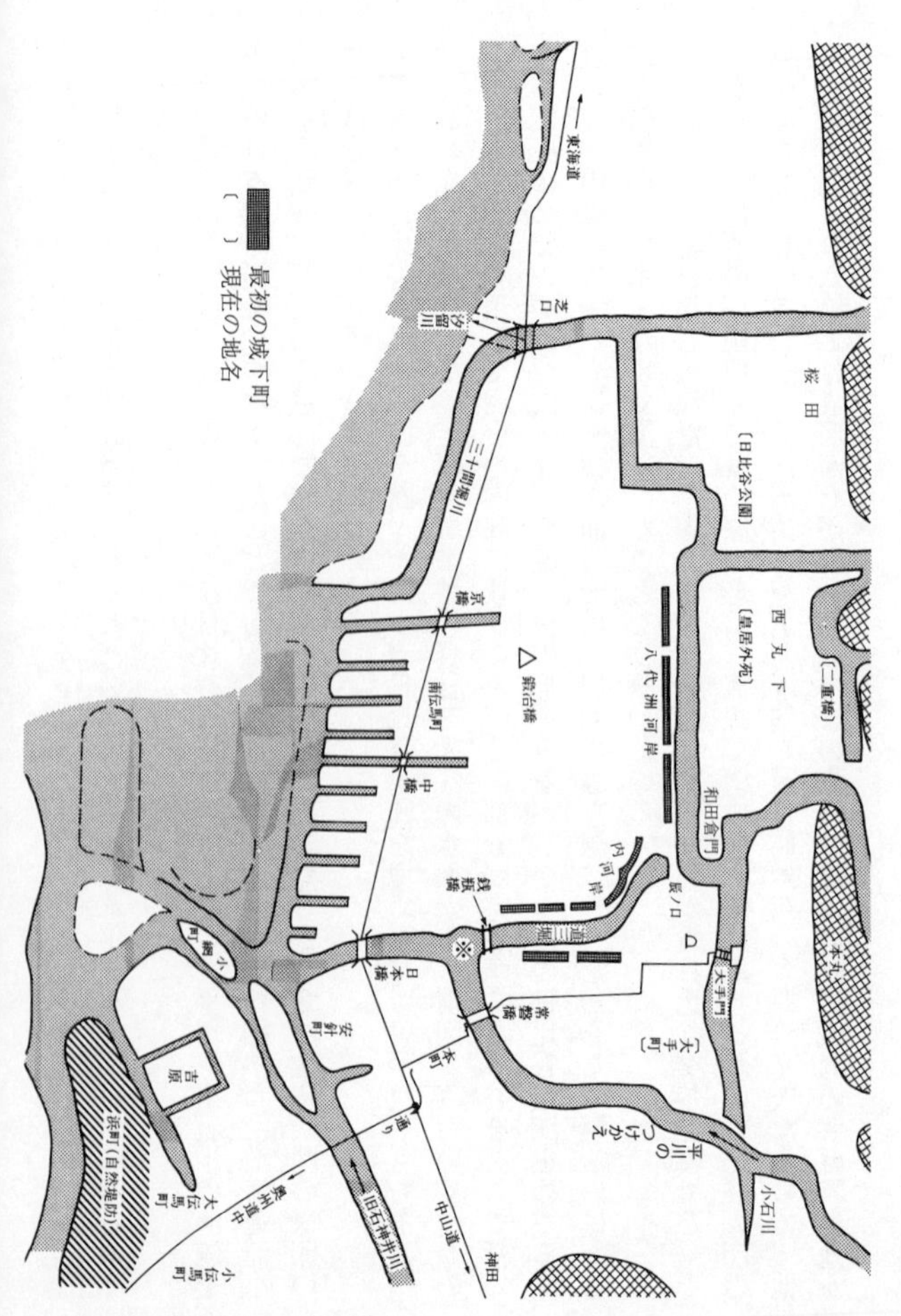

図24-Ⓑ　慶長8年ごろの江戸

らの小河川の排水路にも利用された。

こうして日比谷入江は現在の地名でいうと皇居外苑・桜田（日比谷公園・内幸町・新橋）の範囲で陸地化していった。この陸地化の土は大部分が江戸築城のさいの「残土」だったことはいうまでもない。

宅地造成と町の移転

当時の桜田、現在の霞が関一帯は日本の中央官庁地区として知られる。このような官庁街が成立した遠因は、この日比谷入江の埋め立てにあった。すなわち御手伝普請に従事した大名たちは、その屋敷の用地を自分で造成しなければならなかった。天下普請と並行して自分用の宅地を得るには、日比谷入江の埋め立てに便乗するほかはなく、有力大名は争って霞が関から新橋までの入海を干拓して、大名屋敷をつくった。この大名屋敷地帯は明治まで続き、明治維新後は政府がすべて接収して、官庁と兵営と練兵場に転用した。それがそのまま現在みられるような国政センター成立の原因になったのである。

その反面、幕府は直接の家来である旗本たちには、あまり宅地造成の手間も費用もいらない武蔵野台地の上に、彼等の住宅地を割り当てている。霞が関に続く永田町、番町そして駿河台などがそれである。

日比谷入江の沿岸にいた〝江戸原住民〟の村は、内河岸（うちがし）または内町（うちまち）といわれた。日比谷入江の埋め立ての結果、半分が江戸前島に、半分は芝に移転させられた。千代田村・宝田村はいまも日本橋に町名が残る大伝馬町と小伝馬町に、祝田村は現在の日本橋三丁目辺に南伝馬町として移されている。

そして道三堀の両岸にはこれらの〝原住民〟を追い払う勢いで、伊勢商人が移住して「一町ことごとく伊勢屋」（『落穂集追加』）の屋号でしめられるほどの移住があった。慶長八年以後になると主要な町人居住地はほとんど江戸前島に集中するようになり、近江商人も伊勢商人とならんで進出するようになった。このような商人誘致政策は幕府の江戸経営の大きな柱でもあった。

家康の砲術顧問のヤン・ヨーステンに八代洲河岸が与えられるまでの江戸前島西岸には、内町とも呼ばれた老月村という集落があったが、日比谷入江の埋め立てにより、老月村は分解して寛永五年（一六二八）には新肴町・疊町・弥左衛門町・新右衛門町となって江戸前島の京橋地区（大部分が現在の京橋と銀座）に移転させられている。老月村の残る半分は芝に移され、露月町・日比谷町などと名を変えていて、ここでも円覚寺領だった江戸前島の〝原住民〟の入れかえが行なわれていたことがうかがえる。

図24-Ⓒで江戸前島の東北のもう一つの〝江の戸〟であった旧石神井川に目を移すと、その河口にはいくつかの、相当に陸地化した砂洲とまだ十分に陸地化しない砂洲がある。これは平川にくらべこの川の方が流出する土砂が多かったことをしめす。摂津国佃村から

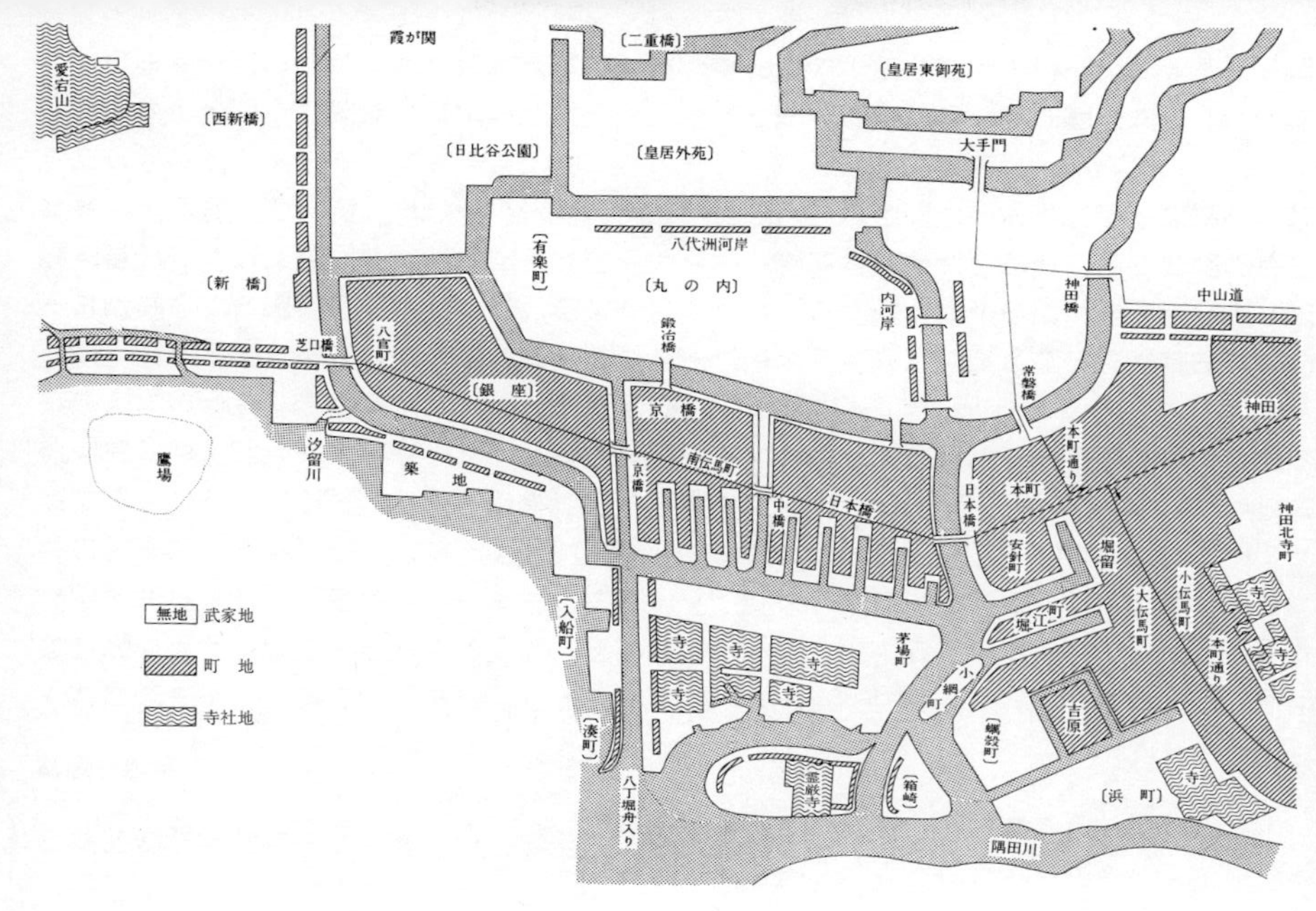

図 24 - ⓒ　寛永 9 年当時の江戸

の集団が最初に住んだのも、この砂洲の一つだったのである。

埠頭の発明

江戸前島東岸には櫛形に長短一〇本の入り堀（舟入堀）が掘られた。この舟入堀は現在の埠頭と同じ役割のものである。近代的埠頭の多くは、例えばいま日本のウォーターフロントの手本になっているニューヨーク市のマンハッタン島にみられるように、陸地から棒状に突き出た形に埠頭＝桟橋＝ピア（piar）がつくられているが、当時の江戸ではそうした技術がなかったために、陸地を掘り込んで船を引き入れる工夫をしている。つくり方は突き出すか、引き入れるかという、いわばプラスとマイナスの関係にあるが、舟を陸地に直接つけるという発想は全く同じものである。

なぜ船を陸地に横づけしなければならなかったかといえば、江戸の場合は築城用資材とくに石垣の石の揚陸のためだった。前にものべたように「百人持ちの石二個」が運搬の最低基準とされて、伊豆半島から何十万個の石が船で運ばれてきたのだが、江戸前島沿岸はさきほどの砂洲の状態でもわかるように遠浅であって、この巨石を積んだ船が接岸する場所はなかった。

「百人持ちの石」の実際の重量は不明だが、幕末の土木工事ではなく宿場人足の「一人持ち」の重さが八貫目だったから、仮にそれで計算すると一個が約三・二トン、合計六・四トンずつ運ばれてきたわけである。この計算が適当かどうかは別としても、大体その位の重さの石を山から切り出して船に積みこみ、それを江戸で陸にあげる場合、一番問題なのは石を陸から舟へ、舟から陸に移す時の移動のし方である。

機械力が全くなかった当時としては、舟の甲板と陸地を同じ高さにして、水平移動をさせるほかはないわけで、そのために遠浅の海岸を掘り込んで埠頭をつくる工夫があったのである。この埠頭の発明は沖積地とくに臨海の湊のもつ弱点を一気に解決したもので、江戸城の大建設はこの一〇本の埠頭によって、はじめて実現したといえる。

なおこの石船の構造は、基本的にはM・R・Sで使われているバージ（はしけ）と同様なもので、船上に神楽桟（かぐらさん）（人力による捲き取り装置＝ウインチ）を据えて、陸から石を捲きとる。

舟入堀に入った船上の石は、陸地の神楽桟で捲き取った。もちろん石は修羅（しゅら）（重量物移動用のそり）に乗せて、この水平移動をさせている。神楽桟と修羅と滑車によるロープワークは、古代から日本人の技術になっていたことはよく知られているが、くり返すがこの埠頭の発明こそ、われわれの祖先が海に向かって進出した時代を象徴する事柄だった（小田原から真鶴岬にかけて分布した〝根府川石（ねぶかわいし）〟の産地にも、この埠頭や石を海岸まで運び出す修羅――この場合はソリではなく、スベリ台――などの遺跡が多くあったが、海岸道路の開通などで、いまは見る影もなくなっている）。

また江戸にもどすと、この時期にさかんに描かれた多くの「江戸屏風」――代表的なのが佐倉の国立歴史民俗博物館に所蔵されている「江戸図屏風」だが、それらの屏風絵には例外なくこの舟入堀とその付近の繁昌の有様が、大きなスペースをさいて描かれていて、江戸前島の都市化の状況を伝えている。

そしてこの櫛形の埠頭をつらねる形に、幹線道路である東海道がつけられているところに、当時の〝都市計画〟担当者のぬかりのないセンスがうかがえる。

三伝馬町

東海道は慶長八年に幕府によって設定された宿駅制度による主要街道の一つであり、日本橋を起点に京都三条大橋までの、いわゆる東海道五十三次(継立(つぎたて))の街道である。それ以後江戸日本橋を中心に五街道が整備されていった(五街道とは東海道・中山道・日光街道・奥州道中・甲州道中をいう。このうち日光街道と奥州道中は、小山――栃木県小山市――までは同じ道であり、小山から分岐するために、江戸では実質的には四街道だった)。

江戸城の城郭としての〝向き〟は、正門の大手門―常磐橋門、そして本町通りから奥州道中がはじまり、隅田川右岸の自然堤防の上を浅草橋門―浅草蔵前―浅草寺わきとほぼ都営地下鉄浅草線の下を通り、三河島を越えて隅田川を渡って千住宿に通じた。そして図24-Ⓑにみるように、この本町通りと道三堀は旧石神井川河口まで、ほぼ並行している。

さきに最初の城下町は道三堀両岸に成立したとのべたが、そのつぎに成立した町並みはこの本町通りであって、いずれも東北日本を指向していると見てよい。この初期の江戸の東北日本指向は、水路では内川廻し─小名木川─道三堀の線であり、陸路ではこの奥州道中が千住から埼玉平野を経て、関宿の西の栗橋を通り、古河、小山とつけられている点に、みごとな水陸の交通路の併設がみられる。

それに対して江戸前島の櫛形の埠頭の部分は、近距離ではさきの伊豆半島からの石の大輸送の例のように、相模湾・東京湾海運の終着地としての意味をもち、同時に日本列島規模の海運組織として、元和四年（一六一九）にはじまった大坂と江戸を結ぶ菱垣廻船と、これに競争する目的で元禄七年（一六九四）に結成された樽廻船の終点でもあった。

つまり関東地方をふくむ東北日本からの水運は川舟を使って道三堀までの水路を利用し、上方からの海洋船は江戸前島で引き受けるという、地域的分業が成立した。この地域的分業は、幾多の条件の変化があったにもかかわらず、江戸から明治まで相当濃く残されていた。

また宿駅制度からみた場合でも、家康は江戸の原住民を優遇して、千代田村を大伝馬町として奥州道中の起点に配置して、名主に馬込氏を任命している。大伝馬町の北隣には、日比谷入江沿岸の宝田村の住民を移して、小伝馬町をつくらせ名主に宮辺氏を任命した。銭瓶橋付近の祝田村は東海道筋の南伝馬町と改めて、高野・吉沢・小宮氏をそれぞれ名主に任命している。名主の数からすると南伝馬町は三名だが、伝馬役を受持つ「町」としては奥州道中側に二つの町を設置したわけで、ここにも東北日本指向がうかがえる。

三伝馬町の名主と祭礼――この江戸原住民による伝馬役（幕府の公用荷物の運送業務。東海道は品川宿まで、奥州道中は千住宿まで、中山道は板橋宿まで、甲州道中は高井戸までの間の運輸業務）が、江戸時代の陸上交通の中枢だった。

そしてこの三つの町の名主は草創（くさわけ）名主として、その子孫にいたるまで幕府からも町人社会からも、大きな特権と尊敬を受けた。大伝馬町・小伝馬町・南伝馬町は俗に三伝馬町と呼ばれて、江戸八百八町の首位にあげられていた。

江戸には将軍も参加する祭として知られる天下祭が二つあった。一つは江戸の鎮守である神田明神の祭であり、一つは将軍家が産土神（うぶすながみ）と仰いだ山王権現の祭だった。この両社のいわれはここでは省略するが、二つの天下祭はやがて制度化され、江戸を二分する神領（おおまかにいうと江戸前島の大部分が山王権現、江戸前島の北部と神田が神田明神の氏子の領域で、もちろん江戸城は両社の氏子領域に重なっていた）ごとに、一年おきに両社は交替で大祭をした。しかし江戸全体でみれば大祭は毎年行なわれていたことになる。

さきに祭礼を制度化したといった理由は、祭の費用は税金の変種であって、一切の費用をそれぞれの神社の氏子町が負担した。年々歳々祭礼は町人の競争で豪華になる一方だった。その弊害が多くなったために神社と氏子町としては隔年の祭礼に改められたのだが、三伝馬町だけは毎年両社の祭礼行列の先頭に立つことが例とされ、江戸を代表する町としての〝栄誉〟をにない続けたのである。

八丁堀物語

図24‐Ⓑの時点から二九年後の寛永九年当時の江戸は、図24‐Ⓒにみるように埋め立ての時代を迎えていた。

江戸前島東側の櫛形の埠頭の沖に、現在の地名でいえば、日本橋兜町一〜三丁目、日本橋茅場町一〜三丁目、八丁堀一〜三丁目の埋立地ができかけている。また茅場町の沖合には現在の新川一〜二丁目、大正時代まで霊巌島と呼ばれた陸地もできかかっている。この島は霊巌という僧侶が寛永元年（一六二四）、つまりさきにみた江東地区の長盛の永代島埋め立てと同時期に埋立許可を得て、霊巌寺を（現在は江東区三好一丁目に移転している）を建立したものである。のち万治三年（一六六〇）に、東廻り航路を整備した河村瑞軒がこの島に新川を開削して、上方からの航洋廻船の荷揚場にして、江戸の酒問屋街成立の基礎づくりをしている。

そして築地の原形も三十間堀川の東側に認められる。築地――土地を築き立てるという文字通りの埋立事業は、万治元年（一六五八）から始められたと諸書に見えているが、「寛永図」でみる限りでは、それより二六年まえから埋め立てが始まっていたことがわかる。

図24‐Ⓒの築地の北辺の〔入船町〕・〔湊町〕と現在の地名で表示したところに、細長い

突堤状のものがある。この突堤で区切られた水路が、いわゆる八丁堀である。八丁堀の両岸にも町人地が並ぶが、本来は原図のとおり「八丁堀舟入り」と呼ばれたもので、航洋船が直接江戸前島に着岸することを防ぐものである。

八丁堀といえば大岡越前守や遠山の金さんで知られる遠山景元らの南・北町奉行の部下の町方与力・同心の官舎街だったことが有名である。しかしここではそうした八丁堀ではなく、大航海時代の湊町の都市施設としての八丁堀を紹介する。

江戸の八丁堀がいつつくられたかは、現在のところ不明だが、この江戸湊の八丁堀舟入りに瓜二つといえる例として、同時代のバタビア港がある。バタビアは現在のインドネシア共和国の首都ジャカルタの古名であり、オランダがその東印度会社の根拠地として築いた都市である。

当時の日本とバタビアの交流は貿易をはじめ、多彩なものがあった。図25は『日本遣使紀行』(モンタヌス著、アムステルダム版、一六六九年=寛文九年刊)の中のバタビアの地図で、バタビアにも「八丁堀」があったことがよくわかる。沖合いに砲撃中の帆船が描かれていることからも推察できるように、この「八丁堀」もまた敵船が直接港内に接岸することを防ぐためのものといってよい。

さきに日比谷入江埋め立ての当面の理由が敵船の侵入を防ぐためだったとのべたが、この「八丁堀」も同じ目的の構築物だったのである。

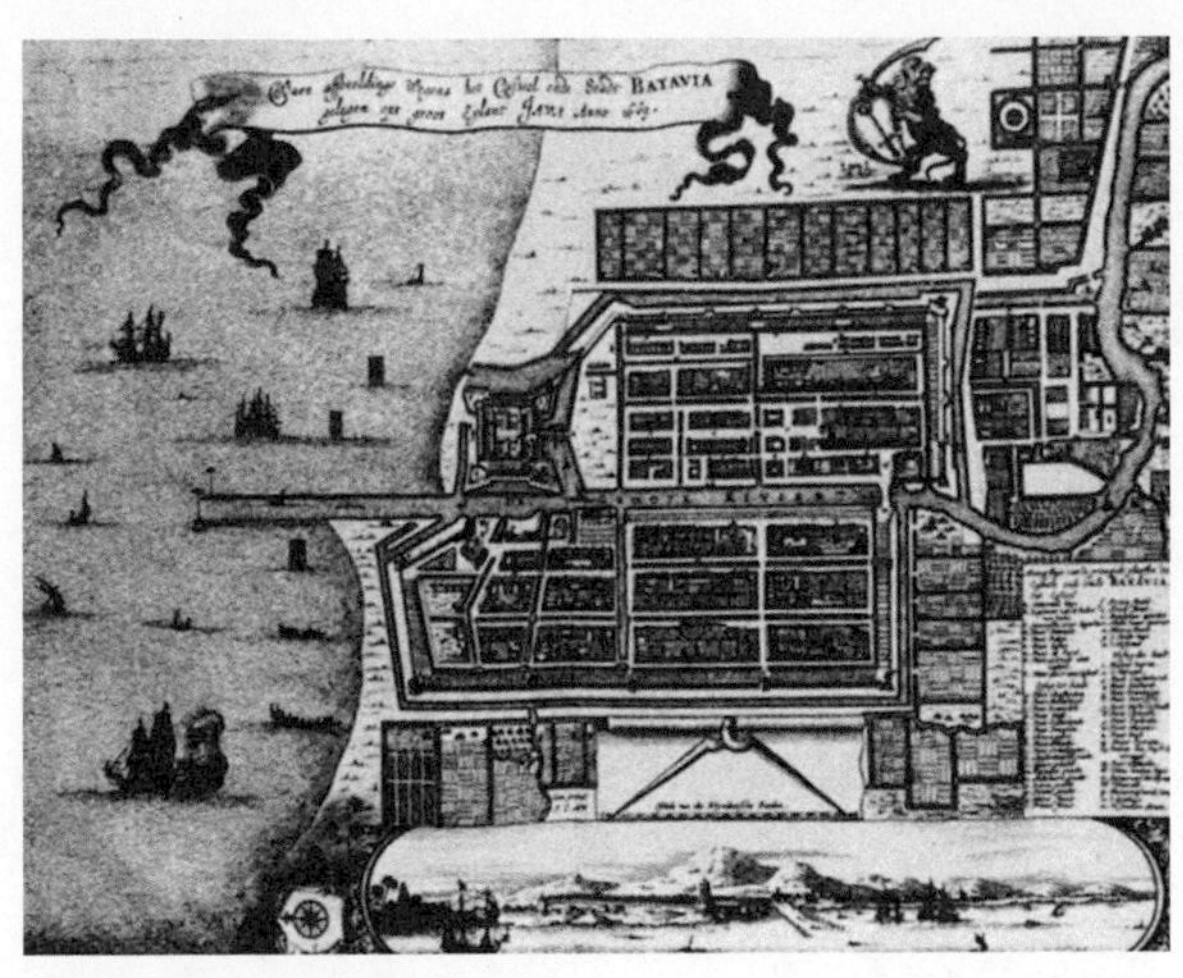

図25　バタビアの地図（1669年）

「八丁堀」の工夫は、日本とバタビアのどちらが本家だったかはわからない。しかし当時の東南アジアの大航海時代には主要な湊にはいずれもこのような工夫がこらされている。台湾の台南港もフォルモサ（Formosa）時代の古図をみると、沿海運河の適地であり「八丁堀」と思われるものが認められるので、一九八六年の夏に現地に見にいったが、一六六〇年代には海岸にあった赤崁楼（ツーカンロー）も、いまではすっかり内陸部になっていた。蛇足を加えるまでもなく、台南はオランダが最初に台湾に根づいた場所であり、歌舞伎の「国姓爺合戦（こくせんやかっせん）」の主人公「和唐内（わとうない）」本名は鄭成功（ていせいこう）が〝民族独立運動〟で活躍した舞台である。

わざわざ台南の例を出したのはほかでもない。バタビアの「八丁堀」はさきのモンタヌスの一六六九年の時点から七五年たった時点で『アフリカ・東印度地理図絵新集』（J・W・ハイト著、ウィルヘルムスドルフ及びニュールンベルグ版、一七四四年刊）の中のバタビア図でみると、ここも大分埋め立てが進行している状況がわかる。このバタビア図と江戸の埋立地の増加ぶりもまたよく似ていて、江戸の場合この突堤の両側に〔入船町〕・〔湊町〕の〝築地〟が進んで、陸地化したのは、これも河村瑞軒が新川を開削した前後の万治から承応時代を経て寛文年間（一六六一～七二）のことだった。それ以後は「八丁堀舟入り」は水路だけが残り、やがて昭和四十年に着工し、四十七年（一九七二）三月二十五日に完全に埋め立てられるまでは桜川の名で残っていた。

水路と河岸と町

図24－Ⓒの八丁堀を直進するとまず水路の交差点に出る。そのまま直進すると江戸前島を横断する京橋川があり外濠にいたる。はじめの交差点を右折すると櫛形の埠頭群の中央に、中橋水路がこれも外濠に通じていた。ふたたび前の交差点を左折すると三十間堀川をめぐって外濠化した汐留川を経て、これも外濠に通じる。

日本橋川北岸では本町・安針町・堀江町・吉原までが水路に面した町であって、図24－Ⓒの町地部分がこの時期の江戸のもっとも都市らしい部分である。

それと八代洲河岸・道三堀沿岸の水路に面した最初の城下町（町地）は、すっかり城郭内に取り込まれながらもまだ〝健在〟である。これらの町は明暦大火（一六五七年）まで残されていた。

さらに新しい埋立地の水路に面した所の多くにも町が立地している。また汐留川の南岸に面して芝桜田の町々もあって、いずれも水都江戸の流通ターミナルとして機能していた。しかし水路や水面がそのまま流通ターミナルになるわけではない。さきの小名木川の海辺大工町の例のように、水路に面してまず自然発生的に湊の原形ができても、それが公認されて「町」になるまでは、たんなる水路または舟着場にすぎない。「町」は現在では行政区画の呼称になってしまったが、江戸時代は、商工業者が集住する生活共同体としての性格を持っていた。

これを強いて現在の概念でいえば職能ごとに成立した公法人（地方公共団体）といったところである。そしてこの水路に面した「町」は、必ず河岸（かし）を持っていた。物理的にいえば河岸は水路から物を陸揚げする埠頭（桟橋、舟着場）を持つ場所だが、多くの場合それだけではなく揚陸した物資に関する商業活動をふくむものが河岸であり河岸付きの町だった。

これを魚河岸を例にとると、魚河岸の職能は将軍と幕府用の鮮魚を、定められた品目と数で納入する義務を負った。その代償として東京湾内でとれた魚を一手に集荷・販売する権限を認められた（古川河口の雑魚場などに一部の例外はあった）。そしてその余り――実は余りの方が圧倒的に多かった――を売りさばき納入義務の経費をまかなった。やがてそれが価格形成市場となり、集散市場化して行くのだが、このようなはじめは特権的物流基地が、〝近代的市場〟化しはじめるのは、早くも元禄期（一六八八～一七〇三）のころからであった。

また櫛形の埠頭の並ぶ海岸には「寛永図」では江戸橋から京橋川の間に、材木町一～八丁目がならんでいるが、これも幕府に材木および建設資材の納入を義務づけられた「河岸」にほかならない。

このように初期の河岸は幕府の必要とする特定の物資ごとに設けられ、米河岸・塩河岸・竹河岸・大根河岸などの名が残るように、それぞれの業種ごとの専門家（町人）によって運営された。

しかし江戸城の大建設がいちおう目鼻がつく時期になると、幕府用の物資は商品化しはじめ、それを扱う流通の場で、問屋・仲買といった分業がはじまると、河岸全体はそれぞれの品目別の市場になっていった。

この辺の事情は奥川筋＝内川廻しの河岸の場合も全く同じであって、初期の東廻り廻船＝内川廻しも、各藩の直営で行なわれたものが多く、のちに湊や河岸になった場所もたんなる舟着場としての意味しかなかった。しかし物資の移動にともなう商業の発生は、江戸と同じく舟着場の河岸化をもたらした。これは官用物資が商品化したことであり、藩有船による藩営廻船が、民営化していったことを意味した。

さきに寛永初期に鬼怒川流域にいくつかの河岸が成立したことを述べたが、それは武家による武家のための輸送が、奥川筋でも江戸でも急速に〝民営化〟していったことを物語るものでもあった。そして奥川筋の河岸も〝民営輸送組織〟から、問屋・仲買による物資流通基地としての市場に変化していった。

時代と地域をとわず、都市機能の本質をひとことでいえば、都市とは〝情報をふくむ人と物の交流の場＝いちば〟にほかならない。

輸送拠点としての舟着場が河岸になったということは、いちばが水路にそって並んだということであり、江戸も奥川筋も河岸のある場所はすべて都市化したといえる状態になったのである。

そして江戸の河岸は、いわば江戸全体が河岸だったために、町のしくみ（都市制度）も江戸全体の行政の中に、ごく自然な形で組みこまれていった。しかし奥川筋の河岸の場合は、水路を中心にしてみれば都市が江戸まで点線状に連続するものだったが、河岸を地先にもつそれぞれの地域からみれば、多くは一面の農村地帯の中に、全く異質な場所＝都市として孤立していた。

ここに日本の近世における「都市と農村」の関係が成立した。世界史とくにヨーロッパ史における中世から産業革命にいたる時期の「都市と農村の対立」と、ほとんど同じ状況が十七世紀の日本でもみられたのである。

いわば極小の〝都市国家〟ともいえる河岸と周辺農村との間の利害の対立、行政の差別による相克が河岸を含む地域の深刻な問題の原因になっている。

一方では河岸相互の競争も激しく、着岸する舟の争奪、河岸問屋の荷引き（集荷）競争などが各種のサービスの提供のし方ともからんで、つねに〝経済戦争〟が行なわれていた状態だった。それに加えて官営・藩営の水運業務との関係もあり、洪水などにより河流の変化による物理的な河岸の興廃もあった。このように書けば非常に大変なようだが、幕府や領主の制約は一応受けながらも、河岸相互はほとんど自由競争の形で営業をしていたのである。そしてそういう状況を認めなければ領主側の財政に影響がでるくらいに河岸は発達した。

「巴川運河」の項で、いくつかの運河計画がたてられたのにもかかわらず、ほとんど実現しなかったことをのべたが、それは技術的に不可能だったのではなく、新交通路の開通で既存の権益を奪われることをおそれた「河岸連合」勢力が、新運河建設の最大の障碍になっていた結果だった。

消えた石神井川

図24－Ⓒにおけるもう一つの大きな変化は、現在の江戸橋付近に河口があった旧石神井川が姿を消して、二つの水路が名残りをとどめるだけになったことである。石神井川の存在は江戸湊を土砂で埋没させるものであったため、早い時期からこの川のつけかえが、いろいろな形で行なわれている。現在の石神井川は板橋から北区の滝野川地区で蛇行しながら深く台地を浸蝕して、ＪＲ王子駅の下をくぐって北区の豊島と堀船の間で隅田川に合流する。

しかし本来の河流は〝滝野川渓谷〟から飛鳥山の南側を流れて、「東京の地下鉄」の項でのべたとおり湯島まで流れて、運河神田川にかかる昌平橋辺から、現在の中央通りを横切って、こんどは昭和通りにそって図24－Ⓒの堀江町（現在は日本橋小舟町と日本橋本町の一部）のところで二又にわかれて海に注いでいた。

この川を王子から隅田川に落した時期について、かつて私は『江戸と江戸城』（新人物往来社、昭和五十年刊）で、太田道灌時代ではないかと推定したが、その後の調査、とくに荒川区と台東区境を流れた王子用水・石神井用水をはじめとする用水路網と山谷堀川などの変遷をみると、石神井川のつけかえは近世になってからのことだと思えるようになった。

もちろん直接そのことを書いた同時代の資料はないのだが、用水に関する公文書の多くが、明暦から万治年間（一六五八～六〇）に始まっていることなどが、この推定の一つの根拠である。

お玉が池

こうして河口から約十二キロメートルさかのぼった王子で、〝頭〟を断ち切られた石神井川は、のちに谷田川と呼ばれる川となって不忍池に入り、さらに南流して放水路の神田川と合流したのだが、その下流はまだ〝生きて〟いて、神田川南岸と堀江町の間に、大きな水面を残していた。

これを現在の地名でいえば、図24-Ⓒの堀江町から、地下鉄日比谷線と平行して、万世橋間に日比谷入江と同じような入江があり、それが徐々に埋め立てられて不忍池と同じような池になっていて、お玉が池と呼ばれた。

「寛永図」の時期にはこの池は全く姿を消していて、池の跡地は、神田北寺町になっている。その範囲は現在の千代田区岩本町と東神田および須田町の一部に相当する。

この神田北寺町にはその名のとおり、多くの寺院があった。「寛永図」で寺の名がわかるものが二〇寺、うち皇居内とその周辺からここに移されたものが四寺、江戸前島からは五寺、はじめから神田北寺町に立てられたものが五寺ある（あとの六寺の最初の起立場所は不明）。皇居周辺と江戸前島からのものは、江戸城拡張にともなってここに移されたもので、残りは始めからお玉が池埋立地に起立している。

いずれも東京で最も古い由緒の寺ばかりだが、その中でも代表的な寺を挙げると将門の首塚の寺だった芝崎道場日輪寺、道灌がいまの北の丸公園に建てた平河山法恩寺、家康の愛妾の阿茶の局の建てた雲光院などがある。

「寛永図」および図24‐Ⓒにはこの神田北寺町のほかに、現在の中央区八丁堀、茅場町、浜町などにも寺町がみえる。また芝愛宕辺にも寺町があり、駿河台の東麓にも寺町があった。

昭和六十三年三月二十七日の『朝日新聞』の都内版に、著名な建築家が都市にも墓地を与える必要があるという意味のことを述べていたが、明治になって衛生上の理由から火葬が強行されるまでは、江戸東京の場合特定宗派をのぞいて、大部分が土葬だった。墓地を「与える」どころか、墓地は市民の遺骸処理の重要な都市施設だった。

墓地は現在の多くの例のように寺から分離された「霊園」ではなく、寺と墓地は一体だった時代のことである。

初期の江戸の、とくに「寛永図」の範囲の場合、寺町＝墓地地区は必ずお玉が池のようなもとの入江や、霊巌島埋立地のような場所を選んで設けられた。それは低湿地の陸地化の第一段階としての意味を持つものだった。そして埋葬による〝陸地化〟が完了すると、寺町は江戸市街の外縁に移され、その跡地は武家地や町地に利用されていく（墓地の立地について調査したことがあるが、海岸の波打ちぎわに設けられている例はかなり普遍的である。

この民俗学的な意味については、ここでは省略する）。

昭和五十年に都立一橋高校（千代田区東神田一丁目）の新築工事現場から、「寛永図」の時代の広大な墓地と、多数の人骨が発見されたり、岩本町二ノ一一のビル工事の時に推定全長八メートルの舟が発見されたりといった、かつての石神井川の河口部のお玉が池での遺物発見の例はずい分多くある。

このように地表から消えた川や池は、いまもなお地中に残されているのだが、最近のビル工事によって、ほとんどがなしくずしに失われつつある。

江戸の町割の特徴

「三伝馬町」の項でみたように、江戸の最初の城下町の中心街は、東北日本指向の本町通り（現在の江戸通り）だった。水路の場合と同じように陸上の道の場合でも、道に面して両側に「町」が形成されて、道に沿って市街地が構成されていたことはいうまでもない。

櫛形の埠頭の部分でも舟入堀の水面の両側に河岸ができ、そのうしろに「町」が成立し、さらにそれらの町をつらねる形に中心街が形成された。これが通り町筋と呼ばれた江戸の中心街であり、慶長八年以後は日本橋を起点に、宿駅制度の東海道・日光街道・奥州街道などの道筋の出発点にもなった。

その後、図26「承応前後（一六五〇年代）の江戸」にみるように江戸の通り町筋という

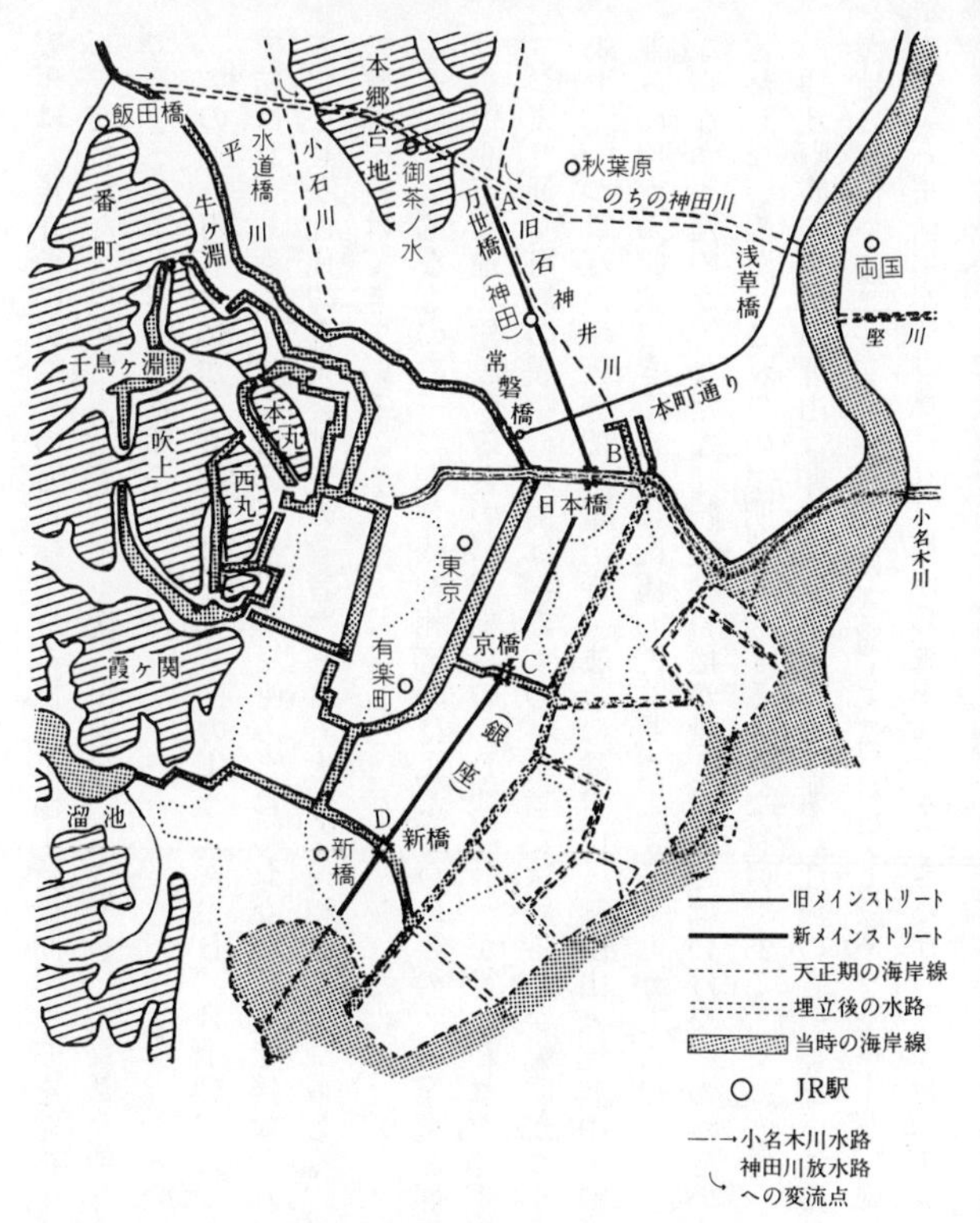

図26　承応前後（1650年代）の江戸

表現は、現在の中央通りの万世橋—日本橋—京橋—新橋間の道筋を総称する〝道路名〟として使われた（現在の中央通りは中央区内を通るからではなく、東京都心部のメインストリートであることによる命名である）。

この通り町筋全体が一直線ではなく、図のようにA—B、B—C、C—Dと三本の直線で結ばれ、しかも一見なんの〝法則性〟もみとめられない角度で接続されている点について、なぜか近代的都市計画史の論者たちは、大きな違和感を持つらしく、絶えずその理由の解説を続けてきている。

その代表的なものの一つが、四神相応説による江戸の「の」の字型発展説である。一つは、中心市街地を建設するさいに、独特の「景観設計」が行なわれたとするものである。つまり通り町筋の屈折の理由は「の」の字を当てはめるしか説明がつかなかったことであり、一つは江戸城天守閣・増上寺、または愛宕山・神田山・筑波山・富士山などが、町並みの中から眺望できるように配慮した結果だとする。しかしなぜ「の」の字でなくてはならなかったのか、またなぜ特定の目標が見えなくてはいけないのかという理由にまでは言及しないのが、これらの説明に共通する大きな特徴である。

通り町筋の屈折の理由は非常に簡単明瞭である。江戸の特徴である沖積地や汐入りの低湿地に都市を建設する際、第一に考慮しなければならないのは下水の処理である。上水（飲料水や生活用水）は無ければ他から運ぶことができるが、下水は〝消費〟した現場からすぐに処理しなければならない。下水の処理方法はすべての都市計画に優先した。これを図26にそくして説明するとA—B間は石神井川の河床にほぼ平行に中心道路がつけられたものであり、下水は旧石神井川の流路の勾配をそのまま利用して、江戸橋方向に流出させた。

B—C間は江戸前島の櫛形の埠頭と外濠の間の〝分水嶺〟に道がつくられ、下水はこの道を中心に東西にふりわけられる形で処理された。C—D間も同じことで、この道の線がそっくり江戸前島の尾根にあたる。これらの数値的な立証資料は、明治十六〜十九年に参謀本部陸軍部測量局作成の『五千分の一 東京図』(全九枚)であって、図中の海抜高度の数値はみごとに江戸初期の下水処理の方向を示してくれている。

都市計画という本来は具体的な手法が、都市計画史の分野では平面図だけの操作におわり、実際の土地の状況=微地形の検討さえ行なわれなかった結果がここにもみられる。

太閤下水

はなしを大坂に移すと、天正十一年(一五八三)に秀吉は大坂を本拠と定めた。この時、彼は長浜城主時代と同じく城下町を最初から計画して、商工業者の集住を積極的にすすめている。そのため大坂城のある上町台地の麓の沖積地にまず掘られたのが、現在の東横堀川であって、城下町の下水と雨水の排水路をつくってから、秀吉の天下普請が行なわれている。この下水道は太閤下水または背割下水と呼ばれている。

図27「大坂の背割下水」にみるように、初期の大坂の町並みは大坂城の西側に碁盤状につくられた。そして下水は東西方向つまり勾配にそって流れ、南北方向につけられた排水路にまとめられて大川（淀川）に流された。ここで特徴的なのは一つのブロックの街郭の中心には必ず図のように下水路がつくられていたことであり、このためこの下水路は町の背面を流れる意味で「背割下水」とも呼ばれている。

そして東西方向の道路は○○通りと呼ばれ、南北方向の道路は○○筋と呼ばれた。これは江戸の江東地区のタテ川・ヨコ川の命名の発想と同じものであり、江戸の場合でも本町通りと通り町筋の呼称に受けつがれている。

太閤下水＝背割下水に簡単な補足を加えると、慶長五年（一六〇〇）には西横堀川が掘られている。大坂城陥落の年の元和元年（一六一五）に、家康は松平忠明を大坂城主に任命した。忠明は谷町筋から東横堀川間の約六万坪の町地を造成するときも背割下水をつくった上で市民に開放した。このとき東西の横堀川の南端から木津川に通じる下水路を掘ったが、これが道頓堀だった。太閤下水は明治三十年（一八九七）に暗渠化されたが、現在でも大阪市の東・西・南・北・浪速五区の下水道のうち、約四十キロメートルが実用に供されている（この背割下水道は大阪市東区南農人町の南大江小学校の地下に行くと見学できる。まさに都市史の第一級の文化財といってよいものである）。

先進都市大坂に続いた江戸の下水道は、このような形でまとまって残されていない。これは前の「江戸の本質と狭さ」の項でものべたように、江戸には統一的な下水網による町

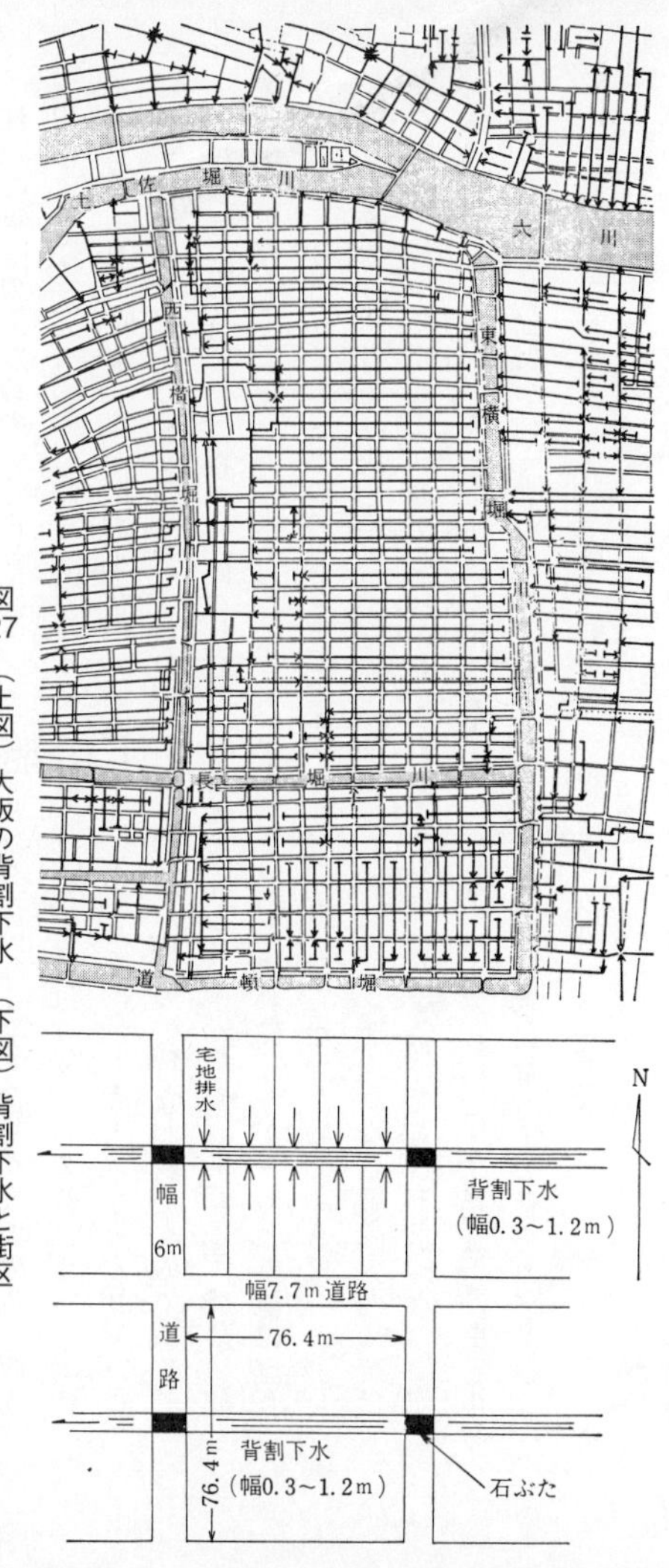

図27（上図）大坂の背割下水（下図）背割下水と街区
図は『月刊建設』1987―12（全日本建設技術協会刊）16ページより転載

割ができるほどの、まとまった〝平面〟がなかったことによる。

江戸の実際の下水道のつくられ方は、A―B間の道路は通り町筋自体が大坂の東・西横堀川のような存在であったため、大下水（おおげすい）と呼ばれた下水幹線は、A―Bの線に平行して何本もつくられている。なお旧お玉が池の周囲には藍染川と呼ばれた大下水などが知られている。いうならばこの部分の町割は、石神井川の旧河床に沿って行なわれたものである。

江戸前島上のB―C、C―D間の道路は、逆に周囲より高いため、道路の両側に〝側溝〟が掘られ、そこから町並みの間を背割下水的に直角に折れ曲りながら海と外濠に流れた。同じ通り町筋でも日本橋の北と南では全く下水の条件がちがったのである。

通り町筋の屈折は古代中国の神話の近世版だったり、ロマンチックな景観論のためではなく、沖積地や埋立地に立地する都市としてもっとも基本的な条件である下水排水の勾配確保のためだったのである。また本町通りを中心にした下水の状況は『寛保沽券図』（中央区立京橋図書館所蔵）にくわしいが、この部分の下水も原地形に従ってつけられている。

下水四百八十里

同じようなことが武蔵野台地上の、いわゆる山の手の場合でもいえて、町の多くは谷筋に沿って形成され、武家地は台地の尾根の上につくられ、その下水は周囲の谷に流れこむように設計されている。台地上の武家地の道のつくられ方もまた、下水の排水に便利な規模と、地形に応じた方向につくられている。

江東地区の場合は、図20「隅田川河口の陸地」の石原町付近に、「本所南割下水（みなみわりげすい）」と「本所北割下水（きたわりげすい）」の二本の、大坂での東・西横堀川の役割と全く同じ排水路があった。この排水路を使って、隅田川左岸の自然堤防から東側の本所低地が陸地化していった。南・北の割下水の流末を結ぶ大横川は、さしずめ大坂の道頓堀川に相当するといってよい。

埋立地の場合は幹線道路のわきに大下水がつくられ、横町や路次の場合は道路の中心に下水溝が掘られている。これは建築史の分野で長屋の平面図が比較的多く復元されているので目にする機会があると思われるが、長屋の通路はたいていドブ板の上だったのが普通のことだった。近代下水道が普及した現在でも例えば中央区内の埋立地である、明石町や湊町などの横町や路次には、道路の中心に下水があった名残りがよく目につく。佃島の路次にもこのことはよく残っている。

明治の市区改正で旧来の江戸の姿が大きく変る直前の、明治十九年（一八八六）六月十二日づけの『東京日日新聞』に、当時の東京市内の下水に関してつぎのような記事が出た。

> （前略）悪疫（引用者注＝コレラ）予防の為め此程より市街を浚渫せられしが、一昨日を以て其事を卒（おわ）りたれば、近日三島総監（警視総監）は其実地につき一々検分せらる、よし。扨（さて）此の下水の延長は何程かと算するに東京市街の公道は其延長二百四十里（約九六〇キロメートル）なりと云へば、道の左右に在る溝渠の長さは之に二倍して四百八十

里（約一九二〇キロメートル）の延長に達すべしと云へり（後略）。

これは警視庁が浚った公道の分だけで、横町や路次などの私道の分を加えると、少なくとも公道延長の倍の下水溝があった勘定になる。その下水道のすべてが自然流下方式だったのだから、自然の地形に従うほかはなかった。これを後世の都市計画史家は「無計画・無秩序・乱開発」と呼ぶ。

なおつけ加えれば関東大震災後の帝都復興事業（昭和五年＝一九三〇完成）の代表的建造物である昭和通りも、これまで再三のべてきたように、地質学上の「昭和通り谷」をそっくり利用してつくられている。一九二〇年代の近代下水道でも、それが自然流下式である以上、土地の自然の勾配に従うほかはなかったのである。

江戸東京の水道

東京の小学生の社会科で必ず学ばせられるものの一つに江戸の水道である玉川上水の話がある。そのほとんどが江戸に水を送るために、羽村から多摩川の水をとり入れ、武蔵野台地の上に約四二キロの水路を掘って四谷大木戸まで水を導き、そこから木樋や石樋で江戸城はじめ市中に給水したというところで終る。これらの教材では工事請負者は玉川庄右衛門・清右衛門の兄弟だったこと、二度失敗して三度目に成功したこと、人力だけで承応二年（一六五三）四月から工事にかかり、翌年の六月二十日に通水という短期間の工事だったこと、そしていまもその面影は武蔵野台地に見られることなどが中心になっている。だが全く同じ発想によってつくられた「十三世紀の玉川上水」にはふれることはない。これは成人向けの本の場合も本質的には同じである。

しかし一歩すすめてなぜ玉川上水という〝不経済〟な施設を建設しなければならなかったかという説明にふみ込んだものは、ほとんどないといってよい。

日本の都市ではじめて江戸が水道を必要としたのは、水が自給自足できなかったためである。なぜ水が得られなかったかといえば、その都市の部分、産業活動の場としての町地のほとんどが臨海または埋立地に成立したからである。Ⅵ章の「江戸の本質と狭さ」でのべたように、玉川上水は江戸が日本の歴史上はじめて海に進出した都市であったことと表裏一体の関係にあることを明らかにしなければ、本当の説明にはならない。

隅田川には荒川区の北東端に汐入(しおいり)という地名があるように、少なくとも河口から約十キロは潮汐の干満の影響を受ける。同様に旧石神井川は不忍池まで、平川(現日本橋川・神田川)は文京区の関口まで、いまは姿を消した汐留川は赤坂溜池まで、渋谷川下流の古川は天現寺まで、目黒川は中目黒の船溜(ふなだまり)まで潮の干満がおよぶ。

玉川上水に先立ってつくられた神田上水は、現在の江戸川橋上流に堰(せき)(ダム)をつくり、平川をせきとめてからその水を神田方面に導いた。いまも残る関口という地名は実は堰口(せきぐち)の意味であることは比較的よく知られている。

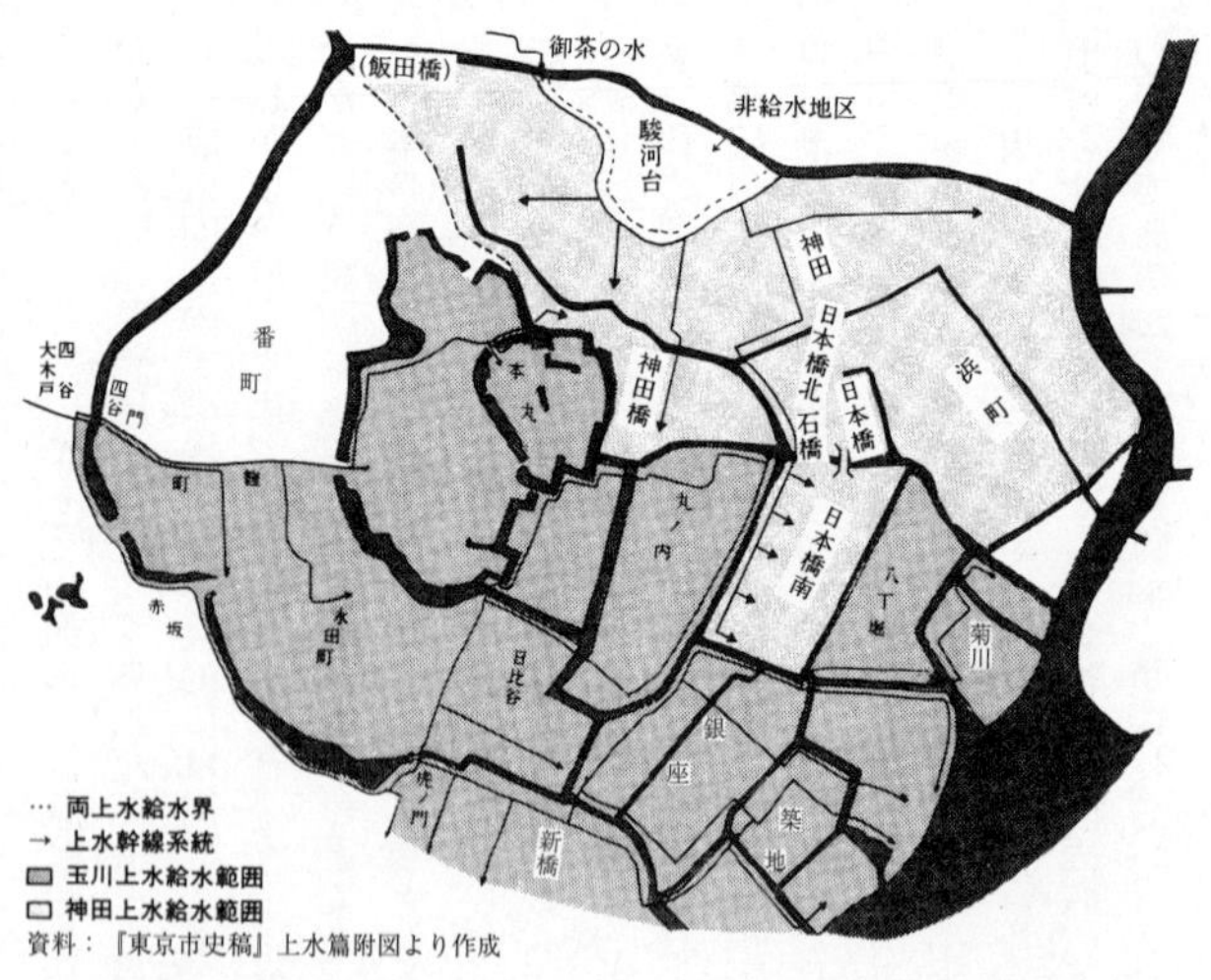

図28　玉川上水と給水域

このダムの位置こそ上流からの真水と、下流からの汐水の境なのである。堰口のすぐ南にかつては早稲田たんぼと呼ばれた沖積地があった。平川流域の場合、早稲田上流から水稲栽培が可能になったことを、この地名が物語っている。早稲田から下流では汐気のために水田耕作はできなかった。本来の陸地であってもこのような条件があるわけで、まして埋立地の場合はいうまでもなかろう。

　玉川上水の目的は江戸城内の給水もあるが、図28「玉川上水と給水域」のとおり、江戸湊の埋立地に水を供給するのが目的だった。番町・駿河台のような幕府にとって重要な意味をもつ旗本の集住地帯が、玉川・神田両上水の給水地域から除かれているのは、この武蔵野台地の端では井戸を掘れば水が得られたためであって、給水地域は戦略上の位置や身分関係とは無関係に、純粋に水の得られない場所に限って給水が行なわれている。

その反面、本郷台地（駿河台）の延長部である江戸前島は、人口がふえるまではかなり井戸水が豊富に得られた。『日本橋魚河岸物語』（尾村幸三郎著、青蛙房、昭和五十九年刊）には関東大震災までの魚河岸では大量の井戸水を使っていたという著者自身の体験談もあり、また対岸の白木屋（東急百貨店）には「白木の名水」で有名な井戸があった。したがって日本橋北と南の旧江戸前島には、神田上水程度の水道で十分間に合っていたのである。

ここで念を押したいことは玉川上水も神田上水も、水源から流末までポンプなどで加圧することなく、自然流下方式で給水したものであり、いわばタレナガシ式の水道だったことである。この水道の余水は銭瓶橋ぎわで放流された分もあるが、最後は下水溝によって海に入ったわけで、下水が完備していなければ、埋立地はたちまち水びたしになったはずだった。

大江戸の完成

玉川上水の完成は、江戸前島の沖の埋立地が完成し、それに見あう上水道ができたことを意味する。

いま東京湾は大規模な埋立地化が進んでいるが、その壮麗な「都市計画」の中に、それぞれの埋立地の自前の上・下水道の計画が織り込まれている例は、ほとんどみられない。すべてが既存の上・下水道のシステムが、そのまま利用できることを前提にして計画されているのが通例である。新都市建設とはいえ、そのもっとも基本的な都市施設については、全面的に旧来の都市施設を延長させて利用することに何の疑問ももたずに計画されている点に、現代の都市計画の大きな特徴がみられる。つまり「外部経済」への全面的依存が安易にはかられている。

大江戸が形成されて以後、新しい埋立地は、江東地区ではゴミによる埋め立てが進み、市街地ならぬ近郊農地の造成がみられるが、江戸側の都市部ではほとんど埋立地の増加はみられない。

これを近世都市の「停滞」ときめつけることは簡単だが、この「停滞」は有限である玉川上水の給水能力を、当事者がよく知っていて、海への進出を手びかえたためである。近代の埋立地である月島に市街地が成立するのは、玉川上水が近代化した明治三十四年（一九〇一）七月一日以後のことであったことを、よくよく再確認する必要がある。月島に水道が引かれるまでは、この埋立地の使命は隅田川河口をせばめて、河流の勢いを強くして土砂の堆積を防ぐためのものだった。

玉川上水が完成した三年後の明暦三年（一六五七）正月十八日に、俗に振袖火事と呼ばれた明暦大火により、江戸は城をはじめほとんどの市街地を焼失した。その復興計画の第一は江東地区の役割の見なおしであり、それまでの東廻り航路の終点としての交通上の機能に加えて、本格的な市街地化が始められた。いうならば江戸市街の拡大がこの地にもおよんだのである。

すでにこの時期の深川地区は材木・米・大豆・麦・酒・塩・油などや多種多様な上方からの「下り物」（大坂から運ばれた舶来上等品の意味）の倉庫地帯だったのだが、大火を機会に対岸の江戸に従属した形の倉庫地帯から、それ自体独立した市場（河岸）を形成するようになり、さらに倉庫地帯は川上の本所の方に拡大移転していった。大火の二年後の万治二年（一六五九）の両国橋の架橋は、本所の都市化を象徴する事柄だった。

この現象のもう一つの側面に都市施設としての寺院の大量移転と、幕府施設の移転があった。さきにものべたように寺院は物理的には沖積地の陸地化の有力な手段であり、社会的には門前町の形成を手がかりにする新開地の都市化の核になるものだった。神田北寺町はじめ、江戸城周辺にあった寺院の約三分の一は、この時期に江東地区に移されている（あとの三分の一は江戸北郊の浅草・谷中・駒込へ、残る三分の一は城の西南部の赤坂・麻布・白金・高輪方面に移された）。

江東地区に移された幕府の施設の多くは倉庫だった。いまも皇居外苑の一角に残る和田倉門跡という地名の和田＝ワタ・ワダは海の古語であり、日比谷入江の最奥部に倉庫があったことをしめすものだが、そのほかに米倉はじめ戦略上の物資の倉庫が、日本橋川流域の、現在の千代田区大手町・一ッ橋一帯に集中していた。
その大部分を隅田川沿岸の浅草・本所・深川に移した。代表的なのが図29「幕府の倉庫群」にみる浅草米蔵（図では大蔵米稟、以下カッコ内は明治の名称）と本所米蔵のちに竹蔵（横網町の陸軍倉庫）である。浅草の方はこれも八本の櫛形の舟入堀があり、本所の方はのちに船渠（ドック）にも利用されたように、複雑な形の舟入堀が掘られ、ともに水面に沿って多数の米蔵が建ち並んだ。このような舟入堀の建設が可能だったのは、ここが地盤のよい自然堤防だったからにほかならない。

江東区立緑図書館には、この隅田川両岸におよぶ舟入堀と米蔵の建設当時と推定される手彩色の地図が、小島惟孝氏の尽力で所蔵されているが、それにはちょうど図29「幕府の倉庫群」の右下に当る部分に「蓮池」が書かれていて、江東地区の開発の初期の状態を非常によく現わしている。もちろん北・南の割下水もなく、本所が市街地になる直前の姿のものである。

このような建設上の特徴と並んで、より注目しなければならないのは、幕府の倉庫地帯が日本橋川流域から、格段に規模の大きな隅田川流域に移されたということである。これは幕府の財源の中心だった蔵入米（くらいりまい）が、それだけ増加していたことを反映する。さらに米蔵の前に札差の町「蔵前」町が成立し、米を現金化する過程で旗本・御家人たちの首を締めあげながら、巨大な富豪になっていった札差商人の台頭のきっかけになったことである。

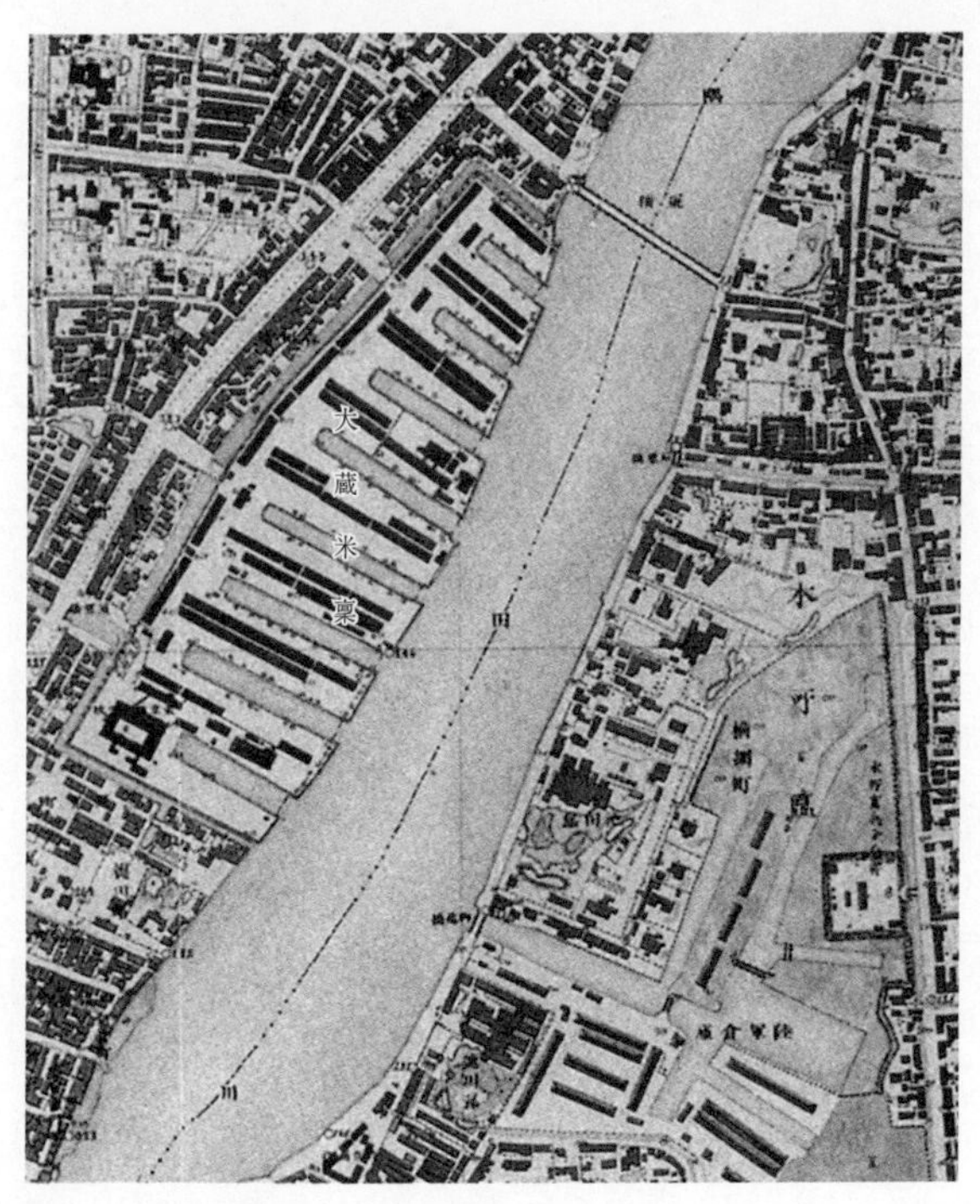

図 29　幕府の倉庫群

これは封建制を維持するための貢租としての米が、商品化=貨幣経済に組み込まれたことを意味する。米本位経済から貨幣本位経済に移行した時をもって「近代」が始まるという図式からいえば、江戸の〝近代化〟はすでに十七世紀後半から始まったともいえる現象があった。

このほか深川元町の隅田川沿岸部には幕府の船蔵ができ、深川の南端には木置場、のちの木場が発生するいとぐちにもなった。

放水路から運河へ

第二は水運の内陸部への浸透である。その具体的な舞台は御茶ノ水を切り通してつくられた放水路神田川を運河に改善することだった。はじめの放水路は元和六年(一六二〇)に掘られたことはすでにのべた。その三九年後の万治二年(一六五九)、幕府は伊達綱宗に対して「牛込、和泉橋間の舟入堀」、つまり放水路を拡幅して、舟運を通じさせるための天下普請を発令した。その工事仕様書はつぎのようなものであった。

覚

一、牛込土橋迄舟入候様ニ御堀ホラセ

一、水道橋ヨリ仮橋(注=現在の飯田橋辺か)迄、堀ハバ水ノ上ニ八間タルヘキコト

一、水道橋ヨリ牛込御門迄、土居ノ上置(堤防のこと)ヒキキ所(低き所)ニテ弐間、其

外ハ土居ノ高下ニヨリ、築定申可事

一、江戸川御堀江之落口、竜口石垣ニツカセ可申事（水が滝状に落下する所が落口、その落口を石垣で固めた部分を竜口と呼んだ。和田倉門と道三堀の接続部にも辰ノ口があった）

一、崩橋（現在の昌平橋）ヨリ仮橋土手築足可申事　以上

万治三年四月十一日

この堀普請入用の金、有増金一分十六万三千八百十六切、小判にて四万九千五百四両

（『東京市史稿』市街篇第七より引用）

この工事の結果、たとえば『武江年表』によれば、「小石川、小日向、赤城明神から目白不動まで」つまり飯田橋から高田馬場付近までの江戸川（平川＝現神田川）流域が、はじめて市街地化するための交通路を得たのである。

以上をまとめていえば江戸は徳川の直営工事で沿海運河小名木川が掘られ、以後の江戸城建設は天下普請で行なわれ、江戸前島の開発と江東地区の陸地化は〝民間活力〟にまかせ、そこに都市機能が根をおろして町人勢力が強くなった段階で、改めて幕営の総仕上げが行なわれたといえよう。くり返すが埋立地にしろ濠といい石垣といい、すべて後世に見られる姿が一度で実現したわけではなく、同じ場所に同じ仕様の工事が何回も積み重ねられて、大江戸が実現した。これが将軍の代にして四代、七〇年におよぶ建設の実態だったのである。

舟入堀埋め立て

すでに大江戸の原形が形成される途中でも、都市機能を維持・管理する技法としての都市計画は、たびたびくり返されていた。

都市の本質は「情報をふくむ人と物の流通の場＝いちば」だという観点からすると、時代によって〝いちば〟の機能も変化するし、それに応じて、都市の形も変っていくことは当然なことである。

これを江戸前島東岸の一〇本の櫛形の埠頭だった舟入堀の変遷でみると、「寛永図」では一〇本の舟入堀のうち中橋水路と京橋川は外濠まで貫通していて、他の八本は通り町筋の線まで水路が通じていた。それが二一年後の「新添江戸図」（承応二年＝一六五三）では、奥の半分が埋め立てられている。これは江戸前島東岸の埋立地霊巌島の完成にともなうものであったことはいうまでもない。そして家康の江戸入りから百年目の、「明治百年」や「東京百年」式の論法でいえば「江戸百年」目の、元禄三年（一六九〇）には、図30「延宝年中之形」にみるように近世初頭の世界的大発明であった櫛形の埠頭は跡方もなく埋め立てられて、その跡には北から音羽町・小松町・福島町、中橋水路はそのままにして、正木町・松川町・常盤町の六町が起立している（この舟入堀の形の町割は比較的原形をよくとどめていて現在でも地図上で確認できる）。

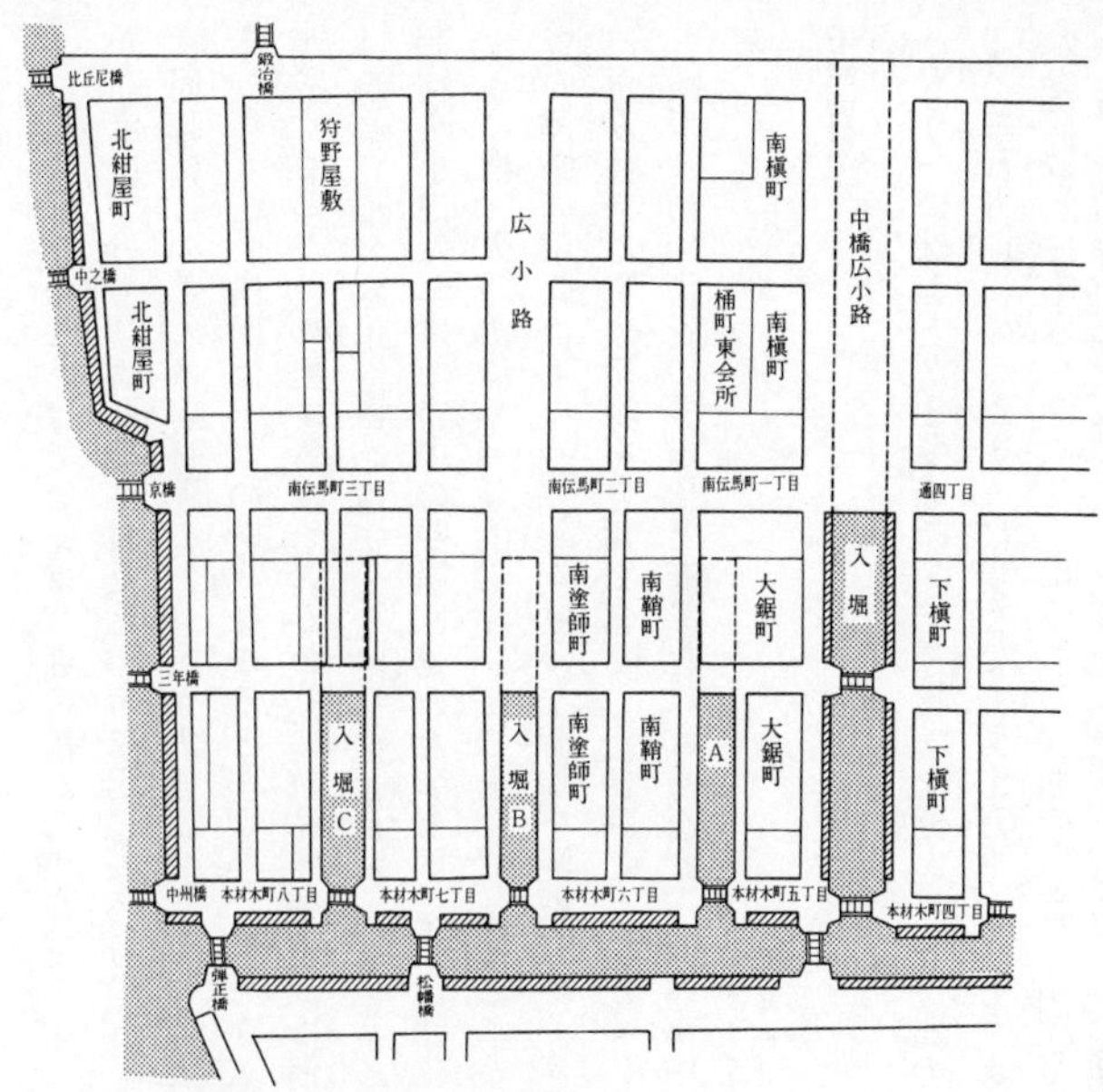

点線＝寛永9年(1632)当時の水路
▒＝延宝年中(1673～80)当時の水路
▨＝河岸
A・B・C＝元禄3年(1690)の埋立地
A＝正木町
B＝松川町
C＝常磐町

図30　延宝年中之形
現在の京橋1～3丁目の東端部の一部。この北側の埠頭は省略した。

これを現在のことばでいえば、江戸前島の東岸部の中心的「町」のウォーターフロントが二度にわけて、再開発されたということになろう。

同時にこのことは、舟運のあり方が大幅に変化したことを物語る。かつては航洋船が着岸できたこの場所は、この時代になると小型船だけしか入れなくなった。水路にかかる橋が多くなったためである。そのかわりに航洋船の泊地は佃島付近の澪(みお)筋に移された。これはかつて小名木川沿岸の海辺大工町に奥川筋の湊町ができて、〝宅配便〟である艀(はしけ)業者が荷物を小口にわけて市中の問屋に運んだのと同じ状況が生じたことを意味した。樽廻船のように樽に入った酒や、醬油、油などの場合でも同じことだが、菱垣廻船の場合は特定物資の運搬専用船は少なく、種々雑多な荷物を混載してくるのが普通だったため、海上で艀につみ替える時に荷物を分類できた方が便利だったために生じた分業だった。この点からも「下り物」物資の多様化と商品化にともなう、江戸市中の〝いちば〟の拡大がうかがえる。

干鰯(ほしか)貿易

もう一つは上方から多くの「下り物」を運んできた船の、帰りの航路の荷物のことである。これも前にのべたように現在でも何十万トンというタンカーが石油を買いに行く時に、水を満載して吃水(きっすい)を深くして出発する。船の場合、船腹を空にしたままでは航海ができないのは、むかしもいまも変らない。この時期の江戸の場合、上方への「上り物」は、主として木棉生産に必要な肥料である干鰯と〆粕だった。

干鰯は鰯を生ま干しにしたもので、〆粕は鰯をいったん茹でてから〆て（圧縮して）天日に干したものであり、河内平野の木棉産地で代表される上方から瀬戸内にかけての、先進農業地帯の商品作物の肥料に大量に使用された。

江戸中期の経済学者の佐藤信淵はその著『経済要録』（文政十年＝一八二七）の中で、全国の漁業についてのべた箇所で、「この九十九里の鰯漁業は日本総国の第一」だといっているように房総半島の九十九里浜は江戸時代を通じて最大の鰯の産地だった。

冷凍や罐詰技術がなく、高速輸送手段もなかった当時、魚がとれても江戸のような大消費地がある場合は、鮮魚のまま流通するが、それ以外は干物に加工して流通させるほかはなかった。したがって食品生産としての漁業は、大都市周辺に限られていたといってよい。

ところが商品としての肥料生産用の漁業は、上方から江戸を通り越して、〝有史以来〟の難所である犬吠埼のすぐ南の九十九里浜を、日本列島規模での大漁業地＝大肥料生産地にした。

この浜の鰯漁の発達について簡単にのべると、徳川の天下統一ができたころから、摂津・和泉・紀伊・伊勢・尾張・三河などの、いうならば近世のアヅミ族といってもよい漁民が、鰯を求めて大量に関東地方沿岸に進出してきた。その一派が江戸の深川や佃の摂津からきた漁民だったといってもよかろう。
この漁民は初めは季節稼ぎだったが、元和二年（一六一六）ころから九十九里浜を中心に定住して、鰯にとっては地獄網と呼ばれた地曳網で、鰯をとりつくす勢いで漁を始めた。また寛永年中には東京湾内でも紀伊国下津村の七兵衛と市郎左衛門らのグループが三浦半島の下浦で鰯漁を始めている。

こうした漁民の派遣、定住、地曳網の費用を出資したのは、主に堺の商業資本であり彼等は干鰯・〆粕を木棉生産地に供給して、木棉の大増産をはかった。

近世初めまでの日本の庶民の衣料繊維の中心は麻や苧麻だった。保温、肌ざわり、染色、そして大量生産ができる点で、衣料としての木棉はすべての点で麻にまさるものであることはいうまでもない。干鰯・〆粕は日本人の衣料を、木棉に切りかえる一大センイ革命の原動力になったのである。

この状況は江戸の町にも大きな影響を与えた。江戸の町の筆頭である大伝馬町・小伝馬町は伝馬の町から木棉問屋の町に変質した。

ひと口に木棉店と呼ばれるくらいに、太物問屋が軒を並べた（呉服物は絹製品、太物は木棉と麻製品をいう）。その名残りは現在も強く残っていて、大伝馬町・小伝馬町を中心にした中央区日本橋地区には、当時の太物問屋の後身であるセンイ関係企業のビルが多く建ち並んでいる。

干鰯と〆粕は図31「近世後期の九十九里干鰯〆粕の運送経路」にみるような経路で深川に集められ、深川から菱垣廻船で上方に運ばれた。航洋船の泊地が佃島沖になければならなかった理由は、この図を見れば説明の必要はないだろう。念のためにつけ加えれば、図

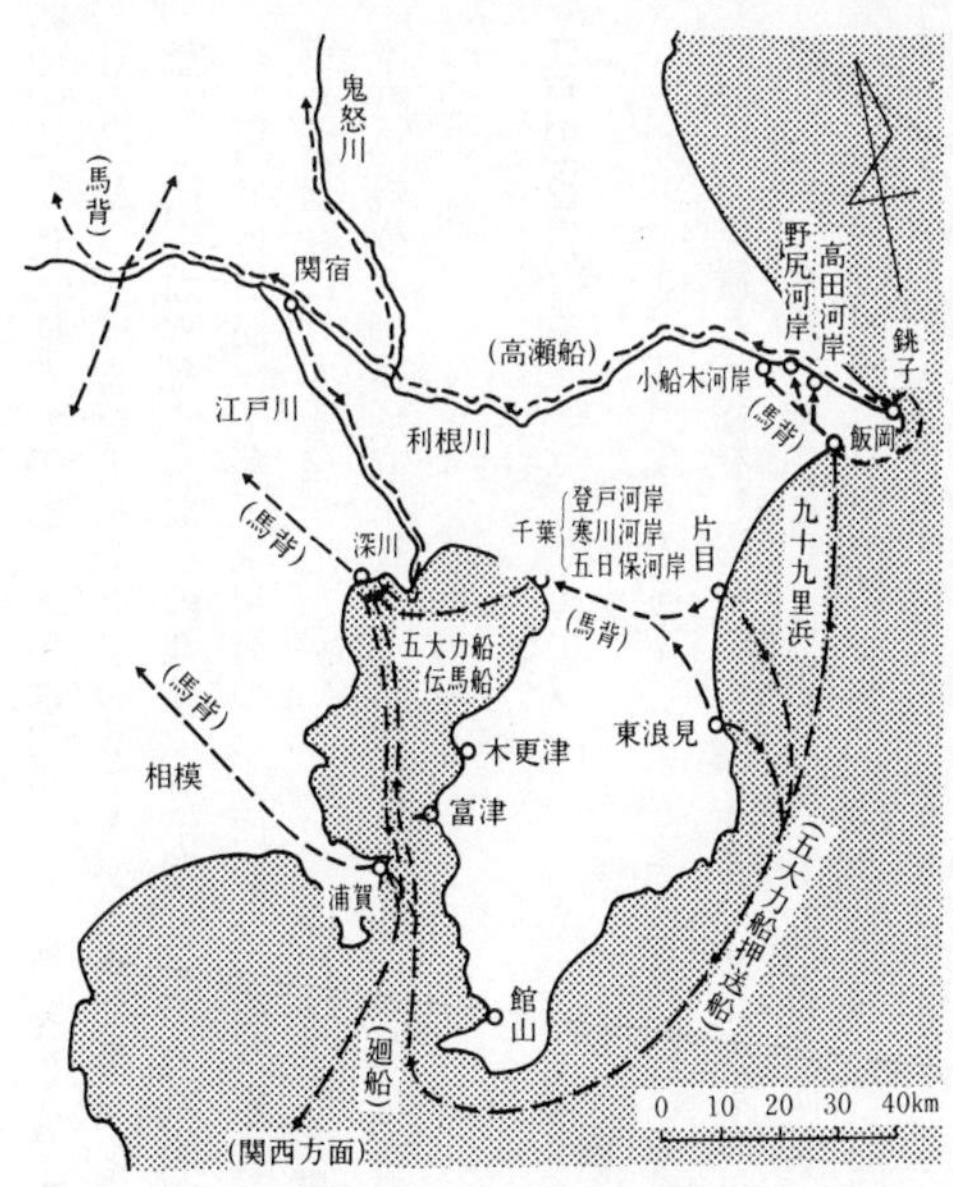

図31　近世後期の九十九里干鰯〆粕の運送経路（荒居英次「九十九里浜の鰯漁業と干鰯」『日本産業史大系』4関東地方篇より）

の江戸時代後期でも干鰯・〆粕は内川廻しの荷物量が最大だった。漁業の発達があったにもかかわらず、まだ犬吠埼をまわることが困難であったことがわかる。そしてこの時代になると関東地方やその周辺の地方でも干鰯・〆粕の需要が生じていたのである。

深川は奥川筋・千葉・東京湾の三方面からの肥料の荷受地であり、同時に上方向けと関東地方全般に対する発送地だった。ということは深川は肥料の集散市場であり、同時に日本列島規模の価格形成市場として機能を果し、それは化学肥料が普及し始める大正期までつづいた。

江戸の河岸の全貌

図32①〜③「江戸東京の河岸」およびそれぞれの付表は、大江戸時代から明治時代までの河岸の位置と名称をしめしたものである。河岸の名には異名が多いのだが、ここでは明治になって行政区画名として採用されたものだけに限った。なぜ異名・俗称が多かったかといえば、扱い荷物の変化にともなう町の変質および幕府の都市計画による町の移動が多かったため、最初の呼び方が旧称としていくつも重なって残されている場合が多いためである。

また本来は水路に面した場所は、すべて〝いちば〟としての河岸だったのだが、図32-①〜③で空白になっている場所は、江戸時代の物揚場（ものあげば）、明治になってからの官有河岸地だった場所である。

河岸も物揚場も本質的には違いがないのだが、河岸は町人居住地の湊であり、物揚場は幕府・大名・旗本たちの湊である。つまり使用者の身分によって河岸・物揚場という呼び方の区別がなされた。

図32-①の築地・浜町・箱崎の河岸の広大な空白地帯は、御三家・御三卿を含む有力大名の物揚場地帯（下屋敷）であり、各藩の本国から〝産地直送〟された商品の湊だった。図32-②でも同じで浅草・本所の米蔵地帯、竪川・小名木川・深川の河岸でない場所のほとんどが幕府と大名の物揚場だった。ただし河岸も物揚場もほぼ北十間川から横十間川の範囲までで、それより東側は江戸の近郊農村地帯であり、主に野菜生産地として終始した。大正期からはじまったこの地域への工場進出は、工場用地が安く入手できることと、工業用水が容易に得られたこと、および原料・製品の輸送に水運が利用できたことなどが、大きな理由だった。

図32-③の築地につづく浜御殿（現在の中央区浜離宮庭園）は本来は江戸城の海の大手門（正門）として計画されたものだった。しかし大江戸の形成とともに、将軍の別荘や幕府の薬園などに利用されるなど性格が変ってきたが、幕末の蒸汽船時代を迎えると、ふたたび軍港的な性格を持つようにもなっている。この浜御殿から古川河口を経て三田辺までの海岸の多くにも、物揚場が多く設けられている。幕末に三田四国町の薩摩藩邸が、幕府側

和泉橋
昌平橋
神田
竜閑川
今川橋
道三堀
日本橋
浜町
箱崎
新川
京橋
高橋
佃島
築地
㊵　南新河岸
㊶　越前堀河岸
㊷　蠣殻河岸
〔旧江戸前島沿岸の河岸〕
㊶　本材木河岸
㊺　楓河岸（紅葉河岸）
㊻　北桜河岸
㊼　南桜河岸
㊽　新富河岸（明治以後）
㊾　浅利河岸
㊿　白魚河岸
51　竹河岸
52　大根河岸
53　西豊玉河岸
54　東豊玉河岸
55　屋形河岸
56　芝口河岸（蔵地河岸）
57　小田原河岸
58　南飯田河岸
59　明石河岸（明治以後）
60　船松河岸

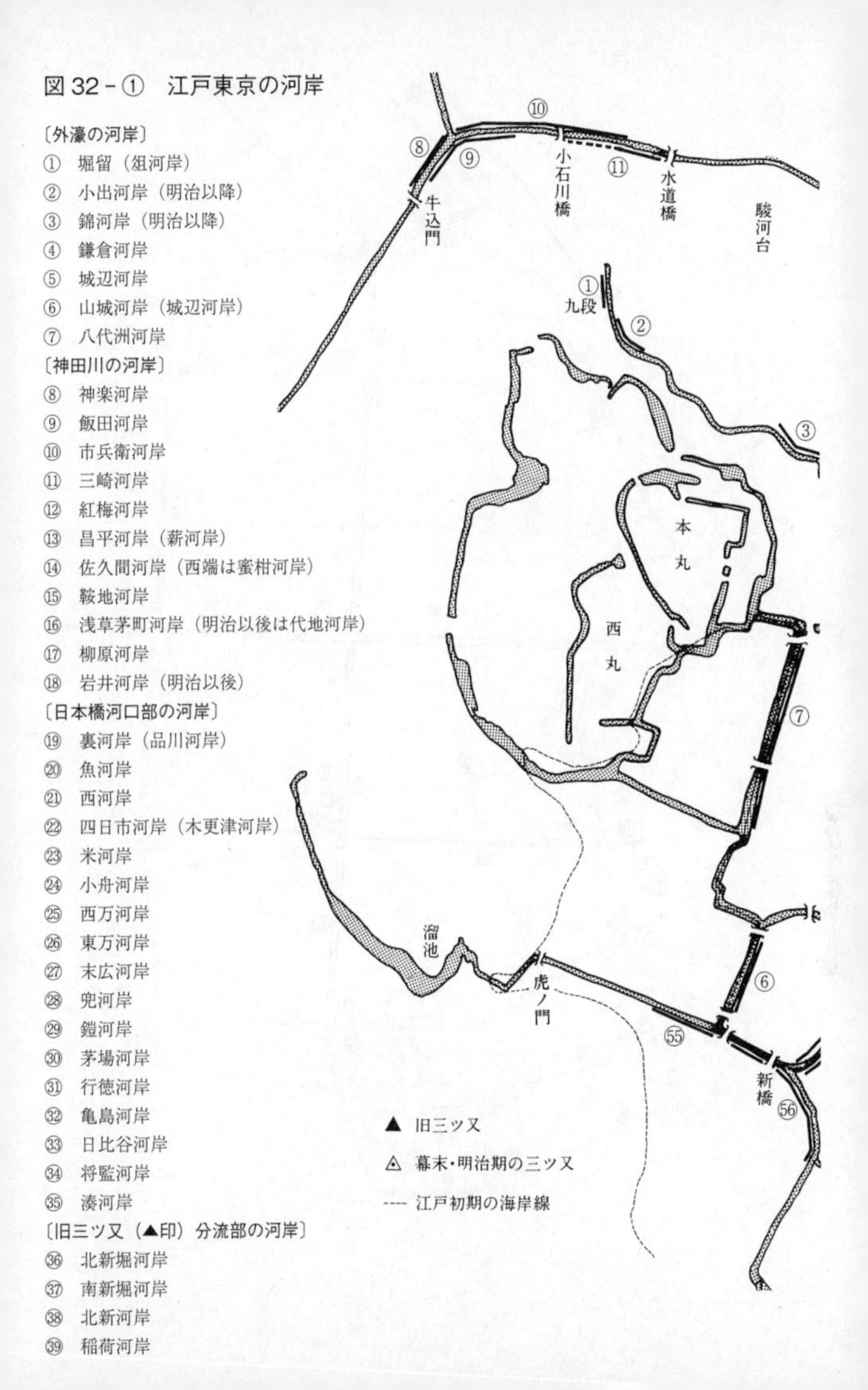

図32-① 江戸東京の河岸

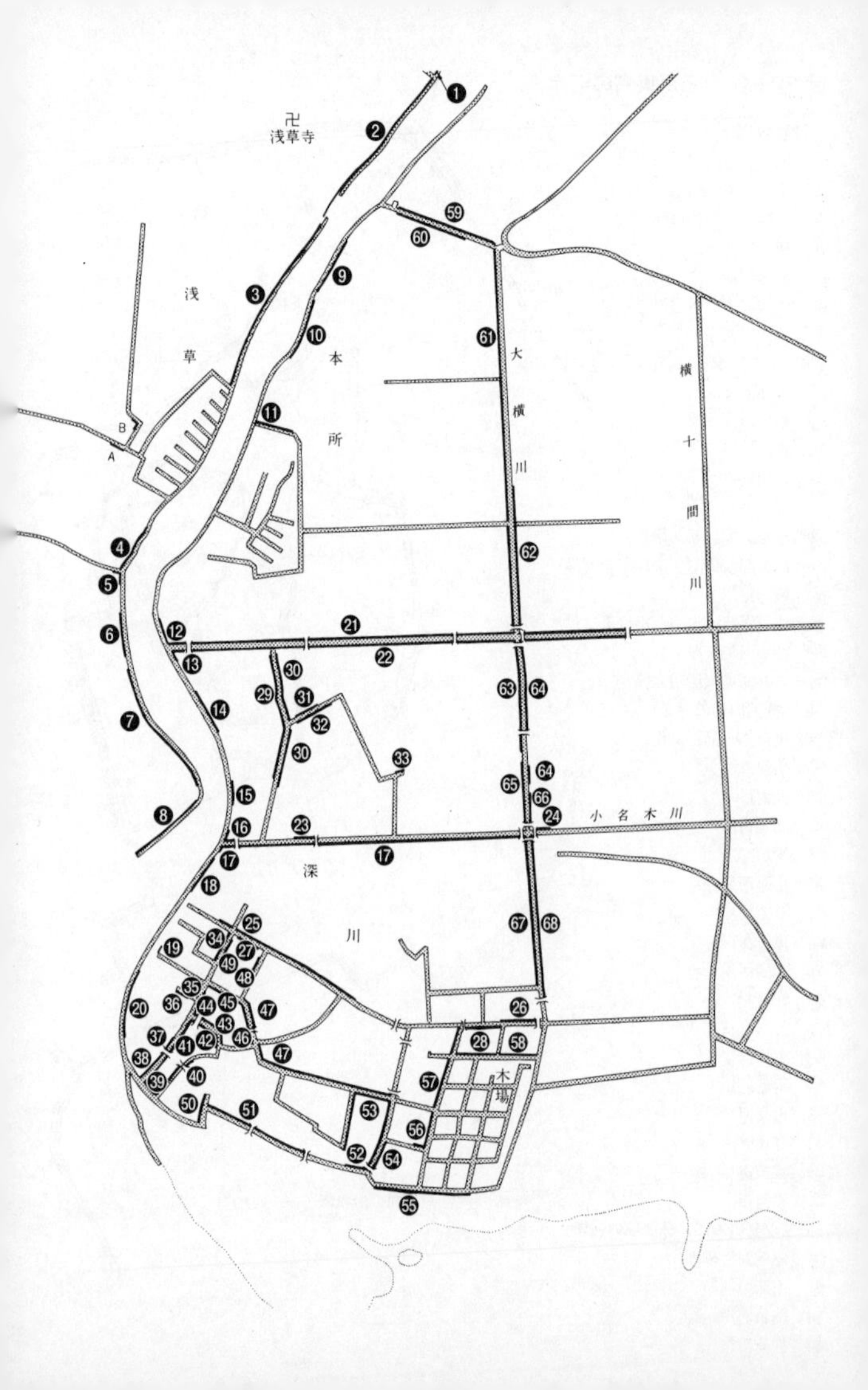

卍
浅草寺
浅草
本所
大横川
横十間川
小名木川
深川
木場
A
B

図 32 - ② 江戸東京の河岸

〔隅田川右岸の河岸〕

❶ 今戸河岸
❷ 浅草河岸
❸ 駒形河岸
❹ 浅草茅町河岸
（明治になり代地河岸）
❺ 新柳原河岸
❻ 元柳河岸
❼ 浜町河岸
❽ 菖蒲河岸

〔三味線堀の河岸〕

A 鳥越河岸
B 福寿河岸

〔隅田川左岸の河岸〕

❾ 青物河岸
❿ 薬師前河岸
⓫ 石原河岸
（明治になり埋堀河岸）
⓬ 尾上河岸
⓭ 千歳河岸
⓮ 安宅河岸
⓯ 西元河岸
⓰ 万年河岸
⓱ 小名木河岸
⓲ 清住河岸
⓳ 佐賀町河岸
⓴ 永代河岸

〔竪川の河岸〕

⓬ 尾上河岸（重出）
㉑ 北竪川河岸
㉒ 南竪川河岸

〔小名木川の河岸〕

⓰ 万年河岸（重出）
㉓ 芝翫河岸
㉔ 猿江河岸
⓱ 小名木河岸（重出）

〔仙台堀の河岸〕

㉕ 北仙台堀河岸
㉖ 久永河岸
㉗ 南仙台堀河岸
㉘ 扇町河岸

〔隅田川左岸の自然堤防緑の河岸〕

㉙ 西六間堀河岸
㉚ 東六間堀河岸
㉛ 北五間堀河岸
㉜ 南五間堀河岸
㉝ 富川町河岸
⓯ 西元河岸（重出）
⓰ 万年河岸（重出）
⓱ 小名木河岸（重出）
⓲ 清住河岸（重出）
⓳ 佐賀町河岸（重出）
⓴ 永代河岸（重出）
㉞ 西永代河岸
㉟ 松賀町河岸
㊱ 小松河岸
㊲ 奥ノ河岸
㊳ 巽河岸
㊴ 浜辺河岸
㊵ 加賀ノ河岸
㊶ 近江屋河岸
㊷ 福住河岸
㊸ 松村河岸
㊹ 伊沢河岸
㊺ 一色河岸
㊻ 黒江河岸
㊼ 油堀河岸
㊽ 大住河岸
㊾ 東永代河岸

〔大島川沿岸の河岸〕

㊿ 大島河岸
51 門前河岸
52 東門前河岸
53 数矢河岸
54 入船河岸
55 弁天前河岸
56 島田河岸
57 大和河岸
58 中木場河岸

〔北十間川の河岸〕

59 北源森河岸
60 源森河岸

〔横十間堀川の河岸〕

61 西横川河岸
62 東横川河岸
63 菊川河岸
64 東町河岸
65 西町河岸
66 晒河岸
67 西亥ノ堀河岸
68 東亥ノ堀河岸

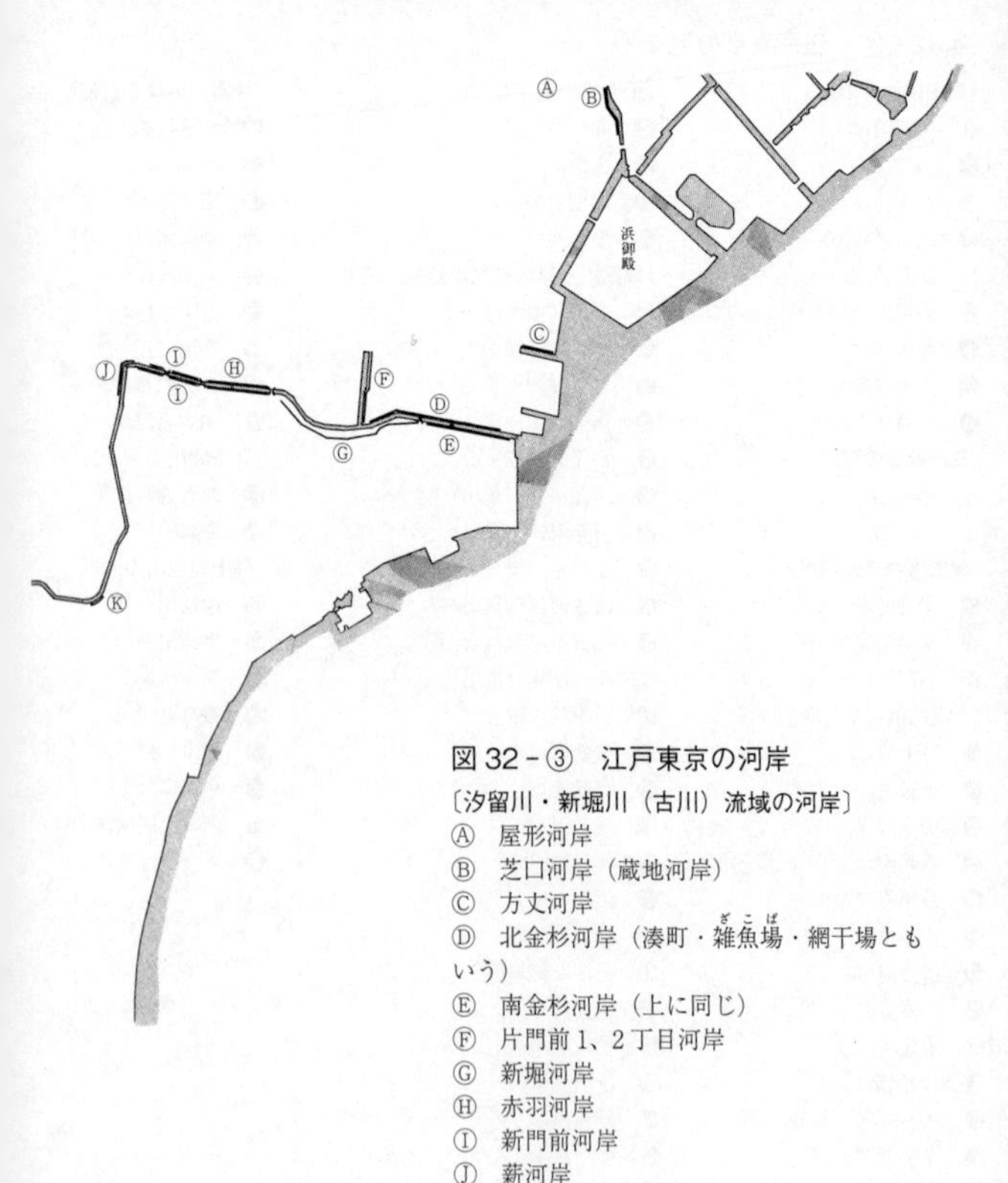

図 32 - ③　江戸東京の河岸

〔汐留川・新堀川（古川）流域の河岸〕

Ⓐ　屋形河岸

Ⓑ　芝口河岸（蔵地河岸）

Ⓒ　方丈河岸

Ⓓ　北金杉河岸（湊町・雑魚場（ざこば）・網干場ともいう）

Ⓔ　南金杉河岸（上に同じ）

Ⓕ　片門前 1、2 丁目河岸

Ⓖ　新堀河岸

Ⓗ　赤羽河岸

Ⓘ　新門前河岸

Ⓙ　薪河岸

Ⓚ　竜源寺前物揚場

に攻撃されると、薩摩藩士らはこの物揚場から海上に逃れているが、航洋船の泊地を目前にしたこの地域の物揚場の多くは西南日本の大名たちによってしめられていた。こうした物揚場の〝隙間〟を含む品川までの海岸は、多分に〝漁村〟的性格が強く、古川河口に日本橋の魚河岸とは独立した小規模な魚市場が成立していた。これが芝浦でありまた落語の「芝浜」(「芝浜の財布」)の舞台にもなった場所である。

古川河口から麻布十番(図32-③のⒿ薪河岸辺)あたりまでに河岸があったが、付近に大きな町(商業地区)がなかったため、〝いちば〟としてではなく輸送ターミナルの性格が強かった。

河岸の役割分担

近世最大の都市江戸は、少なくともその「湊」に関する部分に限れば、案外に早い時期に、いわゆる大江戸を〝完成〟させている。

そして前項の河岸の全貌でみたような状態は、承応期(一六五二〜五四)ころから、太平洋戦争が終るまでの約二百九十年間存在した。もちろんこの間に、局部的な変化は随分あったが、全体の構成に影響するような変更や変化はなかったといってよい。

これは大江戸に限らず、水運網全体にいえることだった。そのかわりに湊=河岸の制度の整備が幕府の手によって精力的に行なわれるようになる。その代表的なものが元禄三年

（一六九〇）の公用貨物輸送の場合の、江戸と各「湊々河岸」の間の里程（距離）と運賃の公定であり、公的交通機関としての河岸の安定化が図られている。また新しく発生した河岸と、旧来の河岸との調整も絶えず行なっている。

ここで大江戸の湊機能を改めて整理してみると、上方との廻船航路の終点は隅田川河口であり、その泊地ははじめは佃島沖だけだったが、やがて品川近くまでに拡がっている。房総半島からの東京湾内航路もまた深川沖が終点であり、同時にそれは東廻り航路―奥川筋水運の終点を兼ねていた。

江戸側（日本橋川河口側）はこの時期からはその役割が逆転して、深川の二次的な終点としての役割を分担した。それは列島規模の廻船による物資の集散において、深川には干鰯で代表される戻り荷があったのに対して、江戸側には戻り荷がないためであり、江戸側はあくまで大都市の消費を支える湊だったためである。

この消費専門の江戸側でもまた役割分担がみられた。前に江戸湊の原形において東北日本指向の交通網は、道三堀―日本橋川と、それに平行する本町通りだと述べたが、この役割は運河神田川の完成によって、大幅に神田川と隅田川沿岸に移されている。

はじめは櫛形の埠頭で航洋廻船を引き受けていた江戸前島は内陸水路化して、佃沖・深川沖からの荷受港になった。このことは関東地方からのローカルな物資――関東地廻り物（奥川筋からの物資）は神田川と隅田川沿岸、主に上方からの物資は佃、深川沖をへて日本橋川河口から築地沿岸で引き受けるようになった。

これを米の場合でいうと中心市場は深川廻米市場であり、神田川沿岸の佐久間河岸米市場は地廻り米の市場になる。明治になると深川は「正米」市場であり、神田川は地廻り米の外に蓬萊米(ほうらい)・朝鮮米などの外米市場を形成している。

材木の場合でも、櫛形の埠頭に並んだ材木町は「本材木町」であり、日本橋川沿岸にあった鎌倉河岸の材木町は、神田川沿岸に移されて神田材木町となる。神田材木町は材木の外に薪や炭を扱う河岸も形成させて、市中の燃料を一手に引き受ける、いまでいえばエネルギーセンターにもなっている。

河岸と鉄道

こうした例はなお多いが、鉄道時代を迎えた時期の例を加えると、明治二十三年(一八九〇)十一月一日、高崎線と東北本線の起点の上野駅から、日本最初の貨客分離が行なわれて、鉄道が神田川に面した秋葉原貨物停車場まで延長されて、東北日本の貨物の流通が鉄道と水運で結ばれている。この時期は大江戸時代からの水運と鉄道が補完関係に入った時代の幕開けだった。

同じように河岸の地域的分業が、そのまま鉄道とネットワークを形成した例として、航洋船泊地の佃沖—芝浦を目前にした新橋駅(のち汐留貨物駅)の成立があり、明治二十九年（一八九六）には奥川筋と東京を結ぶ常磐線の隅田川貨物駅が、現在の荒川区南千住にできている。この駅と秋葉原駅はともに東北日本を指向し、とくに関東地廻りと東京を結ぶ水運と並存したものであって、東京市内の秋葉原駅は市民の食糧・燃料などの生活物資を扱い、外縁部の隅田川駅は工業都市東京の原材料と製品の発着地として配置されている。

また総武本線も明治二十七年（一八九四）には市川―本所（現錦糸町）間が開通し、その一〇年後の明治三十七年（一九〇四）には、錦糸町から現在の両国駅間が開通している。日清・日露戦争の間に日本の工業国化の著しかったことを反映する情況がうかがえるが、これらの鉄道のターミナルが東京市内に取りつけられる以前に、関東地方一帯に水運と競合しながら並存した鉄道網が、かなりの密度で形成されていた。

東京から放射状につけられた鉄道幹線の開通年月日と、水運との関係はつぎのとおりである（小規模なものと、のちに延長された区間およびその開通年月日は省略した）。

明治6・9・15　東海道線新橋―横浜間貨物輸送開始。海運と併存。

明治16・7・28　高崎線上野―熊谷間開業。荒川中流域との連絡。明治17・5・1　高崎まで開業、利根川水運と接続。明治17・8・20　両毛線高崎―前橋間開業。

明治18・7・16　東北線大宮―宇都宮間開業、利根川橋梁未完成のため渡船連絡。利根川と鬼怒川水運に接続。明治19・12・1　宇都宮―黒磯間開業。明治20・2・15　東北線郡山―塩釜間開業し、東廻り航路と並行した。

明治22・4・11　中央線新宿—立川間開業。多摩川水運と接続。
明治22・6・16　横須賀線大船—横須賀間開業。東京湾西岸海運と並行。
明治23・6・1　日光線宇都宮—今市間開業。鬼怒川水系と接続。
明治23・11・1　東北線上野—秋葉原間開業。同日一ノ関—盛岡間も開業。
明治23・11・26　水戸線水戸—那珂湊間開業。内川廻しの補完。
明治27・7・20　総武線市川—佐倉間開業。下利根川水運と接続。12・9　市川—本所（錦糸町）間開業。湾内および江戸川河口と接続。
明治28・3・21　現西武線川越—久米川間開業。荒川水運の補完線。
明治28・11・4　常磐線土浦—友部間開業。以下常磐線はすでに紹介したので省略。東廻り海運と内川廻し水運の代替鉄道。
明治29・1・20　外房線蘇我—大網間開業。九十九里の干鰯輸送。明治30・4・17　一ノ宮まで開通。前者の延長。
明治30・6・1　総武線銚子まで開業。利根川河口と東京の接続。
明治31・2・3　成田線佐倉—佐原間全通。これで利根川下流と東京が接続。
なお小名木川貨物駅の開業は、江東地区の工場地帯化が顕著になった昭和四年（一九二九）のことだった。
東京に対する環状線としては、

明治21・11・15　両毛線足利—桐生間開業。
明治22・1・16　水戸線水戸—小山間開業。
明治30・1・1　両毛鉄道、日本鉄道に譲渡。
明治39・11・1　日本鉄道の大宮—前橋間、宇都宮—日光間、小山—水戸間、水戸—那珂川間、小山—前橋および常磐線を国有鉄道に買収。

この那珂川から前橋・高崎間の鉄道は、那珂川・小見川・鬼怒川・渡良瀬川・利根川の各水系のもっとも上流の河岸を結ぶ形に敷設された鉄道であって、水系と水系を結ぶ鉄道であり、東京に対する全く新しい環状線だった。

これらは大江戸を出現させ、維持してきた関東全域の水運網を、大部分がなぞる形に建設されたもので、両毛線・水戸線は各水系の上端部を横断的に連絡するものにほかならない。そしてこの東京をめぐる広域交通網の近代化は、承応以来の江戸の都市構造を鉄道網によって再編成するための再開発だったともいえる。

江戸の〝道路率〟

鉄道が出たところで江戸の道路率にふれよう。道路率とは都市面積の中で道路面積の占める割合であり、この割合の大小が近代都市の優劣の一つの指標にされている。データは少し古いが高度成長期の開始期の東京と、世界の都市の道路率を柴田徳衛著『東京』（岩波新書、一九六四年刊）によって比較してみよう。

なぜこの資料を引用したかというと、昭和五十八年六月に、東京都は二十三区部を対象に、最初の精密調査による「土地利用現況調査」結果を公表した。それによると区部の道路面積の割合は一五・九％だった。高度成長期をはさむ一九年前の『東京』から引用した表の九・八％に比べると、道路率は約一・七倍の増加である。しかもその増加分の相当な部分が、かつての水路を道路化したものである。

これにヒントを得て旧東京市（都心七区の範囲）の道路面積に、隅田川を除く水路の面積を加えた私の試算の結果では、その〝道路率〟は約二六％となる。これはロンドン・パリをこえて、ボストン・ベルリンなみの割合である。さらに旧東京市を流れる河川面積を加えたらワシントンなみになることが予想される。このように江戸の〝道路率〟はたいそう高率で〝近代的〟だったといえる。

近代都市の道路率

都市名	割合(%)
ワシントン	43
ニューヨーク	35
ウィーン	35
ベルリン	26
ボストン	26
パリ	25
ロンドン	23
名古屋	22
東京	9.2

柴田徳衛著『東京』岩波新書 1964 年刊より

もちろん道路と水路の面積を合算することの批判は承知の上だが、江戸の交通路面積を考える場合は容認されることだろう（ベネチアの場合も同じことがいえそうである）。

この高い〝道路率〟こそ大江戸の人口が元禄八年（一六九五）に一〇〇万を超え、最盛期には一二〇万の人口を支え得た最大の理由だった。これを産業革命の本場のロンドンの人口と比較すると、ロンドンがパリを抜いて八五万になったのが一八〇一年（享和元年）、その三〇年後（天保二年）に一四七万と急増している。

産業革命を経ない江戸の人口の多さが、世界史的にみても非常に特異な存在だとされているが、その謎を解く鍵はこの高い〝道路率〟にあったのである。

IX　お台場時代

浅間大噴火

天明三年（一七八三）の二月二日、多分火山性地震と思われる大地震が江戸を襲った。続いて浅間山の噴火が始まって止まず、六月の末にはますます強くなった。『武江年表』によれば七月四日から「毎日雷の如く山鳴り」が聞え、六日夜から七日にかけて火山灰が降りだし「天闇く夜の如」き有様で、「竹木の枝、積雪の如し。八日に至り快晴となる」とある。

これが有名な浅間山の天明の大爆発だった。

『武江年表』ではその後の各地の被害を記録した後に「信州より上州、熊谷辺まで、遠近違いあれども四、五年の間作物ならず。此間の難にふれて死するもの凡そ三万五千余という」とのべ、江戸の状況について、

「元禄十六年（一七〇三）十二月にも此山焼たれども（噴火したけれども）、此年の如くにはあらざりしや。江戸にても硫黄の香ある川水、中川より行徳に通じ伊豆の海辺まで悉く濁る。依て芝浦、築地、鉄炮洲の辺まで、今にも津波起るとて大いに騒動し、佃島の男女まで残らず雑具を運びて陸地に落ちること凡二日なり」としるした。

この記録を見た限りでは大した被害ではないようだが、爆発による厖大な火山灰の堆積は、利根川はじめ関東の諸河川に重大な影響を与えた。爆発以後関東の河川の洪水は、それまでとは比較にならないほど激増し、その程度も大きくなった。また農業の被害は当然として、河流の状況からみても大量の火山灰の堆積と流出によって、川の流れ方が悪くなりその結果河床が付近の土地よりも高くなる、いわゆる天井川がいたる所にできた。このため水運は決定的な打撃を受けるにいたった。

幕府は爆発の年の十一月から、大がかりな天下普請を発令して、諸大名に関東地方一帯の河川の火山灰の浚渫や治水工事をやらせているが、自然の巨大さの前にはほとんど効果がなかった。

それ以後も、火山灰処理のための利根川治水工事はくり返し行なわれた。その中には利根川の流勢をもとに戻すために、あの「瀬替え」をやめて、原流路を復活させる案などが、何度も検討されている。

浅間噴火の後遺症は明治になっても残っていて、明治政府は明治三十三年（一九〇〇）

に、改めて大規模な浚渫工事を中心にした利根川改修工事を開始し、現在みるような天井川の周囲を長大な堤防でかこまれた利根川の原形が、つくられていった。

近代日本の治水技術はオランダ人御雇外人による高水工法――限りなく暴れる川を制圧するために、限りなく堤防を築きあげるという技術の思想による治水方法――の無批判な導入によって、本来の日本の河川の様相が根底から破壊されたといわれてきた。

しかし実際には、日本人自身によって、関東地方に限れば江戸時代から、結果としての高水工法が行なわれてきた。それは直接的には天明の大爆発から明治三十三年までの一一七年間、火山灰の跡始末に悩まされたのだが、間接的には現在もなおその影響はつづいているといってもよい。

『武江年表』の著者の斎藤月岑（げっしん）（江戸・神田雉子町の名主、『江戸名所図会』の著者としても有名）が、浅間の爆発を記録するさい、わずか八〇年前の元禄十六年の爆発を、すぐに思い出して比較している点に、事物を時系列的にとらえるという、江戸人共通の感覚がみられて興味深い。

高水工法と低水工法――日本の治水技術は、川は洪水があるのが普通だという認識の上に発達した。これはエジプトのナイル河も年一度の定期的洪水を期待して、その灌漑技術が発達したように、日本だけの特殊事情ではなかった。この場合の低水工法とは、洪水時の水勢をゆるめたり方向を変えるための最小限の堤などの施設の築造であり、また集落のある自然堤防を補強する工事だった。低水工法ではわざわざ遊水池をつくるまでもなく、流域の大半が一過性の遊水池だった点にも特徴がみられる。

河岸の衰退

こうした災害によって水運も大きな影響を受けた。とくに大江戸が最盛期を迎えたといわれる化政期（文化〜文政時代＝一八〇四〜二九）に入ると、関東地方内陸部の河岸は、いいあわせたように「近年諸方之出荷物俄に相減」といった状況におちいる。つまり天明三年の大爆発から約二十年後になって、多くの河岸とその問屋は扱い荷物の減少で、経営が苦しくなってきたのである。

水運の荷物が減った理由は二つあって、一つは扱い量の相当の割合が陸運に切りかえられたことによる。それは火山灰で航行不可能な時期に、いわば緊急輸送のために利用した駄馬（馬による輸送）が、ある程度水運が復活した後も引き続き活躍したためである。

河相の変化でそれまでの水運が困難になった代表的な場所は、やはり関東平野中央部の分水嶺の部分だった。とくに関宿から旧常陸川流路に瀬替えされた利根川の部分は、冬から春までの渇水期にはほとんど舟航ができなくなっていた。奥川筋の大動脈が半年近くも使えなければ、何らかの方法を考えるのは当然なことで、図33「利根川バイパス輸送路」にみるような水陸の輸送路が、つぎつぎに開発された。

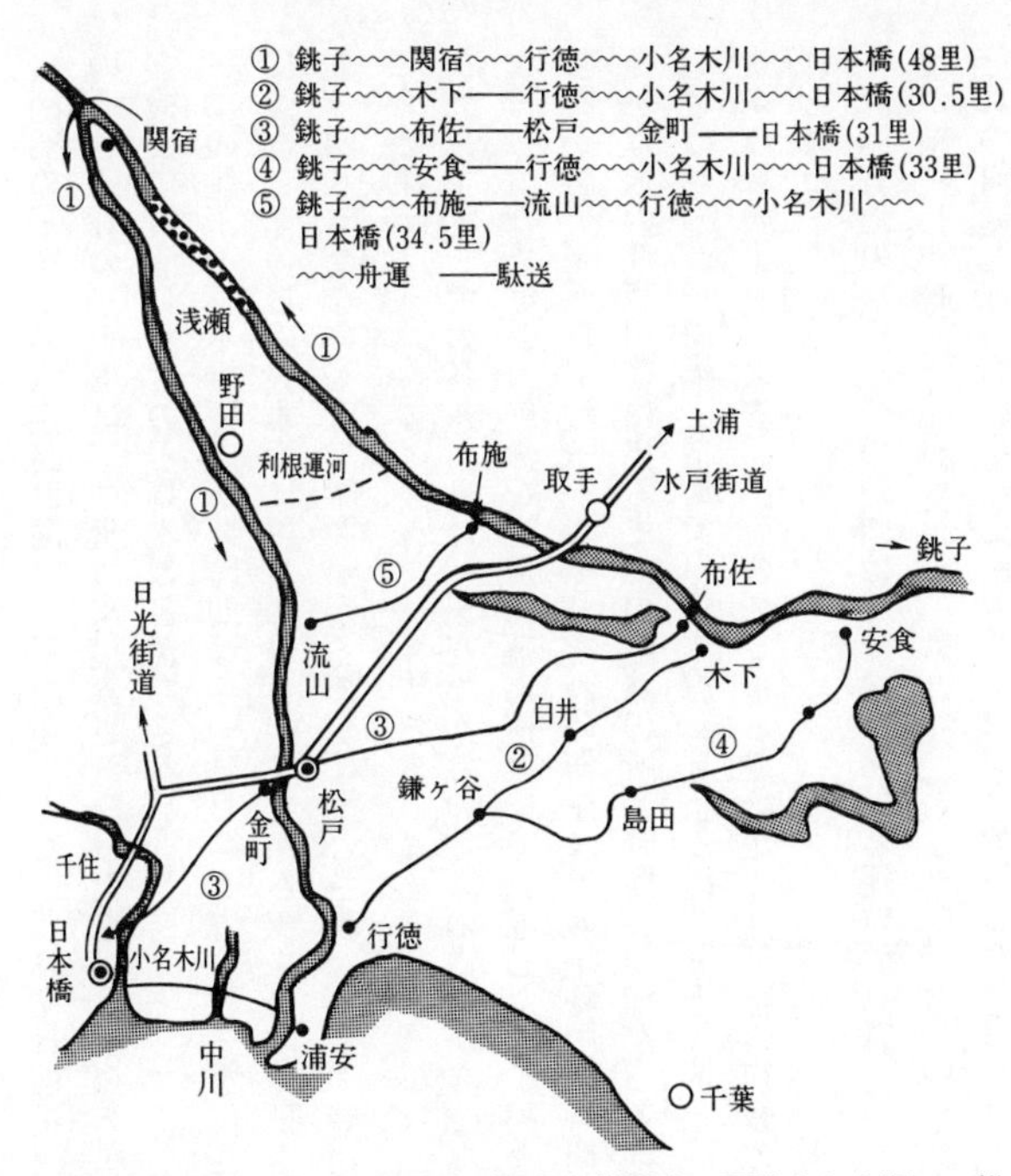

図33　利根川バイパス輸送路（番号は輸送路の開発された順——推定）

図33の①〜⑤の輸送路は開発の年次順なのだが、いずれも正確な年代は不明である。このそれぞれのルートは、中世以来模索され続けたこの分水嶺の横断道路が、天明の大噴火を機会に復活したものと見ることができる。

①の銚子―日本橋間の所要時間は「一日目の夕方、銚子を出発し、二日目の未明に布佐につき、その日の昼までに松戸に着き、夕方から夜にかけて日本橋に着いた」と伝えられ、大体四八時間ないし五二時間かかるのが標準とされたから、時速四キロ前後の速さだったことがわかる。

②以下⑤までの各ルートは、現在でもこの地方の古老から「なま」街道と呼ばれているように、なまうお＝鮮魚を江戸に運ぶ道として発達した。干鰯ならぬ鮮魚輸送となれば、時間が勝負だから、銚子からそれぞれの河岸までの平均所要時間を約十二時間とすると、それ以後の江戸川筋に出るまでの陸路の所要時間の短縮が、各コースの存立のための至上命令になった。宿継（宿場での積替え）をせずに通し馬を使ったり、街道ではない裏道を選ぶなどの工夫による、出荷のスピード競争が十九世紀の初頭のこの台地の上にくりひろげられた。

河岸衰退のもう一つの理由は、舟運における運賃の高騰だった。奥川廻しの広範囲な水運が確立した時期の元禄三年（一六九〇）に、幕府は河岸の存在を改めて公認して、それぞれの河岸と江戸間の里程（距離）と運賃を公定した。もっともこの公定値段はあくまで公用貨物の場合であって、民間の貨物運賃は相対（自由値段）できめられた。そもそも公定値段をきめるということ自体、自由値段がかなり高くなっていたことを裏書きするもので、運賃の実際は絶えず公定値段をおびやかすものだった。

一面でいえば河岸は安い公定値段の〝赤字〟をうめるために、自由値段で利潤を確保していたともいえる。それにもまして民間貨物の増加が、このような運賃統制をまねいたのである。

噴火による河相の変化にともなう水運の非能率化は、流通量の低下と流通経費の増大となって現われ、それはただちに河岸の利潤に影響した。河岸はこの窮状を打開するためには運賃値上げをするほかはないという、解体前の国鉄と同じような情況に追いこまれていった。

一方この時期になると河岸の問屋・仲買らと、船持・水主（船員）との間でも運賃をめぐって対立がおきはじめた。流通体系が問屋などの流通業者と、船持・水主などの流通手段とに分業化した結果である。

また「無株の者」つまり公式な運航許可を持たない問屋や船が、運賃競争に加わって活躍しはじめた。

このような状況に加えて、間道や脇道を利用した「農閑駄賃馬」——農民が現金収入を得るための、幕府や公認の河岸にいわせればヤミ稼ぎが、驚くほどの速さで広い範囲にひろがっていった。この〝アウトロー〟の増加はさきの「干鰯貿易」の項でみたように、関東地方でも干鰯の需要が生じたように、河岸をめぐる農村の経済的自立を物語るものだった。こうして水運の大江戸に対する一極集中は急速に変質していった。

埋立地の市場

これと非常によく似た状況が、最近の流通事情の中にみられる。東京を例にとれば東京という巨大な「いちば」の中の「いちば」である中央卸売市場の場合である。東京の中央卸売市場は都内だけでなく、広く首都圏から東北日本の生鮮食品の集散市場として機能している。その運営は幕府ならぬ「卸売市場法」によって、厳重な規制のもとに行なわれてきた。

しかし最近は中央卸売市場の取引きの原則であるセリを経ない流通が、市場入荷量の五〇％以上をしめるようになり、さらに市場関係業者による市場外流通を加えると、生鮮食品流通における中央卸売市場のウエイトはさらに低下する。

その最大の理由は、生鮮食品に対する消費者の需要が、非常に多様化したことと、それをうながしているスーパーなどのいわゆる量販店の増加により、それまでの市場機能が現実に追いつかなくなったためである。つまり売り手市場から買い手主導の市場に変質したことに、対応しきれなくなってきた。さらに農水産物の自由化や輸入の増加という国際化についても、既存の卸売市場体制はほとんど抵抗力を持っていない。

流通の中心にあった公的市場の役割の割合が、一〇〇％近い〝大部分〟だったのが、五〇％以下という〝部分〟に転落したのは、わずかにこの二十年たらずのことだった。

昭和六十三年（一九八八）正月、最大手の青果物卸売会社が、農協・仲卸・スーパーと組んで、お年賀用大粒イチゴの宅配便を始めたことで象徴されるように、生鮮食品市場の一極集中はその足元から崩れはじめている。

東京の中央卸売市場が少品目大量荷さばきの場所を求めて、東京湾埋立地に都心の市場を移転させて開設する計画が決定されたのが、昭和五十一年（一九七六）だが、その新市場大田市場が竣工する前に、その推進にもっとも精力的だった卸売会社が、多品種少量流通の営業を〝市場外〟で始めだした。

近代都市計画とはそうしたものだと、いわば他人事で片づけることはたやすいが、計画と現実の間で苦しむものはきまっている。この例だけではなく、現在の多くの東京湾進出計画は、程度の差はあっても多かれ少なかれこうした問題をかかえている。

もとにもどって、強いて江戸時代と現状を対比させると、公認の河岸は卸売市場法による市場（卸売・仲卸・買参人によって構成される）であり、アウトローの農閑稼ぎは産地直販だったり、大急増した宅配便業者でもある。それに加えて食品輸入業者が〝河岸〟の屋台骨をゆるがせていて、むかしもいまも、同じようなことをくり返していることがわかる。

図34　安藤広重「四ッ木道用水曳船」

曳き舟と運河——河相が変ったために流通経費が増大したのは、火山灰堆積のために河床が高くなって水量不足になった部分——いわゆる高瀬——では曳き舟に頼ったからである。関東の高瀬舟は森鷗外の『高瀬舟』とはちがい、かなり大型で舟底も丈夫だった。水のない所は河原の石の上をソリのように引っぱることもした。この曳き舟賃が運賃高騰の直接の原因だった。

曳き舟とは、川の岸に沿って舟を引っぱることで、曳き綱はへさきには結ばず、舟の——凧でいえば糸目に当る場所に綱をかけて引く。そうすると舟は岸に寄ってこないで楽に引けるもので、流体力学の美事（みごと）な応用である。

貞山堀や小名木川のような沿海運河でも、帆走ができるときはもちろん帆走したが、つねに帆走に都合のよい風が吹くとは限らないから、大体は曳き舟によった。

その具体的な有様は安藤広重の名作シリーズ『名所江戸百景』のうちの、「四ッ木道用水の曳き舟」の錦絵に描かれている。なおこの用水の南半分は曳舟川と呼ばれて、墨田区内を流れていたが現在は跡片もなくなり、わずかに駅名や交差点の名に残っている。

曳き舟といえば一九八七年の春、中国の大運河の蘇州—無錫間を「東呉」号に乗って見学する機会に恵まれた。たまたま日中戦争当時、この大運河を一兵士として輸送業務に従事していた成瀬三千男氏（三鷹市在住）と同船したが、同氏の御教示によると、当時の大運河の輸送は、すべて曳き舟だったという。水路が交差している場所にさしかかると、成瀬氏が曳き綱をもって褌一本で川に飛び込んで、所定の進行方向を確保したという。

いまの大運河には曳き舟は見られず、M・R・Sと同様にバージによる江南の大動脈として活況をきわめている。そしてそれは明治四十二年三月二十日に刊行された『新撰東京名所図会』第六四編の「小名木川の眺望」図を連想させるものだった。

連想ついでにふたたびライン川の見聞をしるすと、船上からみたライン川の沿岸風景は富士川の、とくに鰍沢（かじかざわ）付近の風景に似

図35　「小名木川の眺望」

ていることに気づいた。富士川は家康が駿河と甲斐を結ぶ舟運路として角倉了以(すみのくらりょうい)・与一(よいち)父子にその運河化を命じて、慶長十九年(一六一四)に完成させた水路である。この開発とは自然河川の両岸を整備して、曳き舟川にしたことにほかならない。

そこで通訳やガイドに、エンジンのない時代のむかしはどのようにしてライン川を舟が遡ったのかを聞いてみた。途中経過は省略するがとにかく船上では彼等からの解答は得られなかったのだが、沿岸にほぼ一キロごと位に観光案内の説明にあるネズミ城だのネコ城などという類型的な名の城が並び、そのそれぞれが川を航行する舟から通行税を取っていたという話から総合すると、それは曳き舟の引き賃であり、城の間隔は綱の長さに見あう距離であり、同時に曳き舟業者のテリトリーをしめすものとにらんだ。

下船して桟橋のそばの宿屋(ホテル)をのぞき込んだら、案の状、曳き舟風景の壁掛けが目に入った。もっともフランスの影響下にあった時代のものらしく、馬車で船を引っぱっている絵だった。フランスの運河の多くが、早くから馬による曳き舟が普及していたことは、かなり知られている事柄である。

エンジンのなかった時代には、世界中の川と運河の沿岸で「ヴォルガの舟唄」と同じ、それぞれの川の曳き舟唄が流れていた。

開国強要

文政八年(一八二五)六月十八日、幕府は「異国船打払令」を公布した。

すでにⅠ章の「黒船の場合」でみたように、それより半世紀も前の一七八〇年代から、世界各国の軍艦や捕鯨船が日本近海に出没していた。いま目の仇にされている捕鯨は、当時の先進工業国にとっては、工場の二四時間操業のための照明用油を得るため、重要な資源獲得の意味をもっていた。この「極東」の操業海域に横たわる日本列島は、彼等の飲料水・生鮮食品・薪炭の補給地として、また台風時の避難港としての魅力ある陸地だった。また当時の東アジアの国際情勢の〝つぎ〟の舞台として、彼等の視野の中に入ってきた場所だった。こうした情報を得ていた幕府としては「打払令」は当然の措置だったといえよう。

関東沿岸と東京湾（浦賀）に局限して、公的に記録されたものだけを挙げると、一八一〇年（文化七年）に英国船が常陸に来たのを手始めに、一八二四年（文政七年）までに英国船は浦賀に三回、常陸に一回きていて、東廻り海運に大きな影響を与えている。天保八年（一八三七）に米国船モリソン号が浦賀にきて撃退されたのちも、外国船は浦賀に二回、東京湾内に二隻の船隊が一回、房総沖・伊豆七島が七回、相模湾が二回と、米・英・デンマーク船がきている。

浦賀はじめ東京湾内にまで外国船が入ってくることは、幕府に深刻な打撃を与えた。東京湾口の浦賀は陸の箱根の関所に対する海の関所であり、同時に関税徴収の最大の拠点だったからである。海の関所ははじめは元和二年（一六一六）に下田に置かれた。その業務は江戸出入船舶の乗員・積載貨物の検査および武器の移動と大名の出入りの監視だった。

しかし廻船の増加とともに下田を素通りする船が多くなったため、享保の改革の一環として、享保五年（一七二〇）に下田番所を浦賀に移し、翌六年（一七二一）二月一日より船改めを実施している。この時期には関所機能よりも物資流通量の確認に重点が移行したのである。干鰯だけをとっても江戸と浦賀は激しい商戦をくりひろげ、浦賀は江戸に劣らない富の集積地だった。

そこにモリソン号が入港し、弘化三年（一八四六）閏五月には米国東インド艦隊司令官ジェームズ・ビッドルの率いるコロンブス号とヴィセンス号が入港して、「通信互市」を求めた。しかしこれは本国政府の訓令によるものではなく、ビッドル長官の意志によるものだったので、開放的・友好的な交渉ののちに退去している。

三回目のペリーの場合は、通商条約締結を目的とする大統領親書を、日本皇帝に伝えるために、国務長官指揮下の「東インド・シナ・日本海域にある合衆国海軍司令長官」の立場で嘉永六年（一八五三）六月三日、浦賀に入港した。そして大統領親書を将軍に渡すまで、ペリーは全力を尽した。めったな者に親書は渡せないからである。これが幕府の官僚にとっては威圧的・好戦的にうつったとしても、当時の国内と国際事情の相違からすれば、やむを得ないことだった。

親書を渡したペリーは、来年改めてその返事を聞くことにして、六月十二日に一応浦賀を出航し、I章「黒船の場合」の項の図のような航路をとって、再び浦賀にきたのは翌年の安政元年（一八五四）の一月十六日のことだった。

お台場築造

幕府はペリー退去後の七月二十二日、品川沖に台場＝海上砲台を築くことをきめた。構築責任者は江川太郎左衛門英竜である。台場は図36「お台場と東京湾」にみるように一、二、三番台場を第一線とし、そのうしろに四、五、六、七番台場と二列に計画された。そして一、二、三番台場はペリーの再来の約四か月後の安政元年（一八五四）五月に約十か月間で完成し、五、六番台場はその年の十一月にそれぞれ完成した。なお初めの計画では十二番台場まで築造の予定だったが、完成したのは五つで四、七番は途中で工事が中止され、他は計画だけに終っている。

ただ江戸防衛線が図のように品川沖だけに片寄っていた点と、この夜を日についだ突貫工事が、江戸初期のような天下普請ではなく幕府の直営工事（ただし工事は民間請負）だった点に大きな特徴がみられる。

はじめの品川沖に片寄った理由は、この部分の旧隅田川の海底谷（これを澪筋（みおすじ）といった）のほかは、土砂の堆積が激しく、吃水の深い蒸汽船が航行できないと考えられたからであり、天下普請ではなく民間人に請負わさせたのは、それほど幕府の力が衰えていたことを

図36　お台場と東京湾

物語るものだった（当初計画における請負落札者は、幕府の大工棟梁の平内大隅（へいのうちおおすみ）、同じく勘定所御用達の岡田治助および柴又村の五郎右衛門の三人だった）。

それにもましてお台場築造は同じ海の埋め立てでも、大江戸形成までの海への進出とは全く異なる埋め立てだった。それまでの陸地につぎ足す形ではなく、陸地から隔絶した所に埋め立てが行なわれたのである。

いいかえると都市の拡張のためではなく、純軍事的な必要によるものだった。もっとも江戸防衛のためなのだから、広い意味での都市施設といえるが、やはり都市江戸にとっては異常なものであり、対外事情の緊迫の結果だったといえる。

マラケ河岸風景

一九八七年の八月はじめ、ルーブル美術館の見学をつき合わされた。〝見なれた〟名画が壁にスキ間なくかかっているのから解放されて外に出た途端、対岸のマラケ河岸にあるフランス学士院のファサードいっぱいに、見たような大看板があるのに気づいた。

——都市景観についてはヒドクうるさいはずのパリのまん中で、学士院の出入口を残して白地のカンバスが建物の前面に張られ、それには日本を代表する建築家の作品が描かれていた。右上にオリンピック競技場の平面図、中央に新宿副都心に計画されている東京都庁の立面図、そして左側いっぱいに東京湾都市軸構想の平面図が赤とブルーの線であしら

マラケ河岸の大看板

われている壮大なものだった。

会場といい看板の大きさといい、さすが経済大国日本が誇る建築家の業績展にふさわしいものだったが、かねがね最近の多くの東京湾海上都市計画について〝お台場性〟を感じていたわたしにとって、この催し物はまさにナルホドとなっとくするものを与えてくれた。

ここでいう〝お台場性〟とは外国の圧力に反応することであり、現在の場合でいえば、世界中の金を一人じめしかねない日本に対する反感、つまり国際情勢の緊迫化に対応することを指す。いいかえればこのような実績を持った建築家が、このような構想による大建設を指導し、内需拡大をはかりますという宣伝が、セーヌ川左岸マラケ河岸で行なわれていたのである。

しかし「外圧」をかける側としてはこの程度の宣伝ではまだ不足らしく、一九八八年に入ってからは、建設市場の国際的開放要求が強くだされて、これも深刻な問題になっている。

もちろん一八五〇年代の「外圧」と、一九八〇年代の「外圧」を単純に比較することはできないにしろ、その〝お台場性〟にはほとんど変りがないように思える。そしてこの〝お台場性〟の犠牲になった東京の水辺は、一八五〇年代の場合はささやかなものであり、のちにはかえって風致を増した面もあった。

しかし一九八〇年代の〝お台場性〟による、多数のプロジェクトによる東京湾の巨大な陸地化は、東京の水辺をとりかえしのつかないほど破壊してしまうだろう。われわれの祖先がフレキシブルな空間として、長い間かかわりつづけてきた東京湾が、「偉大で完全な」都市計画で固定されてしまうのである。

東京と横浜

お台場の配置でも明らかなように、浚渫能力が貧弱だった江戸時代から明治中期にかけて、江戸湊―東京港は絶えず港の土砂の堆積に悩み続けた。江戸末期には佃沖の航洋廻船泊地は十分に使えなくなり、多くは品川沖に移っている。

そのため吃水の深い大型蒸汽船や機帆船は、大部分が横浜港どまりとなり、江戸―東京の海運機能はほとんど失われてしまった。明治五年（一八七二）に横浜―新橋間に、日本最初の鉄道が敷設されたのは、この欠陥港湾化した東京湊の機能を補うためのものでもあった。

東京の近代都市化の第一着手は、ちょうど今から一〇〇年前の明治二十一年（一八八八）八月十六日に公布された「市区改正条例」による、東京の都市再構成事業だったことはよく知られている。しかしその市区改正条例制定までに、東京港――当時の表現にしたがえば「品海築港（ひんかいちくこう）」が大きな課題であったことは、案外に見のがされている。

明治十八年（一八八五）二月から行なわれた、東京市区改正審査会（会長芳川顕正）と品海築港審査委員（代表は海軍大輔少将樺山資紀）らによる、東京の水辺をふくんだ再開発についての討論記録が『東京市区改正并品海築港審査議事筆記』として残されているが、その大要を紹介すると、第一の「東京市区改正大体論」において、商工会を代表した渋沢栄一が「東京ハ是迄ノ如ク〝小売リ喰潰シ〟の都市から「諸品ノ問屋地方」つまり消費都市から、上方に依存しない商業都市に変えて行かなければならないことを力説している。これも横浜に繁栄を奪われた、東京の情況を反映した議論にほかならなかった。これを現在の状況と比較すると、高度成長期を経て形成された産業優先都市を、情報都市化しようとする資本側の発言を思い出させるものがある。

以下東京の軍事都市化のための道路・橋梁・市街構成などの項目に続いて「河川」の問

題がとりあげられる。ここでも渋沢は道路拡幅と並んで築港の必要性を強調しつづける。

一方、審査会には主に都心部に一〇本の「新川」計画が提案される。「新川」とは新運河建設を意味したことはいうまでもない。この時点の「新川」を審査会の各委員がどのように理解していたかを知るものに、それぞれの「新川」ごとに、水吐(みずはけ)・防火・下水・運輸・防御用の各機能の良否について討論が行なわれている。

明治になっても水吐=低湿地の排水や市街戦に備えた「防御性」が真剣に討議されていることが面白い。また陸軍軍医の長与専斎(ながよせんさい)が新川開削費用と大下水(都市下水道)とは、経費的にどちらが得なのかという議論をすると、これも商工会の代表である益田孝が下水の方が橋がいらないから安くつくとも述べる(益田は『議事筆記』でみた限りでは、運河否定・下水促進論者であった)。

そして水運論者の渋沢が米は「深川ヨリ市中五千軒以上ノ搗米屋(つきごめや)(精米業のこと)ニ渡リテ小売トナル」という発言から、新時代の水陸運輸の利害得失論が活発にたたかわされている。

上野山外の新一区

こうした官製の市区改正案の審議とは別に、純然たる民間人による市区改正案を紹介しよう。市区改正が正式に実施されてから一一年後の明治三十二年六月十日刊行の『風俗画報』一九〇号に掲載された野口勝一の「上野山外に新一区を起すべし」がそれで、大江戸が近代都市東京に脱皮する時点で、民間のジャーナリストが水運をどのように考えていたかがわかる資料である。ここでは原資料を適宜引用して、そのあらすじを紹介しよう。

「東京市現時の状勢を見るに戸口増加の速力は駸々として底止する所を知らざるが如し（中略）前年陸田水田又は草藪たるの地は各々人家の為めに埋没せられ、稲麦蔓草の区は変じて汽煙空に沖るの工場となり、乃ち其工場に負帯して大小の家屋参差として起り……」という書き出しではじまる。これは戦後の高度成長、そして住宅の都市郊外へのスプロール化による進出は、すでに十九世紀末の時点でもみられたことがわかる。

そして図37「新区運河計画」の範囲つまり現在の荒川区のほぼ全域を対象に、図中の点線のような運河を開削して、東京市の一六番目の区を新設することを提案する。

すなわちこの地域の発展は「道路の不便ではなく水利の便を欠くため」であり、ここが市街地化すれば牛込・赤坂両区の比ではないとのべ、「本線は図の点線から金杉町―下谷―神田川に掘り、支線は南千住と隅田川を結ぶべし」といい、その水運策の具体案を詳細にのべる。

そしてこの水路ができると、第一に工場ができ、それに随がって人家が立ち、それがやがて街並みを形成するようになると述べて、「およそ水利と工場との関係又は土地の繁栄

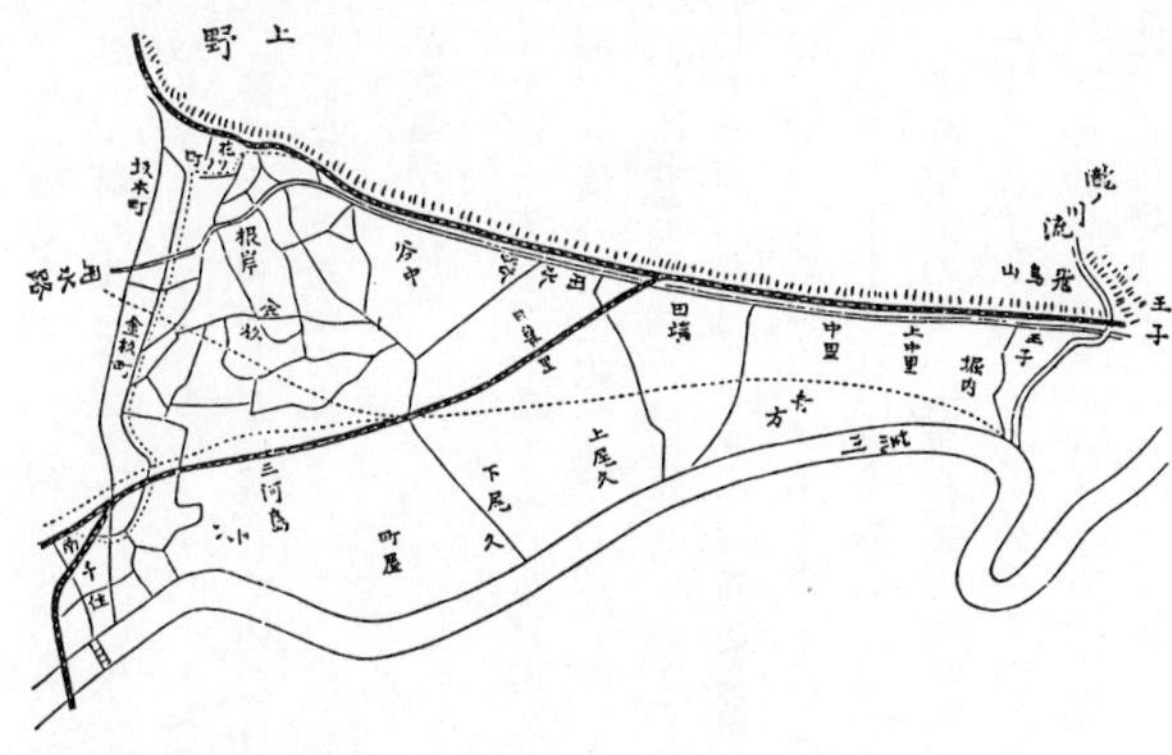

図 37　新区運河計画

との関係はすこぶる大なるものにて、日本橋、京橋、本所、深川等に工場巨屋の多きも水利あるが為めなり。小石川に砲兵工廠あるは江戸川の流れあるが為めなり。赤羽に海軍兵器製作所あるも古川の流れあるが為めなり。芝に工場多きも海に接するが為めなり。王子に工場多きも荒川に接するが為めなり」「市の内外に向て溝渠の開き得べき限りは之を開きて、利便を与ふるは（中略）鉄道馬車、市内鉄道を作ると共に、溝渠を通するの最も必用なるを覚ゆ」と、ここでも交通手段の多様化を提言している。

そしてそのための財源にも言及し、「此事を行ふに当りては、第一に要するは資費なり。是は国費を以て弁ずべきものにあらず、市（東京市）の利害に属するを以て、市の事業となして之を興さざるべからず」と、地方自治のスジさえ通している。

野口は嘉永元年（一八四八）常陸の磯原で生まれ、明治八年に『茨城日報』を起し、明治十六年には茨城県会議長となり、明治二十五年には衆議院議員に当選しているが、地方政治家というよりジャーナリストとしての活躍が記憶されている人物だった。

野口のこの提案が実現していたら、現在の東京区部の北部一帯の有様は、随分ちがったものになっただろう。

品海築港大体論

「東京と横浜」の項でみた東京市区改正審査会では、四月の末になってから、いよいよ品海の港湾の近代化が論じられた。まず隅田川河口の土砂の堆積状況が報告され、大川澪（おおかわみお）（いまの勝鬨橋側）と上総澪（かずさみお）（いまの相生橋側または中川の海底谷の部分）の水深や、商港として計画した場合、どの澪筋が良いかの得失などが論ぜられている。この二つの澪の深さは二五尺（約七・五メートル）を標準とするが、つねに一五尺（四・五メートル）は維持したいこと——それほど土砂の堆積がひどかったのである。

その論議の中で海軍代表の柳海軍少将が「横浜ハ到底良港トナラズ、願ハクハ東京ノ方ヲ十分ニナシタシ」などの発言が注目される。

この時、審査会に提出された明治十三年（一八八〇）の水上警察の調書によると、「東京に入る荷物は年に一八〇〇万石、これをすべて横浜に卸すと大騒ぎになる。今日運輸会社

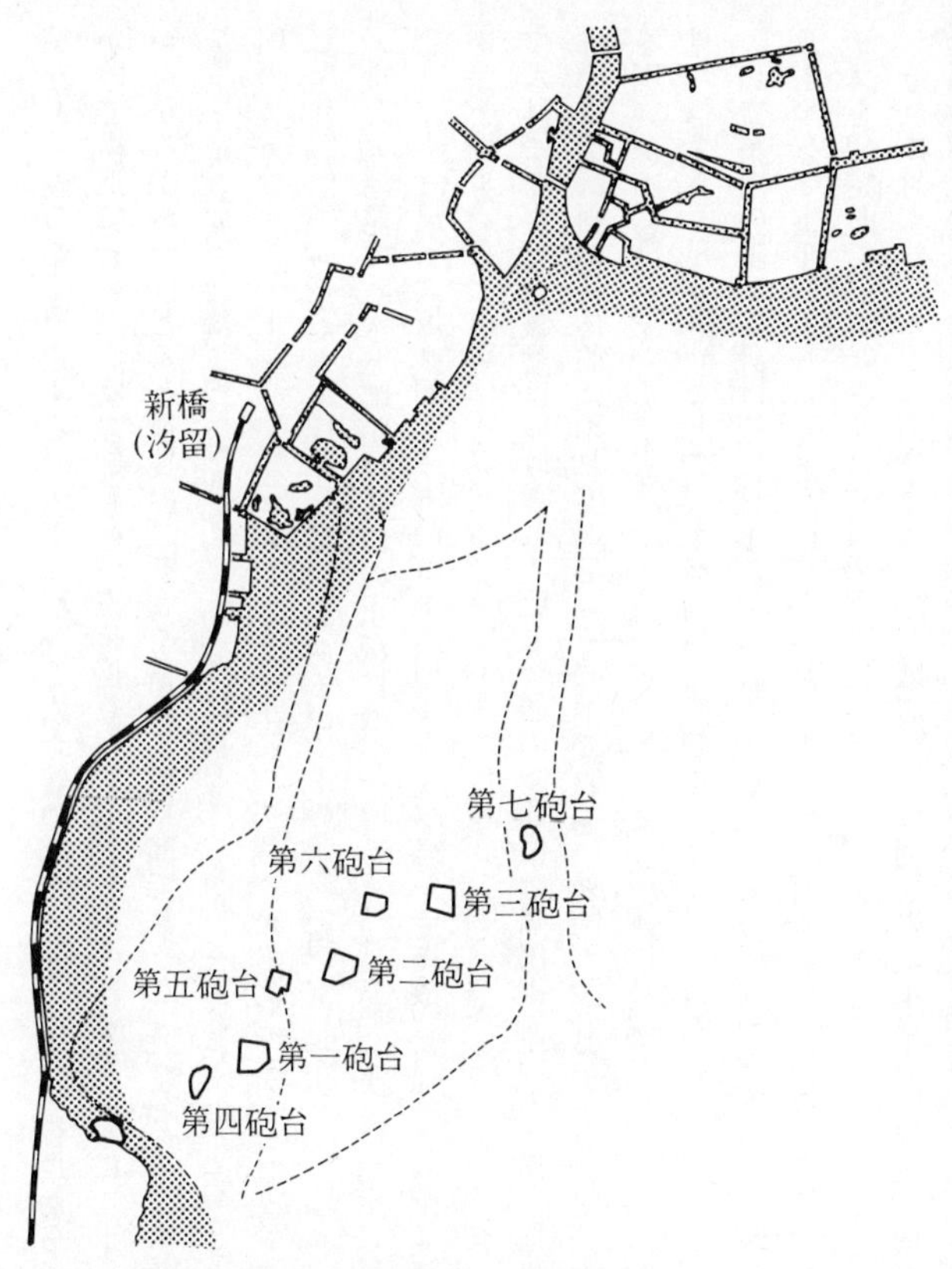

図38　隅田川の澪筋（点線は澪筋をしめす）

が五～六艘の船で運送するのが、二百五～六十艘の艀が必要となる。神戸から二十四時間かけて横浜に着いた荷物の卸しに、三日掛り、一トン二円の運賃のほかに二十五銭の艀賃がかかるから、ほとんど運賃の二五％を横浜―東京間で払うことになる。この損失は七里（横浜―東京間の距離、約二十八キロ）の間に消費するものと云ふべし」というもので、各国の運賃は「約一トン　二～三銭、日本は十二、三銭」ともある（以上は原文を読みやすくしたものだが、数字や単位に多くの疑問もあるが、そのまま引用した）。

また入港船の吃水（きっすい）と隅田川河口の水深について、「アメリカ船ノ吃水三十二尺、三菱ノ船　二十三尺、大坂ノ如ク一ト雨ゴトニ埋ルトイフ恐レナキ故、自然ノ勾配ニテ二十二尺ヲ保チ得ル」などの数字も見える。

六月になっても議論は続けられていて、この時期には隅田川河口、品川、佃島のそれぞれの築港計画に具体的にふれている。その中でお雇い外国人設計による新潟築港の失敗例を引いて、「雇外国人ノ説トイエドモ随分覚束（オボツカ）ナシ、欧羅巴（ヨーロッパ）ノ説トイエドモ、一人位ノ意見ハ信ズルニ足ラヌ」などの、至極当然な感想ないし意見もみられる。

品海築港の基本設計は近代日本の治水技術の恩人とされるオランダ人のお雇い外国人のルーエン・ホルスト・ムルドルにまかされたのだが、審査会は品海をグラスゴーやマルセイユを想定して、ムルドルの立案の参考にさせた。

それに対するムルドルの意見は『議事筆記』とは別冊の『東京市区改正品海築港審査顚

末』に掲載されているが（第一一号付録「ムルドル氏意見書」）、隅田川河口に限ってみると「河口ヲ入リ市中ニ入り得ル舟ハ小舟ノミ」で「吃水」（この場合は水深を意味している）は四、五尺だとしている。

この堆積を防ぐためにムルドルは大川の河口の佃島を中心に、どちらか一方をふさいで、水勢を強くして所要の水深を保つことを提案している。現在みられる中央区月島（築地と同じように築島の雅名）の造成は、この提案がもとになったものと考えられる。

月島の形成――明治二十年（一八八七）、東京府は一〇年計画で佃島南方の洲の埋め立てを決定。明治二十二年度より市制施行により東京市の事業として継続され、明治二十四年に月島一号地（一〇万九五八三坪）、明治二十七年に月島二号地（八万四一〇〇坪）、明治二十九年に新佃島（二万六三二三坪）が完成し、大正二年（一九一三）二月には月島三号地（四万九三二三坪）、昭和六年（一九三一）四月には月島四号地＝晴海町（二三万六八坪）、累計五〇万九三二九坪（現資料のまま、『中央区区勢年鑑』によれば現在の住居表示の町名でいうと佃、一六万八二一九平方メートル、月島三六万〇二四〇平方メートル、勝どき四五万七三〇三平方メートルの範囲が、ここでいう月島埋立地の面積になる。なおこれに昭和期に入って埋め立られた部分の面積を参考までにつけ加えると、豊海町一四万五四〇〇平方メートル、晴海一〇〇万三二四五平方メートルがある）。

この埋立地も当初から排水の勾配が考えられていて東京府の設計では「東京湾澪筋を幅平均九十間、うち中央三十間を平均干潮面上十二尺とし、その左右に勾配を付して延長三六〇〇間の埋立」とある。なお施工は日本土木会社（のち大倉組、現在の大成建設）が請け負った。

港湾と自動車

東京港はこのように近代港湾としての決定的な不利な条件があって、湊としての東京はその繁栄を大幅に横浜に奪われた。市区改正事業はこの挽回策でもあって、ここでも河岸間の競争にみられたような、近代都市の間でのきびしい競争があった。そのため市区改正の実施機関となった東京市は、明治三十一年（一八九八）以来、市区改正・築港調査・河港・港湾と名称は変遷しているが、一貫して湊維持に関する職制をおいて、現在にいたっている。

そして本格的築港前の条件整備事業として、明治三十六年から大正四年（一九〇三～一五）まで、三次におよぶ隅田川河口改良工事を実施した。この時期の築港とは川ざらいそのものを意味したものであり、その揚げ土で月島を築造していったのである。

大正十二年（一九二三）九月の関東大震災は、湊―東京港の役割をひろく再検討させる契機になった。地震の第一報が通信施設が壊滅した陸上からではなく、横浜港内に停泊中のコレア丸に、猛火の中を泳ぎついた神奈川県の森岡警察部長による船舶無線だったことをはじめ、九月八日に開かれた静岡県清水港と品川埠頭を結ぶ、関釜連絡船景福丸・高麗丸を流用した通信と物資輸送の果した大きな役割は、改めて海運の見なおしを関係者に迫った。

この教訓を受けた帝都復興事業計画にみる港湾・河川計画は、現在からみても立派なものとして評価できる。芝浦の竹芝・日の出桟橋もその成果にほかならない。

これも〝お台場性〟的な「外圧」や災害の都度、現実に即した都市計画＝再開発が行なわれたもので、大災害があってもすぐに既存の都市の蓄積や機能を簡単に否定したり、例えば遷都の名で放棄しなかったことを物語る。

帝都復興事業により東京港は新しい活況をとりもどした。竹芝・日の出桟橋をはじめとする港湾施設や、埋立事業による運河造成などがすすみ、戦時下に入った昭和十二年（一九三七）以後、東京港の取扱貨物量は年々増加していったが、開港港（国際港）でなかったため、外国船の入港ができず非常に不便な状況になった。

東京側は東京市と民間団体が一体になって開港運動を始めるのだが、これに対して横浜市はミナト横浜の死活問題だとして、これも全市あげて激しい東京開港反対運動をくりひろげた。結局両方の妥協案として「横浜港と共に京浜港」としての扱いで、条件つきの東京開港が実現した。こうして昭和十六年（一九四一）五月二十二日、当時の表現での「大東亜共栄圏の首都」の港湾に、共栄圏内の外国船が入港できるようになった。

太平洋戦争の敗戦後、水運王国のアメリカ占領軍は東京港と横浜港の主要部分をほとんど接収した。このため両港の港湾施設の〝戦後〟は大幅に遅れた。この影響により港湾をアテにしない自動車輸送が発達し、東京の水運輸送体系は急激に消えていった。これは東京だけではなく全国に波及していった。

ウォーターフロントの風景

アメリカは水運王国であると同時に自動車王国だった。この多様性をもつ国の占領軍が、東京と横浜の港湾を押えたことはさすがであり、被占領側としては自動車輸送に血路をひらくほかはなかったことも、またすぐれた占領効果だったといえよう。

星うつり物かわり、いま日本は自動車生産の面ではアメリカを追い越した。しかし自動車交通文化と、他の交通体系との整合――文化の多様性といった面からみた場合、まだ日本は自動車という「原料」の製造国にすぎない。

その意味で日本の交通体系のあり方からいえば、〝戦後の総決算〟は自動車輸送一色に塗りかえられた姿から、水運王国アメリカに見習い、また世界の水運事情を再確認して、日本独自の現代水運を他の交通手段と併存させることにあろう。

復古や懐古趣味ではなく、島国日本では水運＝海運を無視した輸送体系では、食料もエネルギー源も得られないからである。電子を媒介とした情報操作がいかに発達しても、それだけで自然人としての人間が生きられるわけではない。

いま、もはや手の打ちようもないほど荒廃しつくした日本の水系は、もっぱら見た目の風景をととのえるための、いわば修景用のウォーターフロント計画の舞台になっている。

これは東京―東京湾だけではなく全国的なものである。環境を美しく飾ること自体は歓迎するけれども、それが美化を必要とした状態の原因をつきとめて、それを改善した結果の美化ではなく、芝居の書き割りを描くような美化だったら、またまた美化の美化が必要になりそうである。

現在の川と海におよぶウォーターフロント計画にみられるような、思考の上の一極集中がみられるかぎり、都市としての東京の一極集中は、その単一文化性ゆえに決して解決されないのではなかろうか。

文庫版解説

いくつもの「原形」の上に——鈴木理生の隠れた代表作

高橋元貴

本書『江戸の都市計画』の著者である鈴木理生氏（一九二六〜二〇一五）は、『千代田区史』（千代田区役所、一九七〇年）をはじめとする東京の自治体史関連書籍の編纂にたずさわる一方、自らを「都市史研究家」と名乗って、江戸や東京に関する数多くの著作を残した。すでにちくま学芸文庫には、『幻の江戸百年』（筑摩書房、一九九一年、文庫版は『江戸はこうして造られた』と改題して二〇〇〇年）、『江戸の町は骨だらけ』（桜桃書房、二〇〇二年、文庫版は二〇〇四年）、『お世継ぎのつくりかた——大奥から長屋まで　江戸の性と統治システム』（筑摩書房、二〇〇六年、文庫版は二〇一〇年）の三冊が収録されており、本書は四冊目の文庫化ということになる。

では「鈴木氏の代表作はどれですか？」と聞かれたらどの本を選ぶだろうか。多くの人は、近世最大の城下町であった江戸がどのように築かれたのかを論じた『幻の江戸百年』をあげるだろう。あるいは、江戸・東京を舞台に都市と川との関係をひもといたユニークな書である『江戸の川・東京の川』（日本放送出版協会、一九七八年、のち井上書院にて一九八九年再刊）と答える人もいるかもしれない。建築学分野から江戸の都市史研究をすすめてきたわたしも、本書を読み返すまではそのように考えていたひとりである。

都市機能の本質は「情報をふくむ人と物の流通の場」としての「いちば（市場）」であると一貫して主張してきた鈴木氏にとって、都市＝いちば（市場）をかたちづくった川や海、河岸や湊といった水インフラは重要なテーマでありつづけた。『江戸の川・東京の川』は、このテーマをはじめて本格的に展開させたもので、江戸・東京が「水の都」であったことを早くに指摘した好著である。その十年後に出版された本書は、鈴木氏によれば『江戸の川・東京の川』を敷衍し、「範囲を江戸・東京をふくむ関東地方にひろげて、江戸・東京をめぐる川と海の役割の変遷をおってみた」ものであったという（本書八頁）。『幻の江戸百年』は本書の三年後に出されたものである。その構成や内容からいえば、本書をブラッシュアップさせた成果であったことは間違いない。そのように考えると『幻の江戸百年』は鈴木氏の江戸都市論の到達点をしめす著作ということになる。

とすると、本書は『江戸の川・東京の川』から『幻の江戸百年』へといたる道のりのたんなる通過点に過ぎないのだろうか。この二つの書のあいだに位置する本書は、その存在が意外にも忘れ去られていたように思われる。

東京が都市再開発の時代をむかえていた一九八〇年代には、東京とその前身である江戸という都市はかつてないほどの注目を集め、歴史学、文学、社会学、建築学などさまざまな学問分野から多彩な都市論が発表された。いわゆる江戸・東京論ブームである。

本書との関連でいえば、陣内秀信氏の『東京の空間人類学』(筑摩書房、一九八五年、ちくま学芸文庫版は一九九二年)は、山の手の地形や下町の水系の観察をとおして現代東京の都市空間のなかに江戸の都市構造が深く息づいていることを鮮やかに描き出したことでよく知られる。

一九八八年に「都市のジャーナリズム」というシリーズの一冊として三省堂から刊行された本書もこうした時代の産物であった。また、地形や水系の読み解きから都市の古層――鈴木氏の言葉でいえば都市の「原形」――にせまろうとしたという点において、本書は『東京の空間人類学』と共通した性格をもつ。しかし、陣内氏が近世から近代、江戸の城下町エリア(現東京二三区)を対象としたのに対し、鈴木氏は時間的にはより長く、空間的にはより広い射程から江戸・東京を論じた。この点に本書最大の特徴がある。

本書ではまず日本列島における東京の地形的・地理的な特性が指摘され(「I 日本列島のなかの東京」)、古代の「環東京湾地域」の自然環境とそこでつづけられた人びとの営みがひもとかれる(「II 東京湾と利根川水系」)。ついで、関東地方に流れる四つの水系の特徴を整理しながら、古代から中世にかけての「環東京湾地域」が、自然堤防上の居住地が散在した多島海的な風景をもっていたこと、そうした風景のなかで川や海を介して行われた人びとの活動が紹介される（「Ⅲ　東京の四つの水系」「Ⅳ　東京湾をめぐる人々」）。そして、中近世移行期の武士の勢力争いのなかでの品川湊と江戸湊の布置が語られ（「Ⅴ　品川から江戸へ」）、ようやく徳川家康の江戸入城、鈴木氏の代名詞ともいえる「江戸前島」の復原的な考察が披露される（「Ⅵ　江戸前島ものがたり」）。その後は、城下町の建設プロセス（「Ⅶ　江戸の都市計画」）、巨大都市江戸の形成と水インフラの変容との関係（「Ⅷ　大江戸と東京」）、幕末から近代にかけての港湾開発（「Ⅸ　お台場時代」）、と話がすすめられてゆく。

このように本書では、じつに半分強の紙面を割いて古代から近世初頭までの江戸が語られる。近世城下町成立以前の江戸がほとんど関心の埒外におかれていた当時の研究状況をふまえると、いかに独自の歴史観から本書が生み出されたものであったかがよくわかる——なお、そのほかの鈴木氏の著作群も議論の俎上にのせて、中近世移行期の江戸の都市史について実証的に明らかにした成果が齋藤慎一氏によって近年出されている（『江戸——平安時代から家康の建設へ』中公新書、二〇二一年）。

またその対象範囲が、城下町の都市域を大きく越えて関東地方や東京湾周辺地域にまでおよんでいる点にも注目しておくべきだろう。鈴木氏は、川や海といった水インフラを主語にしながら、自然環境をもふくめた周辺領域の変容のダイナミクスのなかで江戸の形成をとらえることを試みている。こうした点において本書は、一九九〇年代以降に日本の歴史学分野で展開されてきた環境史的な視点を都市史研究にいち早く取り入れたものとして評価しえる。さらにいえば、二〇一〇年代以降の建築学分野の都市史研究のなかで注目されている領域史やテリトーリオといった新たな視角を先取りしたものとしても読むことができるかもしれない。

そして鈴木氏は、江戸の形成過程を論ずるにあたって——他の著作でも同様ではあるが——、歴史資料や地図資料のほか、地形学や地質学、考古学の知見や国内・外の事例などを積極的に活用してゆく。

たとえば、「Ⅱ　東京湾と利根川水系」では、明治期に作成された地図である〈「東京府南葛飾郡全図」〉から人家のある場所だけを抜き出した図8「江戸川区の自然堤防（集落の分布）」（本書五九頁）を提示し、ここに古代の関東地方における多島海的な風景を読み取ろうとする。

同図にみられる集落の分布は、地形・地質学的には、この地域に流れる川の洪水にともなう土砂堆積によって長い時間をかけて形成されてきた自然堤防の分布とちょうど重なっており、自然堤防周辺の土地は低湿地帯（明治期は水田）であって、かつては相当数の湖沼も存在していたという。また、自然堤防付近につけられている現在の地名のルーツが、古代の戸籍史料である『下総国葛飾郡大嶋郷戸籍』にすでに確認でき、関東地方に分布する自然堤防沿いには、流域沿いの人びとによって信仰された特定の神社（とくに中近世以降）が集中して分布していたとする。そして別の章では（「Ⅶ　江戸の都市計画」）、一九四七年のカスリーン台風による洪水被害の記録図（『昭和二十二年東京都水災誌』）をもとに、この水害がまさに古代の多島海的な環境をこの地域に「再現」することになったとも指摘している。

鈴木氏はさまざまな根拠をしめしながら、利根川水系の川々がつくりだした自然堤防上に人びとが住みつきはじめた原初的な地域のすがたと、そこに連綿とつづけられてきた人びとの諸活動の様子を復原的に見通すのである。

こうした考察は、学術的にみれば実証的とはいえない部分も少なくないかもしれない。しかし、時代区分を自由に行き来しながら、史資料や地形・水系を読み解き、オリジナルの図版をもちいて読者の想像力を刺激してゆく歴史記述は、本書に大きな魅力をあたえている。

このようにみてゆくと本書は、『江戸の川・東京の川』や『幻の江戸百年』にくらべて、よりのびやかに、よりひろい歴史的視座から都市江戸・東京の通史に挑んだものとなっている。そしてその試みの意義は、近年の学術的な関心からみたとき、よりはっきりと理解されるように思われる。

ところで、本書を特徴づけているキイワードが二つある。「原形」と「都市計画」という言葉である。

「原形」という語は、「関東地方の原形」（本書一五頁）、「東京湾の「原形」」（本書三二頁）、「環東京湾地域の原形」（本書五〇頁）、「江戸前島の自然的原形」（本書一五八頁）、「歴史的原形」（本書一六〇頁）、「東京の原形をしめす地形図」（本書一九一頁）、「大江戸の原形」（本書二六〇頁）など、本書をつうじて印象的なフレーズとしてたびたび登場する。「原形」について鈴木氏は本書の冒頭でつぎのように書いている（本書七頁）。

なぜ「原形」にこだわるかといえば、都市というものは、そこを舞台とする社会の変化を、忠実に反映して変化し続けるものだからである。

鈴木氏が探ろうとしているのは、かつてあったたったひとつの都市の「原形」ではなく、そのときどきの社会に対応した変化をつづけながら現在の都市をかたちづくってきたいくつもの「原形」であった。こうしたいくつもの「原形」のすがたを端的にしめしているのが、鈴木氏が描いてきた数々の江戸の復原図である。

復原図をつくることは意外にも難しい。かつて流れていた川の流路、居住地をくりだす土地境界、埋め立て前にあったはずの海岸線、それらひとつひとつを描き出す線は、ある根拠にもとづいて確定できることもあれば、推定や推測に頼らざるをえないときも少なくない。

そのためか、鈴木氏はいちど描いた復原図をあくまでも仮説的なもの、つまり完成形とはみなさなかったようである。本書にはさまざまな時期の江戸の復原図が収められているのだが、じつは鈴木氏の他の著作にもほぼ同じような復原図が掲載されている。

たとえば図14「家康入城当時の江戸」（本書一四二頁）は、『江戸と城下町』（新人物往来社、一九七六年）では第8図「日比谷入江と江戸前島」（一六〇頁）として、『江戸の川・東京の川』では図19「江戸先住民者の集落」（日本放送出版会版、一〇四頁）として、そして『幻の江戸百年』では同じタイトルで図6（ちくま学芸文庫版、一一七頁）として登場する。これらはすべて同時期の江戸を描いたものであるが、注意深く見くらべてみるとそれぞれが微妙な違いをもっていることに気がつく。著作のなかに繰り返しあらわれる同じような復原図は、かつて提示した江戸の「原形」を出版のたびに修正をほどこして再提示されたつぎなる江戸の「原形」だったのである。

このような復原図へのこだわりは、自身の仮説を幾度も再検証しながら、江戸の都市形成過程の総合的な叙述を試みつづけた鈴木氏の研究に対する姿勢をよく物語っている。そして本書もまた鈴木氏の江戸都市論のひとつの「原形」であったというべきかもしれない。

また、さきの引用につづけて鈴木氏はこのようにも述べていた。

「現在」のわれわれが、二十一世紀の東京に思いをめぐらせるということ自体が、「現在」の状況を「原形」としていることにほかならない。それゆえにそれぞれの時代の「原形」を確かめることは、たんに過去をふり返るということではなく、将来の展望の視座を定める作業だといえる。その意味で十七世紀初頭の「江戸前島」の開発の過程を知ることは、非常に〝現代的〟なのである。

いくつもの「原形」のうえに築かれた現在の都市もまた、これからの変化の出発点となるひとつの「原形」としてみるべきだと鈴木氏は言う。そして、いくつもの「原形」を問うことは、その都市の将来を展望するための視座を見定めるための作業でもあった。一読すればわかるように、本書には、湾岸地域を中心としたウォーター・フロント開発がすすめられていた東京に対する――『江戸の川・東京の川』には水辺空間が急速に失われていた東京に対する、『幻の江戸百年』には市場原理のもと本格的なグローバル化をはじめた東京に対する――鈴木氏なりの視座がところどころに書き込まれている。

このように鈴木氏の著作の多くは「たんに過去をふり返る」だけの歴史書ではなく、当時の東京が対峙していた時代状況に応答しようとした現代都市論でもあった。

いまひとつのキイワード、本書の表題にも掲げられる「都市計画」について触れられるのは本書の後半部にさしかかってからである。鈴木氏によれば、都市計画の本来の意味は、ある計画者の理念にもとづいて都市をつくることではなく、「その都市の都市機能を維持し、管理する技法」（本書一七八頁）のことであるという。そして、都市は理想的なすがたでとどまることはないとしたうえで、こう記す（本書一七九頁）。

都市自体はつねにあらゆる面で不安定なのが常態といえる。不安定ということばが不安定感を与えるとすれば、流動的だといってもよい。そのために都市は絶えずその機能を維持するための都市制度の改正や、物理的な存在としての、都市施設の管理や改善のための都市計画を続けなければならなかった。

このような見方で世界の都市をみると、維持・管理ができなかった都市は、衰退し死滅している。江戸・東京をはじめとする現存の都市は、それぞれ厖大な都市計画のつみ重なりの上に〝生存〟をつづけているのである。

「原形」の語と重ねあわせれば、そのときどきの社会に応じて都市機能を維持するために「原形」を変化させつづけた行為こそが「都市計画」であったということになるだろう。

そのうえで、形成や開発といった局面ばかりに注目してきたこれまでの研究に対し、維持や管理の局面を重視して江戸の都市史研究に取り組んできたわたしにとって、都市を確かなものとして見ない鈴木氏のまなざしには深く頷けるところがある。

現代の都市は、維持や管理といった建築的な営為によってようやっとそのかたちをとどめているに過ぎないのではないか。ささやかで取るに足らない無数の小さな「都市計画」こそが、都市を成り立たせているとわたしは考えてみたいのである。鈴木氏の言葉を借りれば、そうした「都市計画のつみ重なりの上に〝生存〟をつづけている」都市のなかに、わたしたちもまた生きている。

本書をいま読み返すことで多くの示唆を得ることができるのは、決してわたしだけではないだろう。本書は鈴木氏の隠れた代表作と呼ぶにふさわしい。

（たかはし・げんき　金沢工業大学／建築史・都市史）

本書は一九八八年一〇月一日、三省堂より刊行された。
なお、本文中で「現在」と書かれた時点は刊行当時を指す。
本書に登場する地名やその範囲などは、刊行後に変更された
ものも多々あることを鑑み基本的にそのままとした。

反オブジェクト 隈研吾

自己中心的で威圧的な建築を批判したかった——思想的な検討を通し、新たな可能性を探る。いま最も世界の注目を集める建築家の思考と実践！

新・建築入門 隈研吾

「建築とは何か」という困難な問いに立ち向かい、建築様式の変遷と背景にある思想の流れをたどりつつ、思考を積み重ねる。書下ろし自著解説を付す。

錯乱のニューヨーク レム・コールハース 鈴木圭介訳

過剰な建築的欲望が作り出したニューヨーク／マンハッタンを総合的・批判的にとらえる伝説の名著。本書を読まずして建築を語るなかれ！（磯崎新）

S, M, L, XL+ レム・コールハース 太田佳代子／渡辺佐智江訳

世界的建築家の代表作がついに！ 伝説の書のコア・エッセイにその後の主要作を加えた日本版オリジナル編集。彼の思索のエッセンスが詰まった一冊。

東京都市計画物語 越澤明

関東大震災の復興事業から東京オリンピックに向けての都市改造まで、四〇年にわたる都市計画の展開と挫折をたどりつつ新たな問題を提起する。

グローバル・シティ サスキア・サッセン 伊豫谷登士翁監訳 大井由紀／髙橋華生子訳

世界の経済活動は分散したのではない、特権的な大都市に集中したのだ。国民国家の枠組みを超えて発生する世界の新秩序と格差拡大を暴く衝撃の必読書。

東京の空間人類学 陣内秀信

東京、このふしぎな都市空間を深層から探り、明快に解読した定番本。基層の地形、江戸の記憶、近代の都市造形が、ここに甦る。図版多数。（川本三郎）

大名庭園 白幡洋三郎

小石川後楽園、浜離宮等の名園では、多種多様な社交が繰り広げられていた。競って造られた庭園の姿に迫りヨーロッパの宮殿とも比較。（尼崎博正）

東京の地霊（ゲニウス・ロキ） 鈴木博之

日本橋室町、紀尾井町、上野の森……。その土地に堆積した数奇な歴史・固有の記憶を軸に、都内13カ所の土地を考察する「東京物語」。（藤森照信／石山修武）

江戸はこうして造られた　鈴木理生
家康江戸入り後の百年間は謎に包まれている。海岸部へ進出し、河川や自然地形をたくみに生かした都市の草創期を復原する。（野口武彦）

増補 革命的な、あまりに革命的な　絓秀実
「一九六八年の革命は「勝利」し続けている」とは何を意味するのか。ニューレフトの諸潮流を丹念に跡づけた批評家の主著、増補文庫化！（王寺賢太）

考古学はどんな学問か　鈴木公雄
物的証拠から過去の行為を復元する考古学は時に歴史的通説をも覆す。犯罪捜査さながらにスリリングな学問の魅力を味わう最高の入門書。（櫻井準也）

戦国の城を歩く　千田嘉博
室町時代の館から戦国の山城へ、そして信長の安土城へ。城跡を歩いて、その形の変化を読み、新しい中世の歴史像に迫る。（小島道裕）

日本の外交　添谷芳秀
憲法九条と日米安保条約に根差した戦後外交。それがもたらした国家像の決定的な分裂をどう乗り越えるか。戦後史を読みなおし、その実像と展望を示す。

増補 海洋国家日本の戦後史　宮城大蔵
戦後アジアの巨大な変貌の背後には、開発と経済成長という日本の「非政治」的な戦略があった。海域アジアの戦後史に果たした日本の軌跡をたどる。

性愛の日本中世　田中貴子
稚児を愛した僧侶、「愛法」を求めて稲荷山にもうでる貴族の姫君。中世の性愛信仰・説話を介して、日本のエロスの歴史を覗く。（川村邦光）

琉球の時代　高良倉吉
いまだ多くの謎に包まれた古琉球王国。成立の秘密や、壮大な交易ルートにより花開いた独特の文化を探り、悲劇と栄光の歴史ドラマに迫る。（与那原恵）

博徒の幕末維新　高橋敏
黒船来航の動乱期、アウトローたちが歴史の表舞台に躍り出てくる。虚実を腑分けし、稗史を歴史の中に位置付けなおした記念碑的労作。（鹿島茂）

増補 文明史のなかの明治憲法　瀧井一博

木戸孝允、大久保利通、伊藤博文、山県有朋らの西洋体験をもとに、立憲国家誕生のドラマを描く。角川財団学芸賞、大佛次郎論壇賞W受賞作の完全版。

朝鮮銀行　多田井喜生

植民地政策のもと設立された朝鮮銀行。その銀行券等の発行により、日本は内地経済破綻を防ぎつつ軍費調達ができた。隠れた実態を描く。（板谷敏彦）

百姓の江戸時代　田中圭一

百姓たちは自らの土地を所有し、織物や酒を生産・販売していた――庶民の活力にみちた前期資本主義社会として、江戸時代を読み直す。（荒木田岳）

近代日本とアジア　坂野潤治

近代日本外交は、脱亜論とアジア主義の対立構図により描かれてきた。そうした理解が虚像であることを精緻な史料読解で暴いた記念碑的論考。（苅部直）

日本大空襲　原田良次

帝都防衛を担った兵士がひそかに綴った日記。各地の空爆被害、斃れゆく戦友への思い、そして国への疑念……空襲の実像を示す第一級資料。（吉田裕）

平賀源内　芳賀徹

物産学、戯作、エレキテル復元など多彩に活躍した平賀源内。豊かなヴィジョンと試行錯誤、そして失意からなる「非常の人」の生涯を描く。（稲賀繁美）

陸軍将校の教育社会史（上）　広田照幸

戦時体制を支えた精神構造は、「滅私奉公」ではなく「活私奉公」だった。第19回サントリー学芸賞を受賞した歴史社会学の金字塔、待望の文庫化！

陸軍将校の教育社会史（下）　広田照幸

陸軍将校とは、いったいいかなる人びとだったのか。前提とされていた「内面化」の図式を覆し、「教育社会史」という研究領域を切り拓いた傑作。

餓死（うえじに）した英霊たち　藤原彰

第二次大戦で死没した日本兵の大半は飢餓や栄養失調によるものだった。彼らのあまりに悲惨な最期を詳述し、その責任を問う告発の書。（一ノ瀬俊也）

十五年戦争小史　江口圭一

満州事変、日中戦争、アジア太平洋戦争を一連の「十五年戦争」と捉え、戦争拡大に向かう曲折にみちた過程を克明に描いた画期的通史。（加藤陽子）

たべもの起源事典 日本編　岡田哲

駅蕎麦・豚カツにやや珍しい郷土料理、レトルト食品・デパート食堂まで。広義の〈和〉のたべものと食文化事象一三〇〇項目収録。小腹のすく事典！

ラーメンの誕生　岡田哲

中国のめんは、いかにして「中華風の和食めん料理」へと発達を遂げたか。外来文化を吸収する日本人の情熱と知恵。丼の中の壮大なドラマに迫る。

京の社　岡田精司

旅気分で学べる神社の歴史。この本を片手に京都の有名寺社を巡れば、神々のありのままの姿が見えてくる。（佐々田悠）

山岡鉄舟先生正伝　小倉鉄樹／石津寛／牛山栄治

鉄舟から直接聞いたこと、同時代人として見聞きしたことを弟子がまとめた正伝。江戸無血開城の舞台裏など、リアルな幕末史が描かれる。（岩下哲典）

士（サムライ）の思想　笠谷和比古

中世に発する武家社会の展開とともに形成された日本型組織。「家（イエ）」を核にした組織特性と派生する諸問題について、日本近世史家が鋭く迫る。

戦国乱世を生きる力　神田千里

土一揆から宗教、天下人の在り方まで、この時代の現象はすべて民衆の姿と切り離せない。「乱世の真の主役としての民衆」に焦点をあてた戦国時代史。

三八式歩兵銃　加登川幸太郎

旅順の堅塁を白襷隊が突撃した時、特攻兵が敵艦に突入した時、日本陸軍は何をしたのであったか。元陸軍将校による渾身の興亡全史。（一ノ瀬俊也）

増補改訂 帝国陸軍機甲部隊　加登川幸太郎

第一次世界大戦で登場した近代戦車。本書はその導入から終焉を詳細史料と図版で追いつつ、世界に後れをとった日本帝国陸軍の道程を描く。（大木毅）

荘園の人々　工藤敬一

人々のドラマを通して荘園の実態を解き明かした画期的な入門書。日本の社会構造の根幹を形作った制度を、すっきり理解する。（髙橋典幸）

東京裁判　幻の弁護側資料　小堀桂一郎編

我々は東京裁判の真実を知っているのか？　準備されたものの未提出に終わった膨大な裁判資料から18篇を精選。緻密な解説とともに裁判の虚構に迫る。

一揆の原理　呉座勇一

虐げられた民衆たちの決死の抵抗として語られてきた一揆。だがそれは戦後歴史学が生んだ幻想にすぎない。これまでの通俗的理解を覆す痛快な一揆論！

甲陽軍鑑　佐藤正英校訂・訳

武田信玄と甲州武士団の思想と行動の集大成。大部から、山本勘助の物語や川中島の合戦など、その白眉を収録。新校訂の原文に現代語訳を付す。

機関銃下の首相官邸　迫水久常

二・二六事件では叛乱軍を欺いて岡田首相を救出し、終戦時には鈴木首相を支えた著者が明かす、天皇・軍部・内閣をめぐる迫真の秘話記録。（井上寿一）

増補　八月十五日の神話　佐藤卓己

ポツダム宣言を受諾した「八月十四日」や降伏文書に調印した「九月二日」でなく、「終戦」はなぜ「八月十五日」なのか。「戦後」の起点の謎を解く。

日本商人の源流　佐々木銀弥

第一人者による日本商業史入門。律令制に端を発する供御人や駕輿丁から戦国時代の豪商までを一望し、日本経済の形成を時系列でたどる。（中島圭一）

記録　ミッドウェー海戦　澤地久枝

ミッドウェー海戦での日米の戦死者を突き止め、手紙やインタビューを通じて彼らと遺族の声を拾い上げた圧巻の記録。調査資料を付す。（戸髙一成）

考古学と古代史のあいだ　白石太一郎

巨大古墳、倭国、卑弥呼。多くの謎につつまれた日本の古代。考古学と古代史学の交差する視点からその謎を解明するスリリングな論考。（森下章司）

ミトラの密儀　フランツ・キュモン　小川英雄訳
東方からローマ帝国に伝えられ、キリスト教と覇を競った謎の古代密儀宗教。その全貌を初めて明らかにした、第一人者による古典的名著。（前田耕作）

生の仏教 死の仏教　京極逸蔵
アメリカ社会に大乗仏教を根付かせた伝道師による、世界一わかりやすい仏教入門。知識としてではなく、心の底から仏教が理解できる！（ケネス田中）

空海コレクション1　空海　宮坂宥勝監修
主著『十住心論』の精髄を略述した『秘蔵宝鑰』、及び顕密を比較対照して密教の特色を明らかにした『弁顕密二教論』の二篇を収録。（立川武蔵）

空海コレクション2　空海　宮坂宥勝監修
真言密教の根本思想『即身成仏義』『声字実相義』『吽字義』及び密教独自の解釈による『般若心経秘鍵』と『請来目録』を収録。（立川武蔵）

空海コレクション3　秘密曼荼羅十住心論（上）　福田亮成校訂・訳
日本仏教史上最も雄大な思想書。無明の世界から抜け出すための光明の道を、心の十の発展段階（十住心）として展開する。上巻は第五住心までを収録。

空海コレクション4　秘密曼荼羅十住心論（下）　福田亮成校訂・訳
下巻は、大乗仏教から密教へ。第六住心の唯識、第七中観、第八天台、第九華厳を経て、第十の法身大日如来の真実をさとる真言密教の奥義までを収録。

修験道入門　五来重
国土の八割が山の日本では、仏教や民間信仰と結合して修験道が生まれた。霊山の開祖、山伏の修行等を通して、日本人の宗教の原点を追う。（鈴木正崇）

鎌倉仏教　佐藤弘夫
宗教とは何か。それは信念をいかに生きるかということだ。法然・親鸞・道元・日蓮らの足跡をたどり、鎌倉仏教を「生きた宗教」として鮮やかに捉える。

観無量寿経　佐藤春夫訳・注　石田充之解説
我が子に命狙われる「王舎城の悲劇」で有名な浄土仏教の根本経典。思い通りに生きることのできない我々を救う究極の教えを、名訳で読む。（阿満利麿）

大嘗祭　真弓常忠

天皇の即位儀礼である大嘗祭は、秘儀であるがゆえ多くの謎が存在し、様々な解釈がなされてきた。歴史的由来や式次第を辿り、その深奥に迫る。

正法眼蔵随聞記　水野弥穂子訳

日本仏教の最高峰・道元の人と思想を理解するうえで最良の入門書。厳密で詳細な注、わかりやすく正確な訳を付した決定版。（増谷文雄）

空海　宮坂宥勝

現代社会における思想・文化のさまざまな分野から注目をあつめている空海の雄大な密教体系！　空海密教研究の第一人者による最良の入門書。

一休・正三・白隠　水上勉

乱世に風狂一代を貫いた一休。武士道を加味した禅をとなえた鈴木正三。諸国を行脚し教化につくした白隠。伝説の禅僧の本格評伝。（柳田聖山）

本地垂迹　村山修一

日本古来の神と大陸伝来の仏、両方の信仰を融合する神仏習合理論。前近代の宗教史的中核にして日本文化の基盤をなす世界観を読む。（末木文美士）

東方キリスト教の世界　森安達也

ロシア正教ほか東欧を中心に広がる東方キリスト教。複雑な歴史と多岐にわたる言語に支えられて発展した、教義と文化を解く貴重な書。（浜田華練）

治癒神イエスの誕生　山形孝夫

「病気」に負わされた「罪」のメタファから人々を解放すべく闘ったイエス。古代世界から連なる治癒神の系譜をもとに、イエスの実像に迫る。

近現代仏教の歴史　吉田久一

幕藩体制下からオウム真理教まで。社会史・政治史を絡めながら思想史的側面を重視し、主要な問題を網羅した画期的な仏教総合史。（末木文美士）

沙門空海　渡辺照宏　宮坂宥勝

日本仏教史・文化史に偉大な足跡を残す巨人・弘法大師空海にまつわる神話・伝説を洗いおとし、真の生涯に迫る空海伝の定本。（竹内信夫）

城と隠物の戦国誌　藤木久志

村に戦争がくる！　そのとき村人たちはどのような対策をとっていたか。命と財産を守るため知恵を結集した戦国時代のサバイバル術に迫る。（千田嘉博）

裏社会の日本史　フィリップ・ポンス　安永愛訳

中世における賤民から現代社会の経済的弱者まで、また江戸の博徒や義賊から近代以降のやくざまで――フランス知識人が描いた貧困と犯罪の裏日本史。

古代の朱　松田壽男

古代の赤色顔料、丹砂。地名から産地を探ると同時に古代史が浮き彫りにされる。標題論考に、「即身佛の秘密」、自叙伝「学問と私」を併録。

江戸食の歳時記　松下幸子

季節感のなくなった日本の食卓。今こそ江戸に学んで四季折々の食を楽しみませんか？　江戸料理研究の第一人者による人気連載を初書籍化。（飯野亮一）

古代の鉄と神々　真弓常忠

弥生時代の稲作にはすでに鉄が使われていた！　原型を遺さないその鉄文化の痕跡を神話・祭祀に求め、古代史の謎を解き明かす。（上垣外憲一）

世界史のなかの戦国日本　村井章介

世界史の文脈の中で日本列島を眺めてみるとそこには意外な発見が！　戦国時代の日本はそうとうにグローバルだった！（橋本雄）

増補　中世日本の内と外　村井章介

国家間の争いなんておかまいなし。中世の東アジア人は海を自由に行き交い生計を立てていた。私たちの「内と外」の認識を歴史からたどる。（榎本渉）

武家文化と同朋衆　村井康彦

足利将軍家に仕え、茶や花、香、室礼等を担ったクリエイター集団「同朋衆」。日本らしさの源流を生んだ彼らの実像をはじめて明らかにする。（橋本雄）

古代史おさらい帖　森浩一

考古学・古代史の重鎮が、「土地」「年代」「人」の基本概念を徹底的に再検証。「古代史」をめぐる諸問題の見取り図がわかる名著。

大元帥　昭和天皇　山田朗

昭和天皇は、豊富な軍事知識と非凡な戦略・戦術眼の持ち主でもあった。軍事を統帥する大元帥としての積極的な戦争指導の実像を描く。（茶谷誠一）

江戸の坂　東京の坂（全）　横関英一

東京の坂道とその名前からは、江戸の暮らしや庶民の心が透かし見える。東京中の坂を渉猟し、元祖「坂道」本と謳われた幻の名著。（鈴木博之）

つくられた卑弥呼　義江明子

邪馬台国の卑弥呼は「神秘的な巫女」だった？　明治以降に創られたイメージを覆し、古代の女性支配者たちを政治的実権を持つ王として位置づけなおす。

北一輝　渡辺京二

明治天皇制国家を批判し、のち二・二六事件に連座して刑死した日本最大の政治思想家北一輝の生涯。第33回毎日出版文化賞受賞の名著。（臼井隆一郎）

中世を旅する人びと　阿部謹也

西洋中世の庶民の社会史。旅籠が客に課す厳格なルールや、遍歴職人必須の身分証明のための暗号など、興味深い史実を紹介。（平野啓一郎）

中世の星の下で　阿部謹也

中世ヨーロッパの庶民の暮らしを具体的、克明に描き、その歓びと涙、人と人との絆、深層意識を解き明かした中世史研究の傑作。（網野善彦）

中世の窓から　阿部謹也

中世ヨーロッパに生じた産業革命にも比する大転換――。名もなき人びとの暮らしを丹念に辿り、その全体像を描き出す。大佛次郎賞受賞。（樺山紘一）

1492　西欧文明の世界支配　ジャック・アタリ　斎藤広信訳

1492年コロンブスが新大陸を発見したことで、アメリカをはじめ中国・イスラム等の独自文明は抹殺された。現代世界の来歴を解き明かす一冊。

憲法で読むアメリカ史（全）　阿川尚之

建国から南北戦争、大恐慌と二度の大戦をへて現代まで。アメリカの歴史は常に憲法を通じ形づくられてきた。この国の底力の源泉へと迫る壮大な通史！

ちくま学芸文庫

江戸の都市計画

二〇二四年四月十日　第一刷発行

著　者　鈴木理生（すずき・まさお）
発行者　喜入冬子
発行所　株式会社　筑摩書房
東京都台東区蔵前二―五―三　〒一一一―八七五五
電話番号　〇三―五六八七―二六〇一（代表）
装幀者　安野光雅
印刷所　株式会社精興社
製本所　株式会社積信堂

ISBN978-4-480-51238-3 C0121